W0058012

S. Joppien, S. L. Maier, D. S. Wendling
BASICS Experimentelle Doktorarbeit

Saskia Joppien, Sarah Lena Maier,
Danielle Sabina Wendling

Mit fachlicher Unterstützung von Dr. Christian Stelljes

BASICS

Experimentelle Doktorarbeit

ELSEVIER
URBAN & FISCHER

URBAN & FISCHER München

Zuschriften und Kritik bitte an:
Elsevier GmbH, Urban & Fischer Verlag, Hackerbrücke 6, 80335 München

Wichtiger Hinweis für den Benutzer

Die Erkenntnisse in der Medizin unterliegen laufendem Wandel durch Forschung und klinische Erfahrungen. Die Autoren dieses Werkes haben große Sorgfalt darauf verwendet, dass die in diesem Werk gemachten therapeutischen Angaben (insbesondere hinsichtlich Indikation, Dosierung und unerwünschter Wirkungen) dem derzeitigen Wissensstand entsprechen. Das entbindet den Nutzer dieses Werkes aber nicht von der Verpflichtung, anhand weiterer schriftlicher Informationsquellen zu überprüfen, ob die dort gemachten Angaben von denen in diesem Buch abweichen, und seine Verordnungen und Entscheidungen in eigener Verantwortung zu treffen.

Bibliografische Information der Deutschen Nationalbibliothek

Die Deutsche Nationalbibliothek verzeichnet diese Publikation in der Deutschen Nationalbibliografie; detaillierte bibliografische Daten sind im Internet unter http://dnb.d-nb.de abrufbar.

Planung: Inga Dopatka
Lektorat: Petra Eichholz
Redaktion + Register: Dr. Nikola Schmidt, Berlin
Herstellung: Andrea Mogwitz, Elisabeth Märtz
Satz: Kösel, Krugzell
Druck und Bindung: Printer Trento, Italien
Umschlaggestaltung: SpieszDesign, Neu-Ulm
Titelfotografie: © DigitalVision/GettyImages, München
Gedruckt auf 100 g Eurobulk 1,1 f. Vol.

Printed in Italy
ISBN 978-3-437-42696-4

Aller Anfang ist schwer – das gilt auch für die experimentelle Doktorarbeit! Wie war das noch mit Transkription und Translation? Was ist eine PCR und was ein Agarosegel? Warum und wie splitte ich Zellen? Was ist ein DNA-Chip? Wer oder was sind RNasen? Und wozu brauche ich SYBR Green? Diese und viele andere Fragen stellt sich jeder Medizinstudent, wenn er die ersten Schritte im Labor macht. Antworten auf diese und weitere Fragen gibt unser BASICS „Experimentelle Doktorarbeit".

Gute Methodenkenntnisse sind dabei nicht nur für die Planung der eigenen Experimente wichtig, sie helfen auch beim Lesen von Fachliteratur. Das wiederum ist für jeden Mediziner elementar, um auf dem aktuellen Stand der Forschung zu bleiben. Zum besseren Verständnis der Methoden werden daher im Allgemeinen Teil zunächst die Grundlagen der Zell- und der Molekularbiologie aufgefrischt. Der Spezielle Teil gibt dann einen Überblick über eine Vielzahl von Methoden, die heute im Labor angewandt werden. Dabei erleichtert unser Buch nicht nur den Einstieg in den Laboralltag, sondern dient während der gesamten Laborzeit immer wieder als kleines Nachschlagewerk.

Und falls bei der Laborarbeit – wider Erwarten – doch einmal etwas nicht wie geplant funktioniert, hilft vielleicht folgendes Zitat über den Misserfolg hinweg:

„Science is like sex, sometimes something useful comes out but that is not the reason we are doing it."
(Richard P. Feynman [1918 – 1988] US-amerikanischer Physiker und Nobelpreisträger)

In diesem Sinne wünschen wir allen Promotionsanwärtern viel Spaß und Erfolg beim Forschen!

Danken möchten wir den Mitarbeitern des Elsevier-Verlags, insbesondere Frau Inga Dopatka, für die gute Betreuung sowie unserem Gutachter Herrn Dr. Christian Stelljes für seine fachliche Unterstützung. Für die redaktionelle Bearbeitung des Manuskripts und die gute Zusammenarbeit bedanken wir uns bei Frau Dr. Nikola Schmidt.

Unser Dank gilt auch Herrn Professor Dr. med. Dietrich von Schweinitz, Herrn Privatdozent Dr. rer. nat. Roland Kappler und allen Mitarbeitern des Kinderchirurgischen Forschungslabors des Dr. von Haunerschen Kinderspitals in München (Anett, Beate, Johanna und Shiva), die uns stets mit Rat und Tat zur Seite gestanden haben.

Ein besonderer Dank gilt Simon Schuster für den Gedankenanstoß zu diesem Buch und die Bearbeitung des Kapitels „Stammzellen".

Ganz besonders herzlich möchten wir uns auch bei unseren Familien und Freunden, insbesondere bei Manuel, Melanie Richter und Veit, für ihre Unterstützung bedanken.

Zu guter Letzt gebührt unser größter Dank den Erfindern der Kaffeeröstung!

München, Juli 2010
Saskia Joppien, Sarah Lena Maier und
Danielle Sabina Wendling

Inhalt

A	Adenin	kb	Kilobasen
Abb.	Abbildung	kg	Kilogramm
ATP	Adenosintriphosphat	m	Meter
BAC	Bacterial artificial chromosomes	miRNA	Mikro-RNA
bp	Basenpaare	mRNA	Messenger-RNA
C	Cytosin	nm	Nanometer
ca.	zirka (ungefähr)	NTP	Nukleosidtriphosphat
CpG	Cytosin-phosphatidyl-Guanin	PAC	Phage-P1-based artificial chromosomes
CTP	Cytosintriphosphat	PCR	Polymerase-Kettenreaktion
Da	Dalton	prä-mRNA	Präkursor-mRNA
dATP	Desoxyadenosintriphosphat	PVDF	Polyvinylidenfluorid
dCTP	Desoxycytosintriphosphat	RNA	Ribonukleinsäure
ddATP	Didesoxyadenosintriphosphat	rRNA	ribosomale RNA
ddCTP	Didesoxycytosintriphosphat	s. S.	siehe Seite
ddGTP	Didesoxyguanintriphosphat	SDS	Natriumdodecylsulfat
ddNTP	Didesoxyribonukleosidtriphosphat	siRNA	Small interfering RNA
ddTTP	Didesoxythymidintriphosphat	snRNA	Small nuclear RNA
dGTP	Desoxyguanintriphosphat	T	Thymin
DNA	Desoxyribonukleinsäure	Tab.	Tabelle
dNTP	Desoxyribonukleosidtriphosphat	TRIS	Tris(hydroxymethyl)-aminomethan
DTT	Dithiothreitol	tRNA	Transfer-RNA
dTTP	Desoxyadenosintriphosphat	U	Uracil
EDTA	Ethylendiamintetraessigsäure	u. a.	unter anderem
engl.	englisch	u. U.	unter Umständen
G	Guanin	UTP	Uraciltriphosphat
GABA	γ-Aminobuttersäure	UV	ultraviolett
GPC	Größenausschlusschromatographie	vgl.	vergleiche
GTP	Guanosintriphosphat	YAC	Yeast artificial chromosomes
hnRNA	heterogene nukleäre RNA	z. B.	zum Beispiel
i. d. R.	in der Regel	z. T.	zum Teil
IC	Ionenaustauscherchromatographie		

Medizinische Doktorarbeit

Grundlagen der Zellbiologie

Grundlagen der Molekularbiologie

A Allgemeiner Teil

Allgemeines zur Doktorarbeit

Die Promotion ist die Erlangung des akademischen Grads „Doktor" in einem bestimmten Studienfach und dient als Zeugnis für die Befähigung, wissenschaftlich arbeiten zu können. Grundlagen hierfür sind eine selbstständige wissenschaftliche Arbeit, die Dissertation, und eine mündliche Prüfung (Rigorosum, Disputation, Verteidigung oder Kolloquium). Das Promotionsrecht haben Universitäten und ihnen gleichgestellte Hochschulen.

Die meisten Medizinstudenten beginnen eine Doktorarbeit, allerdings bricht ca. ein Drittel der Doktoranden wieder ab. Oft wird das vorzeitige Beenden der Arbeit auf eine mangelhafte Betreuung zurückgeführt. Nur ungefähr 60 % aller in Deutschland tätigen Ärzte sind promoviert. Dieses einleitende Kapitel soll daher eine kleine Hilfestellung bei der Wahl von Thema und Betreuer der Promotionsarbeit sein, sowie einen groben Überblick über die Formalitäten geben.

Promotionsverfahren

Die **Promotionsordnung** legt fest, welche Formalitäten und Abläufe eingehalten werden müssen, um die Voraussetzungen für eine Promotion zu erfüllen. Dies beinhaltet z. B. das Layout inklusive Deckblatt oder die Formatierung von Literaturangaben sowie Gutachten, Zeugnisse und den Ablauf der Prüfungen. Zusätzlich muss eine bestimmte Anzahl von gedruckten Kopien der Arbeit abgegeben bzw. die Arbeit online in der jeweiligen Universitätsbibliothek präsentiert werden. Die aktuellen Promotionsordnungen variieren unter den Universitäten und sind auf der Homepage der jeweiligen Hochschule oder im dortigen Dekanat erhältlich. Meist gibt es dort auch Merkblätter mit ausführlicheren Informationen.

Das **Promotionsverfahren** ist gegliedert in Anmeldung, Eröffnung, Begutachtung der Dissertation, mündliche Prüfung, Veröffentlichung und Verleihung der Promotionsurkunde. Die Anmeldung zur Promotion entspricht also nicht der Eröffnung des Promotionsverfahrens, denn dieses erfolgt erst nach Fertigstellung der Dissertation.

Bei der **Anmeldung** werden im Promotionsamt das Thema der Arbeit und der Betreuer angegeben. Ab dem Zeitpunkt der Anmeldung als Doktorand beginnt offiziell eine befristete Beschäftigung an einer Universitätsklinik. Das ist insofern wichtig, als auch Promotionszeiten während des Studiums zu der auf maximal 15 Jahre befristeten Beschäftigung an einer Universität angerechnet werden.

Bei der **Doktorprüfung** wird der Kandidat je nach Universität von zwei bis drei habilitierten Gutachtern der Fakultät mündlich geprüft. Den Vorsitz hat der Dekan inne. Hierbei werden meist schwerpunktmäßig Inhalt und Hintergrund der Dissertation abgefragt, es kann aber auch in anderen medizinischen Themen geprüft werden. Die Note der mündlichen Prüfung bestimmt ein Drittel der Promotionsnote, die restlichen zwei Drittel ergeben sich aus der Begutachtung der Doktorarbeit. Folgende Noten können vergeben werden:

▶ rite = bestanden
▶ cum laude = gut
▶ magna cum laude = sehr gut
▶ summa cum laude = mit Auszeichnung.

Thema und Methodik

Abgesehen von unterschiedlichen inhaltlichen Themen gibt es eine Reihe von methodischen Möglichkeiten, um eine Doktorarbeit zu erstellen:

▶ experimentell: Der Doktorand führt Versuche, meist in einem Labor, durch.
▶ klinisch: Grundlage sind klinische Untersuchungen, die der Doktorand oder ein Arzt durchführen (meist prospektiv).
▶ statistisch: Bereits durchgeführte Untersuchungen werden analysiert, meist in Verbindung mit einer Literaturrecherche (häufig retrospektiv).

Bei der Wahl der Doktorarbeit ist die eigene Motivation entscheidend. Geht es nur um die Erlangung des Titels, da keine großen Ambitionen bestehen, später wissenschaftlich tätig zu wer-

den, so ist eine retrospektive statistische Arbeit naheliegend, da hier Arbeits- und Zeitaufwand meist überschaubar bleiben. Strebt man hingegen eine akademische Karriere an, sollte man mehr Zeit investieren und evtl. ein experimentelles Projekt in Angriff nehmen. Hierbei muss man sich allerdings bewusst sein, dass gerade experimentelle, aber auch klinische Arbeiten oft länger dauern, als veranschlagt wurde. Ursache hierfür ist bei experimentellen Arbeiten, dass erlangte Ergebnisse oft weiterführende Fragen aufwerfen, oder Versuche nicht auf Anhieb funktionieren. Gerade bei prospektiven klinischen Studien fallen teilweise auch bei gut geplanten Untersuchungen Probleme bei der Datenerhebung erst während der Durchführung auf.

Interessiert man sich besonders für ein bestimmtes Fach oder möchte man nach dem Examen eine Stelle in einer bestimmten Klinik oder Institut antreten, lohnt es sich manchmal auch, gezielt dort nach Doktorarbeiten zu fragen und dann auch aufwendigere Projekte „anzupacken".

Doktorvater und Betreuer

Der „Doktorvater" ist ein habilitierter Angehöriger der Fakultät. Er vereinbart mit dem Doktoranden das Thema der Arbeit und stellt ihm gegebenenfalls einen Arbeitsplatz zur Verfügung. Des Weiteren ist er meist der erste Gutachter bzw. Berichterstatter im Promotionsverfahren. Mittlerweile ist es an vielen Universitäten üblich, einen Promotionsvertrag zwischen Doktorand und Betreuer abzuschließen. Dieser legt sowohl die Verpflichtungen von Promovend und Betreuer als auch die Fragestellung und Rahmenbedingungen der Arbeit fest. Die Intensität der Betreuung bzw. Häufigkeit der regelmäßigen Besprechungen hängt stark von der Art des Projekts ab. Experimentelle Arbeiten erfordern hierbei einen größeren Betreuungsumfang als statistische Auswertungen. Nach dem ersten Gespräch mit dem potenziellen Betreuer sollte man Ziele, Arbeitsschritte und einen Arbeitstitel benennen können.

Fragenliste

Damit die Doktorarbeit ein Erfolg wird, sind folgende Punkte zu beachten:

▶ Ist die Fragestellung konkret formuliert?
▶ Führt der Versuchsplan zur Beantwortung der Frage?
▶ Ist die Methode etabliert?
▶ Ist das Projekt finanziert?
▶ Wurde ein Ethikantrag für das Projekt gestellt und genehmigt?
▶ Waren frühere Doktoranden zufrieden?
▶ Werden Doktoranden vom Betreuer/Doktorvater in die Arbeitstechniken (z. B. Labor) eingeführt?
▶ Bleibt der Doktorvater über die nächsten Jahre an der Universität?
▶ Ist eine Co-Autorenschaft bei Publikationen möglich?
▶ Wurde die Arbeit durch einen Statistiker geprüft? Bei klinischen und statistischen Arbeiten ist es wesentlich, dass Fallzahlen und Hypothesen korrekt festgelegt werden, um signifikante Aussagen treffen zu können.

Zeitplan

Es empfiehlt sich, mit der Suche nach einer Doktorarbeit nach dem Physikum zu beginnen. Für eine experimentelle oder klinische Arbeit sollte man für den praktischen Teil je nach Anspruch und Methode 1–2 Jahre kalkulieren, die Dauer der schriftlichen Arbeit beträgt dann meistens zusätzlich 6–12 Monate. An manchen Universitäten besteht die Möglichkeit, ein „Freisemester" für die Doktorarbeit zu beantragen.

Ablauf

Schon vor Beginn des praktischen Teils sollte eine Literaturrecherche erfolgen, um anschließend die Grundzüge der Einleitung verfassen zu können. Dadurch lernt man den wissenschaftlichen Hintergrund der Arbeit kennen und kann so besser eigene Ideen zum Projekt beitragen.

Es bietet sich an, während der praktischen Durchführung, den Methodenteil zu verfassen. Zu diesem Zeitpunkt sind die Details der Arbeit am präsentesten. Gerade bei experimentellen Arbeiten müssen auch Hersteller und Einzelheiten der verwendeten Materialien aufgelistet werden, dies kann nach Beendigung der Arbeit sehr aufwendig werden.

Gliederung

Die Form der schriftlichen Doktorarbeit ist genau in der jeweiligen Promotionsordnung vorgeschrieben. Die Gliederung enthält folgende Punkte:

▶ Deckblatt: Titel der Arbeit, Doktorand, Institut oder Klinik, Gutachter der Arbeit etc. Hier muss besonders genau auf die detaillierten Vorschriften geachtet werden.
▶ Inhaltsverzeichnis
▶ Einleitung: Hintergrund der Arbeit und aktueller Stand der Forschung unter Verwendung der Literatur
▶ Materialien und Methoden: Die Angaben müssen eine Reproduzierbarkeit der Arbeit ermöglichen. Bei Experimenten im Labor sollen, wie oben bereits erwähnt, Konzentrationen und Herstellerfirmen der Materialien sowie die Durchführung beschrieben werden. In klinischen und statistischen Arbeiten

werden die Gewinnung der Daten sowie die statistische Aufarbeitung dargelegt.
▶ Ergebnisse: Diese sollten durch Grafiken und Abbildungen prägnant dargestellt werden. Interpretationen der Daten sowie Literaturangaben werden an dieser Stelle noch vermieden.
▶ Diskussion: Hier werden die Daten im Zusammenhang mit dem aktuellen Kenntnisstand der Wissenschaft interpretiert und bewertet. Abweichungen und Übereinstimmungen werden entsprechend mit Ergebnissen aus der Literatur erklärt.
▶ Zusammenfassung: Diese sollte maximal eine Seite lang sein und die zentrale Aussage der Arbeit prägnant und griffig darstellen.
▶ Literaturverzeichnis: Hier werden alle zitierten Quellen gelistet, wobei auch dabei genau auf die Formangaben der Promotionsordnung zu achten ist. Zur Erstellung des Literaturverzeichnisses stehen verschiedene Computerprogramme zur Verfügung, die oft auch über die jeweilige Universität zum Studentenpreis erworben werden können.
▶ Danksagung zur individuellen Gestaltung
▶ Lebenslauf: Je nach Promotionsordnung wird ein meist tabellarischer Lebenslauf gefordert.

Zusammenfassung

✖ Bei der Auswahl der Doktorarbeit sollten nicht nur das Thema, sondern auch die Art der Datenerhebung (experimentell, klinisch, statistisch, retrospektiv, prospektiv) bedacht werden.

✖ Ein weiterer wesentlicher Faktor der Promotionsarbeit ist die Betreuung. Außer dem Betreuer selbst sollten auch andere Doktoranden aus der Arbeitsgruppe befragt werden.

✖ Die Formalitäten des Promotionsverfahrens sind an jeder Universität anders, Merkblätter zum Ablauf und den detaillierten Formatierungsanforderungen sind im jeweiligen Promotionsamt erhältlich.

✖ Der zeitige Beginn von Literaturrecherche und Verfassen der schriftlichen Arbeit vertieft das Verständnis für die Thematik und beschleunigt den Abschluss der Promotion.

Literatur, Statistik und Studiendesign

Literaturrecherche

Mit der Literatursuche beginnt man bereits am Anfang der Doktorarbeit, um sich mit der Materie inhaltlich und methodisch vertraut zu machen. Des Weiteren werden dadurch die eigenen Ergebnisse im Vergleich zu den Daten in der Literatur bewertet. Entscheidend ist die Aktualität der verwerteten Literatur. Dementsprechend soll die Literatur auch nach Abschluss des praktischen Teils bis zum Einreichen der Arbeit auf dem neuesten Stand sein, damit sie von den Gutachtern nicht beanstandet werden kann.

Als Literaturquellen unterscheidet man Monographien (z. B. Lehrbücher) und Fachzeitschriften, wobei Letztere den Hauptbestandteil des Quellenverzeichnisses ausmachen sollten. Erfasst man von Anfang an alle Literaturstellen systematisch per Computer (mittels Excel oder spezieller Literaturverzeichnis-Programme), erspart man sich im Weiteren lästiges Suchen bereits gelesener Artikel und hat das Kapitel Literaturverzeichnis fast automatisch erledigt.

Für die Literaturrecherche gibt es viele Vorgehensweisen. Es empfiehlt sich, zunächst die aktuelle Literatur zu erfassen und dann über Übersichtsartikel zu älteren grundlegenden Arbeiten vorzudringen. Monographien sollten hierbei nur als Ergänzung dienen.

Als Standard-Quelle für aktuelle medizinische Literatur dient die Internetseite von **Pubmed** (www.ncbi.nlm.nih.gov/pubmed/), die Artikel in medizinischen, naturwissenschaftlichen und biomedizinischen Fachzeitschriften dokumentiert und Links auf Volltextzeitschriften bietet. Suchbegriffe müssen hier auf Englisch eingegeben werden, es kann aber auch nach Autor bzw. Arbeitsgruppe gesucht werden.

Unter dem Button **limits** lässt sich die Suche präzisieren: Hier kann z. B. das Erscheinungsdatum oder auch die Art des Artikels (z. B. Übersichtsartikel bzw. Review) festgelegt werden. Des Weiteren kann man Artikel in bestimmten Sprachen und bezogen auf Spezies (Mensch oder Maus etc.) suchen. Die angezeigten Link-Buttons zu den entsprechenden Journalen liefern oft einen kostenfreien Volltext des Artikels. Ist dies nicht der Fall, kann an den meisten Universitäten über eine elektronische Zeitschriftenbibliothek Zugang zu vielen Artikeln erlangt werden. Andernfalls sind die Zeitschriften in den Bibliotheken selbst einsehbar oder können zur Ansicht bestellt werden.

Studiendesign und Statistik

Im Folgenden werden die häufigsten statistischen und studientechnischen Begriffe erläutert. Dies soll zum einen bei der Planung des eigenen Projektes helfen, zum anderen aber auch ermöglichen, die in der Literatur beschriebenen Studien zu verstehen bzw. kritisch zu beurteilen. Die aufgeführten Studienarten spielen auch im **experimentellen** Bereich eine Rolle, wenn im Labor gewonnene Ergebnisse mit klinischen Daten korreliert werden sollen.

Klinische Studie

Die Wirkung einer medizinischen Behandlung oder eines Risikofaktors auf den Verlauf einer Krankheit wird durch den Vergleich einer Therapie-/Risikogruppe mit einer Kontrollgruppe unter bestimmten Bedingungen untersucht. Bei der Gestaltung der Studie müssen noch folgende Planungspunkte beachtet werden:

Prospektive vs. retrospektive Studie Bei prospektiven Studien werden Daten von einem bestimmten Kollektiv unter Berücksichtigung der Fragestellung neu erhoben. **Bei retrospektiven Studien** liegen die Daten bereits vor und werden aus Akten bzw. Archiven zusammengestellt und ausgewertet.

Kohortenstudie Hier untersucht man eine Kohorte, die aus Gruppen besteht, die sich bezüglich bestimmter Risikofaktoren oder Behandlungsarten unterscheiden. Dabei kann diese Studie sowohl prospektiv als auch retrospektiv durchgeführt werden. **Beispiel:** Tritt die Komplikation Pseudarthrose bei Tibiafrakturen häufiger nach Plattenosteosynthese oder nach intramedulärer Nagelung auf?

Randomisierte kontrollierte Studie Erfolgt die Zuteilung der Patienten in die Studiengruppen zufällig, handelt es sich um eine **randomisierte** kontrollierte Studie. Durch die Randomisierung soll eine Verfälschung der Studienergebnisse durch Störgrößen verhindert werden. Diese Studien sind immer prospektiv, Zielkriterium sowie Ein- und Ausschlusskriterien für die Patienten müssen vor Beginn der Studie festgelegt werden. **Beispiel:** Entsprechend dem o. g. Beispiel erfolgt die Verteilung der Patienten in die Gruppe „Nagel-" oder „Plattenosteosynthese" zufällig.

Verblindung Weiß der Patient nicht, ob er der Therapie- oder der Kontrollgruppe zugeteilt wurde, spricht man von einer einfach verblindeten Studie. Bei einer doppelt verblindeten Studie wissen weder Patient noch behandelnder Arzt, welcher Gruppe der jeweilige Patient zugeteilt wurde.

Fall-Kontroll-Studie Möchte man herausfinden, ob bestimmte Bedingungen einen Einfluss auf die Rate einer seltenen Erkrankung oder Komplikation haben, würde man bei einer Kohortenstudie eine sehr hohe Fallzahl benötigen. Daher bietet sich für diese Fragestellung die Fall-Kontroll-Studie an. Hier vergleicht man Patienten, die die betrachtete Krankheit entwickelt haben, mit einer zufälligen Auswahl von Nichterkrankten aus der betrachteten Population. Retrospektiv wird dann die Exposition mit den zu untersuchenden Risikofaktoren festgestellt. **Beispiel:** Lautet die Fragestellung, ob Übergewicht das Risiko einer Sepsis nach Appendektomie erhöht, so würde man zunächst alle Patienten mit Sepsis nach Appendektomie mit ähnlichen Merkmalen (z. B. gleiches Geschlecht und Alter etc.) sammeln, ohne dabei das Körpergewicht zu berücksichtigen. Des Weiteren werden Patienten ohne Sepsis mit den gleichen Merkmalen erfasst. Anschließend wird der Anteil der Übergewichtigen in beiden Gruppen miteinander verglichen.

Zur Auswertung von Datensätzen bedient man sich etablierter statistischer Methoden. Eine ausführliche Darstellung würde an dieser Stelle den Rahmen sprengen, daher seien hier die wichtigsten Begriffe aufgeführt, die meist in Excel berechnet werden können:

Mittelwert oder arithmetisches Mittel Das „Mittel" aus einer Reihe von Werten der Anzahl n ist folgendermaßen definiert: Mittelwert $x = (x_1 + \dots + x_n)/n$. Der Mittelwert ist der aus den vorliegenden Daten berechnete Wert, der die Daten bildlich gesprochen auf einer Waage ausbalanciert. Weit entfernte Werte haben eine starke „Hebelkraft", also einen starken Einfluss auf den Mittelwert.

Median Der Median ist so definiert, dass die eine Hälfte der vorhandenen Werte darüber, und die andere Hälfte darunter liegt. Er wird bestimmt, indem alle Beobachtungsdaten der Größe nach geordnet werden. Bei einer ungeraden Datenanzahl ist der Median der mittlere Wert in dieser Reihe; bei einer geraden Anzahl ist es der Mittelwert der beiden in der Mitte stehenden Zahlen. Beim Median spielt also der Abstand der Beobachtungen vom Zentrum keine Rolle, sondern nur, dass gleich viele Werte auf beiden Seiten des Medians liegen. Daher ist der Median weniger anfällig für stark abweichende Werte. **Beispiel:** Mittelwert und Median von zehn Patienten im Alter 34, 49, 50, 53, 59, 59, 60, 62, 69 und 80 Jahren: Mittelwert: 57,5 Jahre; Median 59 Jahre.

Standardabweichung Sind Datensätze normalverteilt, so ist die Standardabweichung ein Parameter für die Variabilität der Werte. Die Standardabweichung wird folgendermaßen berechnet:

$$\sigma = \sqrt{\frac{1}{n-1} \sum_{i=1}^{n} (x_i - \overline{x})^2}$$

Statistische Tests Diese prüfen, ob eine Hypothese über die Grundgesamtheit anhand der Daten der Stichprobe bestätigt wird. Nach der Anzahl der zu vergleichenden Stichproben unterscheidet man Ein-, Zwei- und Mehrstichprobentests. Des Weiteren differenziert man Tests für verbundene und für unverbundene Stichproben. Man bezeichnet sie als verbunden, wenn es zu jedem Wert aus der einen Stichprobe genau einen Wert aus der anderen Stichprobe gibt, mit dem er inhaltlich ein Paar bildet. **Beispiel:** Cholesterinwert jedes Patienten vor und nach Therapie mit einem Lipidsenker. Die Werte vor Therapie bilden die eine, die Werte nach Therapie die zweite Stichprobe. Stichproben heißen unverbunden, wenn sowohl die Daten innerhalb einer Stichprobe als auch die Daten aus verschiedenen Stichproben alle unabhängig voneinander sind.

Der bekannteste Test ist der **t-Test** für unverbundene normalverteilte Stichproben, mit dem man feststellen kann, ob Datensätze von zwei untersuchten Gruppen signifikante Unterschiede zeigen.

Zusammenfassung

✖ Die bei der medizinischen Doktorarbeit verwendete Literatur sollte im Wesentlichen aus Artikeln aktueller Fachzeitschriften stammen.

✖ Die wichtigste Quelle für aktuelle Artikel ist die Internetseite Pubmed.

✖ Bei der Gestaltung von Studien unterscheidet man neben inhaltlichen Aspekten u. a. nicht nur, ob man sie prospektiv oder retrospektiv durchführt, sondern auch, ob randomisiert oder verblindet werden soll.

✖ Eine fachgemäß ausgearbeitete Studie muss statistisch ausgewertet und getestet werden.

Ergebnispräsentation

Die Art und Weise, in der Ergebnisse präsentiert werden, ist ein wesentlicher Bestandteil der Doktorarbeit und wird die Gutachter nicht unwesentlich beeinflussen. Dabei spielt die Umsetzung von Tabellen in Graphen eine wichtige Rolle. Die bildliche Darstellung ist oft übersichtlicher und die Aussage, die hinter bestimmten Ergebnissen steht, lässt sich so anschaulich erklären. Bei der Gestaltung sollte man sich um eine einfache und klare Darstellung bemühen. Grelle Farben oder Musterungen sollten eher vermieden werden, um die Darstellung sachlich und funktionell erscheinen zu lassen.

Grundlagen

Prinzipiell lassen sich Ergebnisse als Text, Tabelle, Grafik bzw. Diagramm oder Abbildung präsentieren. Um die Arbeit möglichst leicht und schnell verständlich zu gestalten, ist die Wahl der Darstellung entscheidend. Hier gilt, dass Ergebnisse, die Zahlen enthalten, möglichst nicht in Form eines fortlaufenden Texts, sondern als Tabelle oder Grafik aufgezeigt werden sollten. In Tabellen sind dabei die detaillierten Datensätze einsehbar, während Grafiken verwendet werden, wenn Beziehungen, Vergleiche oder Trends veranschaulicht werden. Sowohl Grafiken als auch Tabellen müssen dabei ohne Hilfe des Texts verständlich sein. Viele der Gutachter suchen hier nach Kernaussagen und verschaffen sich ausschließlich über die Grafiken und Abbildungen einen ersten Eindruck über die Arbeit. Dabei kann es mühsam sein, nach den passenden Stellen im Text zu suchen, um die Diagramme und Tabellen zu verstehen. Daher sollten sie einen aussagekräftigen Titel bzw. genau beschriftete x- und y-Achsen haben. Allerdings müssen alle Tabellen, Grafiken und Abbildungen im Text stets erwähnt sein, um sie logisch in den Kontext einzufügen und auch, um sie zu erklären.

Für die Darstellung von Wahrscheinlichkeiten sollten in wissenschaftlichen Tabellen und Diagrammen Standardabweichungen aufgezeigt werden, um dem Leser einen Anhalt für die Qualität der Datensätze zu geben. In Grafiken geschieht dies in Form von Fehlerbalken (■ Abb. 1). Je nach Statistikprogramm (z. B. Excel) gibt es Funktionen zur Berechnung der Standardabweichung und zur Gestaltung der entsprechenden Fehlerbalken.

Beim Entwerfen wissenschaftlicher Grafiken sollten alle Zugaben, die keine Information liefern, entfernt werden. So kann der Leser die Diagramme am schnellsten interpretieren.

Diagramme

Die häufigsten Diagramme sind Linien-, Balken- und Kuchendiagramm. Mit diversen Programmen (z. B. Sigmaplot oder Excel) lassen sich aus Datensätzen und Tabellen unterschiedliche Diagramme entwickeln. Je nach Bedarf können auch komplexere statistische Werte (z. B. Konfidenzintervall etc.) eingefügt werden.

Liniendiagramm
Liniendiagramme werden verwendet, wenn die horizontale x-Achse einen kontinuierlich verlaufenden Wert beinhalten soll, z. B. die Zeit. Des Weiteren können in diesem Diagramm mehrere Relationen dargestellt werden. So könnte man beispielsweise die Fieberkurven mehrerer behandelter und nichtbehandelter Patienten in einem Diagramm auftragen (■ Abb. 2). Allerdings sollten nicht mehr als fünf Linien je Diagramm gezeichnet werden, um die Übersicht zu wahren und eine rasche Erfassung der Daten zu gewährleisten. Außerdem müssen die Linien unterschiedlich konfiguriert sein, d. h. sie sollten unterschiedliche Farben oder Muster erhalten. In einer Legende innerhalb des Diagramms weist man den jeweiligen Linien die entsprechenden Daten zu.

Balkendiagramm
Wenn auf der horizontalen Achse qualitative Werte (z. B. verschiedene Antibiotika, mit denen behandelt wurde) oder quantitative, aber nicht kontinuierlich verlaufende Werte (z. B. unterschiedliche Dosierungen desselben Antibiotikums) aufgetragen werden, so bietet sich eine Darstellung durch ein Balkendiagramm an. Handelt es sich um qualitative Informationen auf der x-Achse, sollten die Balken nach Größe der y-Werte angeordnet werden (auf- oder absteigend), soweit dies inhaltlich sinnvoll ist. Dies führt zur rascheren Erfassung durch den Leser (■ Abb. 3).

Je nach Kernaussage können die Balken auch gruppiert werden. Dies dient dem Verständnis, wenn man beispielsweise

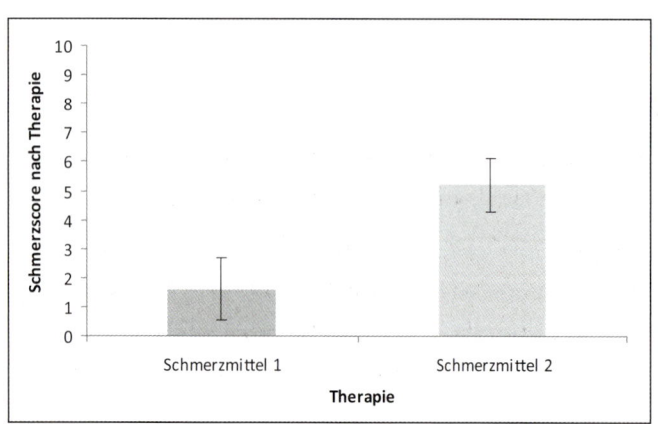

■ Abb. 1: Abbildung mit Fehlerbalken. [1]

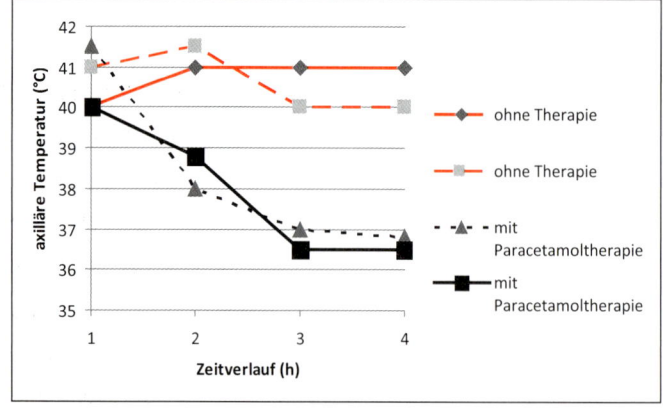

■ Abb. 2: Liniendiagramm (Fieberkurve). [1]

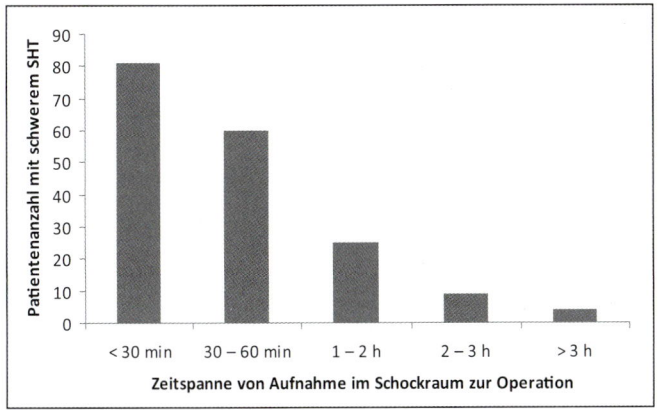

Abb. 3: Balkendiagramm mit absteigenden Balkenwerten. [1]

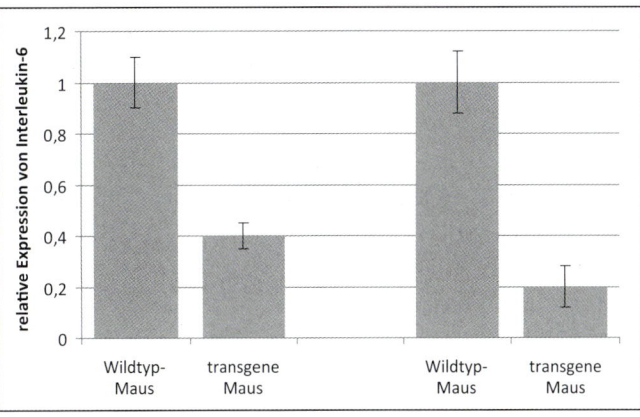

Abb. 4: Balkendiagramm mit gruppierten Balken. Die Balken zeigen hier die relative Genexpression der Versuchstiere inklusive der Standardabweichung nach oben oder unten an. [1]

die Expression eines bestimmten Gens bei unterschiedlichen Altersgruppen von Wildtyp-Mäusen und transgenen Mäusen vergleichen möchte (❚ Abb. 4).

Kuchendiagramm

Diese Art von Diagramm wird klassischerweise herangezogen, wenn gezeigt werden soll, aus welchen Anteilen sich eine Gesamtheit zusammensetzt. Sowohl die qualitative wie auch die quantitative Verteilung lassen sich auf einen Blick sehen. Besonders wichtig ist eine vollständige Beschriftung mit Prozentsatzangabe und inhaltlicher Erläuterung der jeweiligen „Kuchenstücke". Beispielsweise könnte man zeigen, welcher Anteil der Patienten mit einer Tibiafraktur jeweils primär konservativ bzw. mit intramedullärer Nagelung, einer Plattenosteosynthese oder einem Fixateur extern versorgt wurde (❚ Abb. 5).

Wesentlich ist, dass sich die jeweiligen Variablen nicht überschneiden, da die Darstellung sonst unübersichtlich und unverständlich wird. **Beispiel:** Der Anteil der untersuchten Patienten mit Herzinfarkt, die jeweils bestimmte Risikofaktoren wie Diabetes mellitus, Hypertonie, Adipositas, Nikotinabusus oder keinen Risikofaktor aufweisen. Hier gibt es bestimmt einige Patienten mit mehreren Risikofaktoren, sodass eine andere Darstellungsform, am ehesten eine Tabelle, vorzuziehen ist.

Wichtig bei der Darstellung der Ergebnisse sind eine klare und einfache Gestaltung von Diagrammen und Tabellen sowie eine sinnvolle Wahl der jeweiligen Grafik und eine vollständige Beschriftung zum schnellen Verständnis für den Leser.

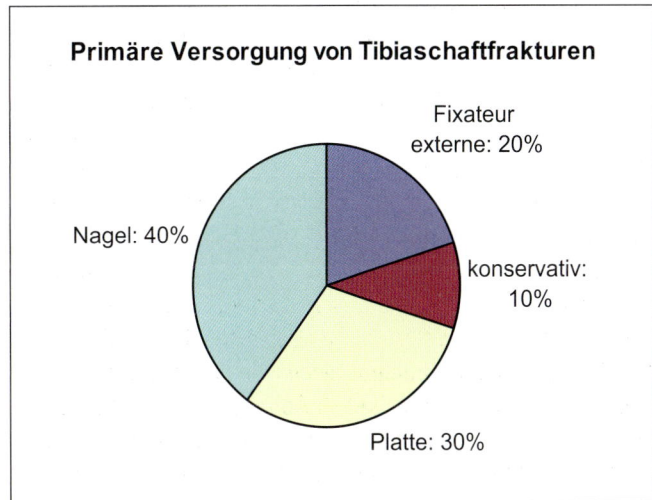

Abb. 5: Kuchendiagramm. [1]

Zusammenfassung

✖ Sollen Datensätze mit Zahlen verständlich vermittelt werden, so sind für ein rasches Verständnis des Lesers Tabellen und Grafiken anzufertigen.

✖ Liniendiagramme sind geeignet für Diagramme mit kontinuierlichen Werten der x-Achse, Balkendiagramme dagegen sollten v. a. verwendet werden, wenn qualitative Daten auf der x-Achse aufgetragen sind.

✖ Kuchendiagramme sind meist darauf beschränkt, Anteile einer Gesamtheit darzustellen.

Aufbau der Zelle

Die Zelle ist Grundlage allen Lebens. Man unterscheidet zwei unterschiedlich aufgebaute Zelltypen. **Prokaryoten** sind Einzeller und bestehen aus **Prokaryozyten,** die keinen Zellkern besitzen und im Gegensatz zu **Eukaryoten** deutlich einfacher organisiert sind. Eukaryoten bestehen aus einer oder mehreren **Eukaryozyten,** die einen Zellkern aufweisen.

Zellmembran

Jede Zelle wird von einer schützenden Barriere, der Zellmembran, auch als **Plasmamembran** bezeichnet, umgeben. Sie besteht überwiegend aus Proteinen und Phospholipiden. Diese besitzen **hydrophile** (Wasser anziehend) **Köpfe,** die nach außen zeigen, und **lipophile** (Fett anziehend) **Schwänze,** die nach innen gerichtet sind (█ Abb. 1). Durch den Aufbau wird gewährleistet, dass weder große noch geladene Moleküle die Zellmembran passieren können. Zudem findet man Transmembranmoleküle, die als Rezeptoren fungieren oder Transportfunktionen haben können.

Zellorganellen

Die Zellmembran umgibt das gesamte Innere der Zelle, das **Protoplasma.** Man unterteilt das Protoplasma weiter in das **Zytoplasma,** das die Zellorganellen (█ Abb. 2) enthält, und in das **Karyoplasma,** das den Zellkern beinhaltet. Als **Zytosol** (Grundplasma) bezeichnet man den gesamten Restinhalt einer Zelle, der zahlreiche Moleküle, Wasser und Ionen enthält. Hier finden viele wichtige Stoffwechselvorgänge, z. B. die Glykolyse, statt.

Zellkern
Der Zellkern (Nukleus), der von einer Doppelmembran umschlossen ist, enthält die gesamte biologische Erbinformation **(DNA),** die in der Metaphase als Chromosomen erkennbar wird. Abgesehen von Erythrozyten besitzt praktisch jede eukaryotische Zelle einen Zellkern, in dem die **Transkription** stattfindet. Hierbei wird die DNA in RNA umgeschrieben (s. S. 18/19). Innerhalb des Zellkerns befindet sich der **Nukleolus,** das Kernkörperchen. Hier wird die **ribosomale RNA** (rRNA) gebildet (s. S. 18/19).

Mitochondrien
In den „Kraftwerken" der Zelle wird der **Energieträger ATP** hergestellt, der für jede Zelle von essenzieller Bedeutung ist, da das ATP, das im Zytosol durch die Glykolyse gewonnen wird, nicht ausreichend ist. Das

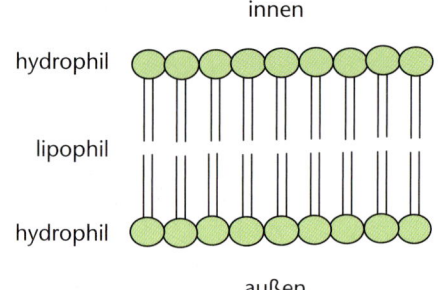

innen

hydrophil

lipophil

hydrophil

außen

█ Abb. 1: Schematischer Aufbau der Plasmamembran. [2]

Endprodukt der Glykolyse ist Pyruvat, das als **Acetyl-CoA** in die Mitochondrien eingeschleust wird. Acetyl-CoA entsteht auch durch den Abbau von Fettsäuren im Rahmen der β-Oxidation. Es wird im Mitochondrium in den **Citratzyklus** eingebunden, der überwiegend in der Matrix abläuft. Aus den Reduktionsäquivalenten, die währenddessen gewonnen werden, entsteht ATP im Rahmen der **Atmungskette,** die in der inneren mitochondrialen Membran abläuft.

Die Endosymbiontenhypothese besagt, dass Mitochondrien ursprünglich aus Prokayroten entstanden sind, die durch Phagozytose von einem anderen größeren Prokaryot aufgenommen wurden und mit diesem eine Symbiose eingingen. Diese Hypothese wird bestärkt durch charakteristische Eigenschaften der Mitochondrien. Dazu gehören das Fehlen eines eigenen Zellkerns und das Vorhandensein einer eigenen ringförmigen DNA und von Ribosomen und die damit verbundene Fähigkeit zur Proteinsynthese.

Mitochondrien vermehren sich unabhängig vom Zellzyklus durch Zweiteilung. Die Vererbung der mitochondrialen DNA erfolgt **maternal** (über die Mutter), da die Mitochondrien ausschließlich über die Eizelle weitergegeben werden.

Ribosomen
Ribosomen spielen eine wichtige Rolle bei der **Proteinbiosynthese.** Die im Nukleus gebildete mRNA wird zu den Ribosomen ins Zytoplasma transportiert. Hier erfolgt dann die Umschreibung der mRNA in einen Aminosäurencode. Dieser Vorgang wird als **Translation** bezeichnet (s. S. 18/19). Sind die Proteine für das Zytosol oder die Mitochondrien bestimmt, erfolgt die Translation an freien Ribosomen im Zytosol. Werden Proteine zur Sekretion oder die Zellmembran benötigt, binden die Ribosomen an das endoplasmatische Retikulum (ER), das nun als raues endoplasmatisches Retikulum (rER) bezeichnet wird.
Ribosomen bestehen aus zwei Untereinheiten: einer kleinen, die für die Erkennung der mRNA zuständig ist, und einer großen, welche die während der Translation entstehenden Aminosäuren zu einer Kette verknüpft. Beide Untereinheiten bestehen aus Proteinen und der ribosomalen RNA (rRNA) und werden bei Eukaryoten im Zellkern gebildet. Die Größe der Ribosomen wird anhand ihres Sedimentationsverhaltens bestimmt. Dieses wird in der Einheit Svedberg (S) angegeben. Die Ribosomen der Prokaryoten nennt man 70S-Ribosomen (kleine 30S-Untereinheit, große 50S-Untereinheit); die der Eukaryoten bezeichnet man als **80S-Ribosomen.** Sie bestehen aus einer **kleinen 40S-Untereinheit** und einer **großen 60S-Untereinheit.**

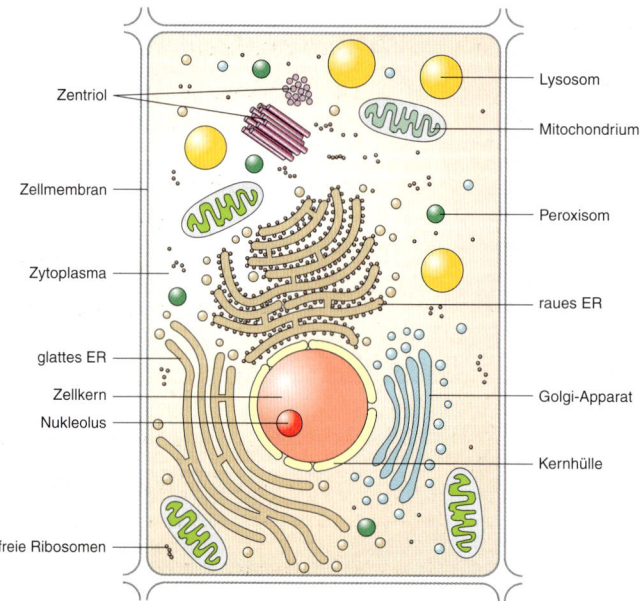

Zentriol

Zellmembran

Zytoplasma

glattes ER

Zellkern

Nukleolus

freie Ribosomen

Lysosom

Mitochondrium

Peroxisom

raues ER

Golgi-Apparat

Kernhülle

█ Abb. 2: Aufbau einer eukaryotischen Zelle. [3]

Endoplasmatisches Retikulum

Das endoplasmatische Retikulum (ER) ist ein aus Zisternen bestehendes stark verzweigtes Membransystem, das ein Charakteristikum eukaryotischer Zellen darstellt. Das raue, also mit Ribosomen besetzte ER (**rER**) unterscheidet sich in seinen Aufgaben vom glatten ER (**sER** von *engl.* smooth). Letzteres ist bedeutsam für die Phospholipid- und Steroidhormonsynthese und dient v. a. in Muskelzellen als Kalziumspeicher. Wichtige oxidative Enzyme (überwiegend Enzyme der **Zytochrom-P$_{450}$-Klasse**) des sER sind an Entgiftungsvorgängen wesentlich beteiligt. Auf der Membran des sER befindet sich zudem die Glucose-6-phosphatase, die essenziell für die Glykogenolyse ist.

Das rER spielt eine wichtige Rolle bei der Biosynthese nichtzytosolischer Proteine (s. S. 18/19).

Golgi-Apparat

Der Golgi-Apparat ist ein membranumschlossener Raum innerhalb einer eukaryotischen Zelle. **Dictyosome** bilden die Grundeinheit des Golgi-Apparats. Es handelt sich hierbei um flache Zisternen, die stapelförmig angeordnet sind. Man unterscheidet eine Aufnahmeseite (**Cis-Seite**), die stets dem ER und dem Zellkern zugewandt ist, von einer Reifungsseite (**Trans-Seite**). An der Cis-Seite werden Produkte des ER aufgenommen. Diese werden beim Durchlaufen des Golgi-Apparats schrittweise modifiziert. Erreichen die nun aktiven Produkte die Trans-Seite, werden sie dort gespeichert oder in Transportvesikeln verpackt zu ihren Zielorten versandt.

Lysosomen

Lysosomen sind kleine, kugelförmige Membranvesikel, die **hydrolytische Enzyme,** wie die saure Phosphatase, enthalten und damit der intrazellulären Verdauung von Makromolekülen dienen. Lysosomen verdauen zellfremdes (**Heterophagie**) und zelleigenes Material (**Autophagie**).

Peroxisomen

Peroxisomen sind wie Lysosomen kleine Membranvesikel. Durch **Oxidasen** und **Peroxidasen** sind sie maßgeblich am Abbau von Amino- und Fettsäuren beteiligt. Da hierbei Wasserstoffperoxid (H_2O_2) entsteht, das stark zytotoxische Eigenschaften besitzt, findet der Abbau zum Schutz der Zelle in den Peroxisomen statt. Das entstehende

H_2O_2 wird dann durch die **Katalase** gespalten und ist damit ungefährlich für die Zelle.

Zytoskelett

Das Zytoskelett dient neben der mechanischen Stabilisierung einer Zelle auch der Signalübertragung zwischen den Zellen. Fadenförmige Strukturen, die Filamente, bilden die funktionelle Grundeinheit des Zytoskeletts. Bei eukaryotischen Zellen unterscheidet man drei Arten von Zytoskelettfilamenten.

Aktinfilamente

Die fadenförmigen Filamente durchspannen das gesamte Zytoplasma und bilden dadurch eine Art Netzwerk. Direkt unter der Plasmamembran, im Bereich der **Zellrinde,** ist der Gehalt an Aktinfilamenten besonders hoch. Diese stehen in direkter Verbindung mit der Zellmembran und sind damit an der Verankerung des Zytoskeletts maßgeblich beteiligt. So werden u. a. Membranproteine, z. B. Oberflächenrezeptoren, durch Aktinfilamente fixiert. In Muskelzellen spielen sie im Zusammenwirken mit Myosin eine wichtige Rolle bei der Bewegungsfunktion.

Mikrotubuli

Die zylinderförmigen Mikrotubuli verleihen der Zelle Stabilität und sind u. a. am intrazellulären Transport von Zellorganellen beteiligt. Des Weiteren bilden sie während der Mitose den **Spindelapparat.**

Intermediärfilamente

Verschiedene Proteinfilamente werden als Intermediärfilamente zusammengefasst. Da

sie die stabilsten Filamente des Zytoskeletts sind, dienen sie v. a. der mechanischen Stabilisierung einer Zelle.

Zellkontakte

Tight junctions

Die sehr dichten Kontakte zwischen Zellen findet man v. a. dort, wo zwei Kompartimente strikt voneinander getrennt werden müssen, z. B. im Bereich der Blut-Hirn-Schranke. Die Membranen von Zellen, die durch Tight junctions verbunden sind, liegen so eng aneinander, als seien sie verschmolzen.

Desmosomen

Desmosomen sind spezialisierte Haftstrukturen zwischen zwei Zellen. Haftstrukturen zwischen einer Zelle und der extrazellulären Matrix, die den Desmosomen ähneln, nennt man Hemidesmosomen. Durch den Kontakt zwischen zwei Zellen dienen Desmosomen der Stabilisierung eines Gewebes gegenüber Scherkräften. Sie verstärken dadurch den mechanischen Zusammenhalt. Intrazellulär finden sich Desmosomen zwischen den Intermediärfilamenten. Auf diese Weise wird die Form der Zelle aufrechterhalten.

Gap junctions

Die **porenbildenden** Proteinkomplexe verbinden zwei Zellen so miteinander, dass ein Kanal entsteht, der den Austausch von Ionen und Molekülen ermöglicht. Beim Erwachsenen kommen Gap junctions u. a. in Herzmuskelzellen vor.

Zusammenfassung

✖ Die Zellmembran besteht aus Proteinen und Phospholipiden und bildet eine schützende Hülle um die Zelle.

✖ Der Zellkern, der nur in Eukaryozyten zu finden ist, beinhaltet die biologische Erbinformation (DNA).

✖ Die Ribosomen und das ER sind Ort der Proteinbiosynthese. Die Proteine werden anschließend im Golgi-Apparat modifiziert und in Transportvesikel verpackt.

✖ Lysosomen und Peroxisomen sind Membranvesikel, in denen der intrazelluläre Abbau von Molekülen stattfindet.

✖ Aktinfilamente, Mikrotubuli und Intermediärfilamente bilden das Zytoskelett und dienen neben der mechanischen Stabilisierung der Zelle auch der Signalübertragung zwischen den Zellen.

Zellzyklus und Zelltod

Zellzyklus

Definition
Alle biochemischen Vorgänge, die während der Teilung einer eukaryotischen Zelle ablaufen, bezeichnet man als Zellzyklus. Man unterteilt den Zellzyklus in **Interphase** und **Mitose**. Die Inter- ist deutlich länger als die Mitosephase und macht ca. 90 % der Gesamtdauer des Zellzyklus aus.

Phasen des Zellzyklus
G_1-Phase
In der **diploiden Zelle** (2n Chromosomen mit jeweils einem Chromatid = 2n2c) beginnen im Anschluss an die Mitose Wachstumsvorgänge: Alle Zellorganellen werden neu gebildet. Außerdem werden wichtige Moleküle, die für den eigentlichen Mitosevorgang benötigt werden, synthetisiert. Hierzu zählen Nukleinsäuren, Polymerasen und Proteine, die am Aufbau des Spindelapparats beteiligt sind.
Die Zelle übt in dieser Phase ihre eigentliche physiologische Funktion im Organismus aus. Die **Länge der G_1-Phase** variiert stark und hängt von der Art der Zelle ab (humane Hepatozyten: 1 Jahr, Hefezellen: 1,5 – 3 h; ▪ Abb. 1).
Am Ende der G_1-Phase befindet sich der **G_1-Kontrollpunkt (Restriktionspunkt).** Wenn alle Voraussetzungen für die DNA-Replikation gegeben sind, kann die Zelle in die S-Phase eintreten.

G_0-Phase
Ausdifferenzierte Zellen, die sich nicht mehr teilen können (z. B. Nervenzellen), persistieren in der G_1-Phase, die dann als G_0-Phase bezeichnet wird. Einige Zelltypen (z. B. Leberzellen) verbleiben nach ihrer Ausdifferenzierung Wochen bis Monate in dieser Phase, können aber in die G_1-Phase zurückkehren, um sich dann wieder zu teilen.

S-Phase
In der **Synthesephase** (S-Phase) findet die **DNA-Replikation** statt. Dabei bildet sich

das zweite Chromatid der Chromosomen (die Chromosomenzahl bleibt demnach unverändert: 4n-Chromosomen mit jeweils 2 Chromatiden = 2n4c; ▪ Abb. 2). Die Zentromerregion, die die Chromatiden zusammenhält, wird erst in der Mitosephase repliziert.

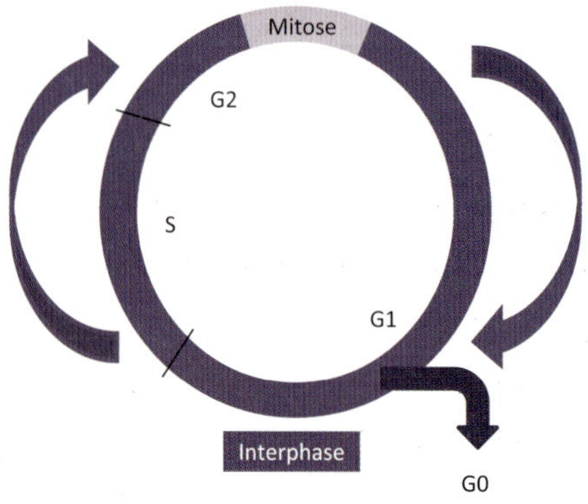

G_2-Phase
Unmittelbar vor der Mitosephase findet die G_2-Phase statt, in der die Zelle auf ihre Teilung vorbereitet wird. Analog zum G_1-Kontrollpunkt wird am Ende der G_2-Phase am **G_2-Kontrollpunkt** kontrolliert, ob die DNA-Replikation abgeschlossen wurde. Gegebenenfalls werden Replikationsfehler korrigiert. Dauern diese Reparaturvorgänge zu lange, wird die Apoptose der Zelle eingeleitet.

Zellzykluskontrollpunkte
An den Kontrollpunkten (**G_1- und G_1-Kontrollpunkt, Metaphasenkontrollpunkt**) innerhalb des Zellzyklus werden Länge und Abfolge der Phasen reguliert. Zudem wird sichergestellt, dass die Zelle erst dann in die nächste Phase eintritt, wenn die vorhergehende erfolgreich abgeschlossen wurde, und keine Defekte aufgetreten sind. An diesen Checkpoints kann der Zellzyklus unterbrochen (**Zellarrest**) oder die **Apoptose** induziert werden. Wichtige Proteine, die das Verhalten an den Kontrollpunkten steuern, sind **zyklinabhängige Kinasen (CDK)** und **Zykline**. Sie treiben den Zellzyklus an und leiten an den Kontrollpunkten die darauffolgende Phase ein.
Diese Proteine sind maßgeblich am Unterbrechen des Zellzyklus und der Induktion der Apoptose beteiligt:

▶ **Protein 53 (p53):** Bei Schädigung der DNA wird der Transkriptionsfaktor p53 aktiviert, wodurch die Expression von Tumorsuppressorgenen (z. B. Bax und p21) induziert wird.
▶ **Protein 21 (p21):** Der CDK-Inhibitor kann die Zelle an den Phasenübergängen arretieren. DNA-Reparaturmechanismen

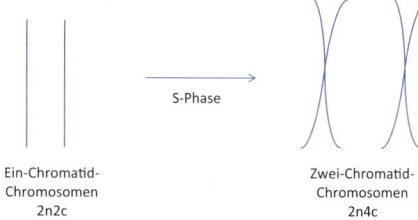

Ein-Chromatid-Chromosomen 2n2c

S-Phase

Zwei-Chromatid-Chromosomen 2n4c

▪ Abb. 2: DNA-Replikation in der S-Phase. [2]

haben dadurch Zeit, um mögliche Defekte zu beseitigen.
▶ **BAX:** Durch die Induktion der Freisetzung von Zytochrom C aus den Mitochondrien einer Zelle wird der programmierte Zelltod (Apoptose) eingeleitet.

> Mutationen in den Kontrollmechanismen des Zellzyklus können durch unkontrolliertes Wachstum zur Ausbildung maligner Tumoren führen. In ca. 50 % aller Tumorzellen findet man Mutationen im p53-Gen, die zu einem Funktionsverlust des Proteins führen.

Mitose
Voraussetzung für die Mitose ist eine fehlerlose DNA-Replikation in der S-Phase. Wie bereits erwähnt, liegt am Ende der S-Phase ein diploider Chromosomensatz vor (2n4c). Die Mitose verläuft in mehreren Phasen (▪ Abb. 3).

> Die Meiose (Reifeteilung) ist eine besondere Form der Zellteilung, welche die Geschlechtszellen betrifft. Im Gegensatz zur Mitose wird die Anzahl der Chromosomen hierbei halbiert. Das garantiert bei der Rekombination (also der Vereinigung der elterlichen Chromosomen) eine neue Zusammenstellung.

Zelltod

Der Zelltod spielt eine wesentliche Bedeutung für die Entwicklung und Aufrechterhaltung eines jeden Lebens, da nur eine Balance zwischen Proliferation und dem Absterben von Zellen die Zellzahl auf einem konstanten Niveau hält. Die Entstehung von malignen und degenerativen Veränderungen sowie Autoimmunerkrankungen sind auf Störungen dieses Gleichgewichts zurückzuführen.
Man unterscheidet zwei Formen des Zelltods: Nekrose und Apoptose.
Unter **Nekrose** versteht man den pathologischen Untergang von Zellen als Folge schädigender Einflüsse, z. B. Bakterien, Strahlung

Mitose

G2

S

G1

Interphase

G0

▪ Abb. 1: Zellzyklus im Überblick. [2]

oder Hypoxie. Diese Art des unkontrollierten Zelltods führt zu einer Entzündungsreaktion der Umgebung, in die der Zellinhalt austritt.

Den programmierten Zelltod nennt man **Apoptose.** Der hoch entwickelte Prozess spielt in der Entwicklung, Reifung und bei Alterungsvorgängen von Eukaryoten eine Schlüsselrolle. Die Möglichkeit, überschüssige Zellen durch Apoptose zu beseitigen, ist beispielsweise im hämatopoetischen System lebenswichtig. Störungen der Apoptoseregulation können zu Krankheiten, wie Krebs, Autoimmunerkrankungen oder multiple Sklerose, führen. Verschiedene Signalwege sind Auslöser der Apoptose und führen zum Untergang der Zelle.

Apoptose
Extrinsischer Weg (Typ I)
Durch Ligandenbindung an Rezeptoren der TNF-Rezeptorfamilie an der Zelloberfläche, sog. Todesrezeptoren, kann die Apoptose eingeleitet werden. Liganden sind u. a. der Tumornekrosefaktor (TNF) und weitere Zytokine, die von zytotoxischen T-Zellen sezerniert werden.

Intrinsischer Weg (Typ II)
Die Freisetzung von Zytochrom C und anderen pro-apoptotischen Faktoren aus den Mitochondrien einer Zelle sind Voraussetzung für die Apoptoseinduktion. Tumor-Suppressoren, wie p53, sind in der Lage, den intrinsischen oder mitochondrialen Weg auszulösen. Ist die DNA einer Zelle stark geschädigt, wird p53 aktiviert. Dieses wiederum stimuliert daraufhin die Expression der Mitglieder der Bcl-2-Familie (z. B. Bax), die dann zur Freisetzung von Zytochrom C und anderen pro-apoptotischen Faktoren aus den Mitochondrien führen.

> Viele Chemotherapeutika wirken direkt auf die Mitochondrien und induzieren so die Apoptose in Tumorzellen.

Extrinsischer und intrinsischer Weg führen letztlich beide zur Aktivierung intrazellulärer Kaskaden, die proteolytische Enzyme aktivieren.

Caspasen
Die proteolytischen Enzyme, die zum apoptotischen Tod einer Zelle führen, sind Caspasen (überwiegend **Caspase 3, 6** und **7**). Sie selbst sind aktiv am Abbau von Zellkernmembran- und Zytoskelettanteilen beteiligt. Zudem aktivieren sie sekundäre Zielproteine wie die DNAse (Desoxyribonuklease) oder

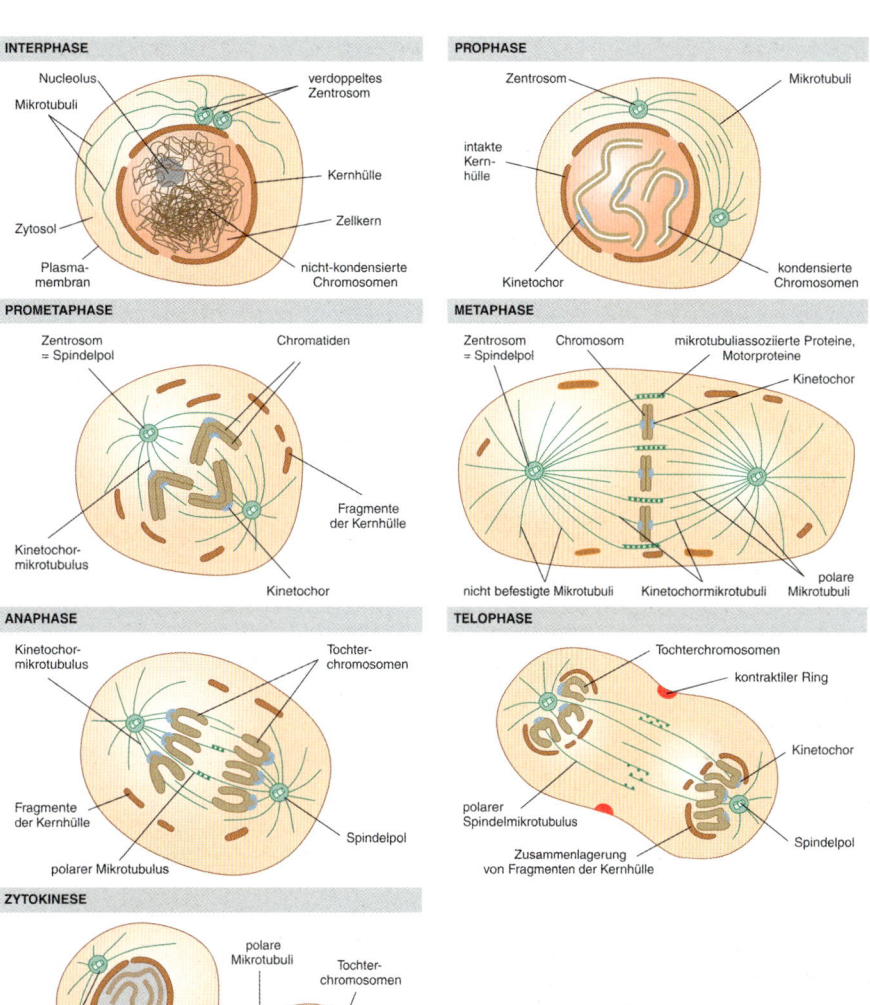

Abb. 3: Schematischer Überblick über die Mitosephasen. [4]

andere Caspasen, die über weitere Signalkaskaden zum typischen Ablauf der Apoptose führen.

Morphologisch beginnt die apoptotische Zelle zunächst, sich von ihren Nachbarzellen zu lösen. Anschließend kondensieren Zellkern und Zytoplasma, wodurch die Zelle zu schrumpfen beginnt. Es kommt zur Fragmentierung der DNA und zur Auflösung von Mitochondrien und Kernhülle. Die Zelle zerfällt schließlich in kleine Vesikel, die von phagozytierenden Zellen entsorgt werden. Im Gegensatz zur Nekrose treten weder eine Zerstörung der Plasmamembran noch eine Entzündungsreaktion auf.

Zusammenfassung
- ✖ Der Zellzyklus besteht aus Interphase und Mitose.
- ✖ Wichtige Kontrollpunkte (G_1-, G_2- und Metaphasenkontrollpunkt) gewährleisten einen korrekten Ablauf des Zellzyklus. Liegen Defekte vor, wird die Zelle hier am Fortschreiten im Zyklus gehindert.
- ✖ Können Defekte nicht repariert werden, wird der programmierte Zelltod (Apoptose) induziert. Caspasen spielen hierbei eine wichtige Rolle.

Vererbung

Definition

Die Weitergabe genetischer Informationen von einer Generation an die nächste bezeichnet man als Vererbung.

Der Mensch hat, wie die meisten Tiere und Pflanzen, einen diploiden Chromosomensatz. Das bedeutet, dass pro Merkmal ein paternales und ein maternales Gen vorhanden sind. Als **Allele** bezeichnet man die möglichen Ausprägungen eines Gens. Sind die Allele eines Gens identisch, spricht man von **Homozygotie (reinerbig).** Sind sie allerdings verschieden, bezeichnet man dies als **Heterozygotie (mischerbig).** Die Gesamtheit aller Erbanlagen eines Individuums nennt man **Genotyp.** Die Summe aller sichtbaren Merkmale eines Organismus wird als **Phänotyp** definiert.

Das Allel, also die Zustandsform eines Gens, das sich phänotypisch durchsetzt, bezeichnet man als **dominant.** Wird ein Merkmal nicht phänotypisch sichtbar, ist das zugehörige Allel **rezessiv. Kodominante** Allele sind solche, die sich im Phänotyp gleichermaßen durchsetzen.

Mendelsche Regeln

Der Augustinermönch Gregor Mendel beschrieb Mitte des 19. Jahrhunderts erstmalig den Ablauf der Vererbung bestimmter Merkmale, wie Form oder Farbe. Durch Kreuzungsversuche mit Erbsenpflanzen stellte er die nach ihm benannten Mendelschen Regeln auf, die bis heute ihre Gültigkeit behalten haben.

1. Regel: Uniformitätsregel

Kreuzt man zwei Individuen, die sich in einem Merkmal (monohybrid) oder mehreren Merkmalen (dihybrid), für die beide homozygot sind, unterscheiden, erhält man eine uniforme Tochtergeneration **(F1-Generation).** Diese Nachkommen werden auch als **Hybriden** bezeichnet und sind immer heterozygot. Zudem besitzen sie stets den gleichen Geno- und Phänotyp.

Die Ausprägung des Merkmals hängt von der Art des Erbgangs ab (❚ Abb. 1 und 2, jeweils obere Hälfte). Beim **dominant-rezessiven** Erbgang (❚ Abb. 1) tragen alle Nachkommen die entsprechende Merkmalsausprägung wie einer der Eltern. Beim **intermediären** Erbgang (❚ Abb. 2) entwickelt sich bei der F1-Generation eine Mischform der elterlichen Ausprägung. Intermediäre Erbgänge treten relativ selten auf.

> In den meisten Fällen wird ein Großbuchstabe für das dominante Allel verwendet, während das rezessive Allel durch einen Kleinbuchstaben gekennzeichnet wird.

2. Regel: Spaltungsregel

Werden zwei Individuen miteinander gekreuzt, die **gleichartig heterozygot** sind (z. B. die Mitglieder der F1-Generation in Abbildung 1 und 2), erhält man keine uniforme Tochtergeneration (F2-Generation). Die Merkmalsausprägungen spalten sich auf.

Beim dominant-rezessiven Erbgang zeigt ein Viertel der Nachkommen reinerbige Eigenschaften: Sie enthalten zwei rezessive Allele. Die übrigen drei Viertel weisen den Phänotyp des dominanten Allels auf, wobei nur ein Viertel davon homozygot ist, die restlichen zwei Viertel sind heterozygot **(Verhältnis 3:1)** (❚ Abb. 1, untere Hälfte).

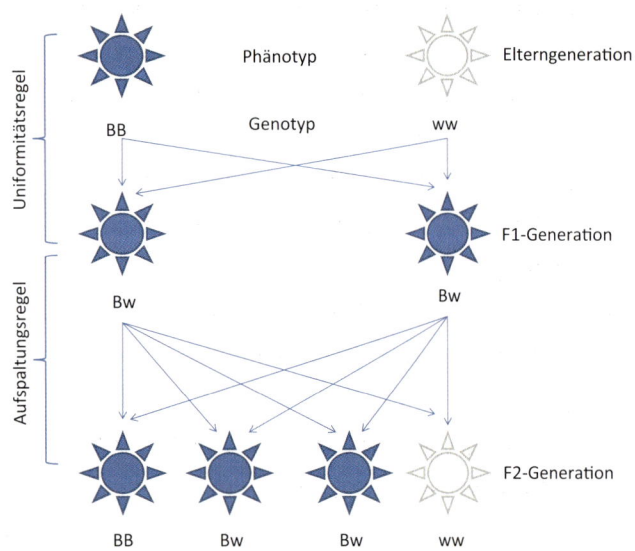

❚ Abb. 1: Monohybrider, dominant-rezessiver Erbgang (B = blau, dominant; w = weiß, rezessiv). [2]

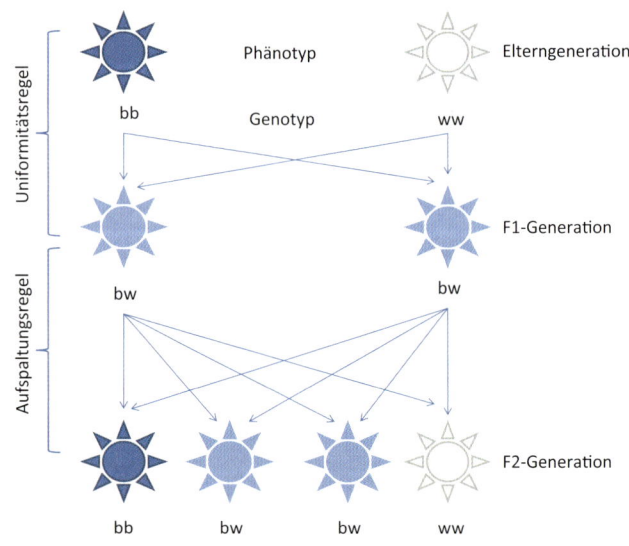

❚ Abb. 2: Intermediärer Erbgang (b = blau, kodominant; w = weiß, kodominant). [2]

Abb. 3: Dihybrider, dominant-rezessiver Erbgang: (A = blau, B = fünf Zacken, dominant; a = weiß, b = sieben Zacken, rezessiv). [2]

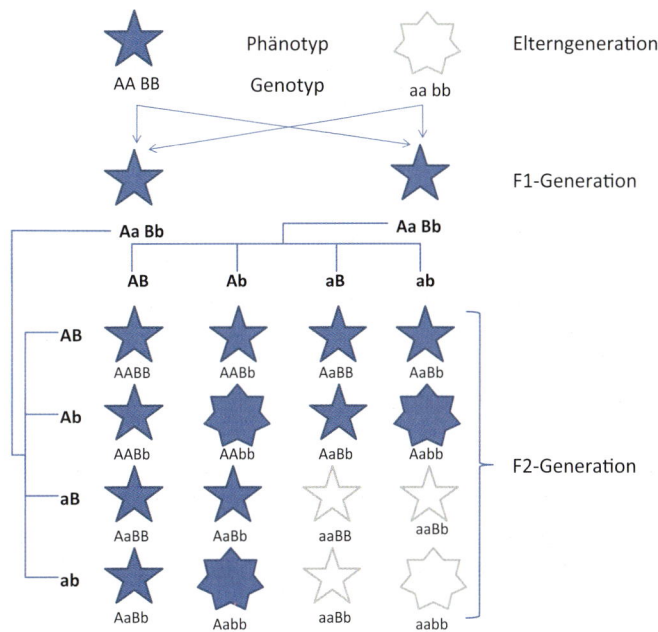

Handelt es sich um einen intermediären Erbgang, spalten sich die Nachkommen im Verhältnis 1:2:1 auf.

3. Regel: Unabhängigkeitsregel

Bei Kreuzung der F1-Generation eines **dihybriden Erbgangs** werden die Nachkommen (F2-Generation) im Verhältnis 9:3:3:1 aufgespalten (Abb. 3). Beide Merkmale werden also unabhängig voneinander weitergegeben.

Die Unabhängigkeitsregel ist allerdings nur dann gültig, wenn die Gene, die für die Ausprägung der Merkmale verantwortlich sind, auf verschiedenen Chromosomen liegen. Befinden sie sich auf einem Chromosom, müssen sie weit voneinander entfernt liegen, sodass sie stets voneinander getrennt weitergegeben werden.

Zusammenfassung

✖ Die verschiedenen Zustandsformen von Genen nennt man Allele. Je nachdem, ob sich ein Allel phänotypisch durchsetzen kann, wird es als dominant oder rezessiv bezeichnet.

✖ Werden homozygote Organismen miteinander gekreuzt, ist die F1-Generation immer uniform (Uniformitätsregel).

✖ Die Nachkommen von heterozygoten Individuen spalten sich im Verhältnis 3:1 oder 1:2:1 auf (Spaltungsregel).

✖ Bei Kreuzung der F1-Generation in einem dihybriden, dominant-rezessiven Erbgang, spalten sich die Nachkommen der F2-Generation im Verhältnis 9:3:3:1 auf (Unabhängigkeitsregel).

DNA und RNA

Das **Erbgut** des Menschen ist im Zellkern (Nukleus) gespeichert und in 46 Chromosomen organisiert. Jedes Chromosom besteht aus einem durchgehenden DNA-Strang und einer Vielzahl von Proteinen, die für den Verpackungsgrad der DNA eine wichtige Rolle spielen.

> Informationen über vererbbare Eigenschaften von Lebewesen bezeichnet man als genetische Information oder auch Erbinformation. Die Gesamtheit der genetischen Information einer Zelle nennt man Genom oder Erbgut.

Zur Umwandlung der genetischen Information in eine für den Körper nutzbare Form, wird im ersten Schritt ein bestimmter DNA-Abschnitt in RNA umgeschrieben. Diesen Vorgang bezeichnet man als **Transkription.** Enthält der DNA-Abschnitt die Anleitung zur Synthese eines Proteins, folgt als zweiter Schritt die **Translation** (▮ Abb. 1 und s. S. 18/19). In den allermeisten Fällen wird die transkribierte RNA in ein Protein translatiert. Es gibt jedoch auch RNA-Moleküle, die eine andere, direkte Funktion haben (z. B. tRNA oder rRNA).

Neben Bauplänen für viele verschiedene RNAs und Proteine sind in der DNA zu-

DNA → **Transkription** → RNA → **Translation** → Protein

▮ Abb. 1: Transfer der genetischen Information. [5]

dem Informationen darüber gespeichert, wann und in welcher Zelle, welche Informationen abgerufen werden müssen (s. S. 20/21).

> Zusätzlich zum Kerngenom besitzen die meisten eukaryotischen Zellen auch DNA in den Mitochondrien. Das Mitochondrien-Genom ist im Gegensatz zum Kerngenom ringförmig, sein Informationsgehalt gering.

Chemisch betrachtet sind DNA und RNA beide **Nukleinsäuren** und besitzen daher eine sehr ähnliche Struktur. Als Makromoleküle bestehen Nukleinsäuren aus vielen einzelnen Bausteinen, den Nukleotiden. Einzelne **Nukleotide** werden durch Phosphodiesterbindungen zu Polynukleotiden verknüpft.

Die Bestandteile eines Nukleotids sind (▮ Abb. 2):

▶ ein ringförmiges **Zuckermolekül** (Pentose)
▶ eine **Phosphatgruppe**
▶ eine **organische Base:** Purinbasen Adenin (A) und Guanin (G), Pyrimidinbasen Cytosin (C), Thymin (T) und Uracil (U).

Die Abfolge der Basen **(Basensequenz)** in einer Nukleinsäurekette verschlüsselt (codiert) die genetische Information.

> Nukleosidanaloga sind von medizinischer Bedeutung und werden insbesondere in der antiretroviralen Therapie eingesetzt. Zum Einsatz kommen hier u. a. die Thymidinanaloga Stauvidin und Zidovudin oder das Guanosinanalogon Abcavir. Auch das Virostatikum Zovirax®, das zur Behandlung von Herpes simplex eingesetzt wird, enthält ein Guanosinanalogon (Aciclovir) als Wirkstoff.

Desoxyribonukleinsäure (DNA)

Definition
Die DNA ist ein doppelsträngiges Polynukleotid, das die genetische Information codiert.

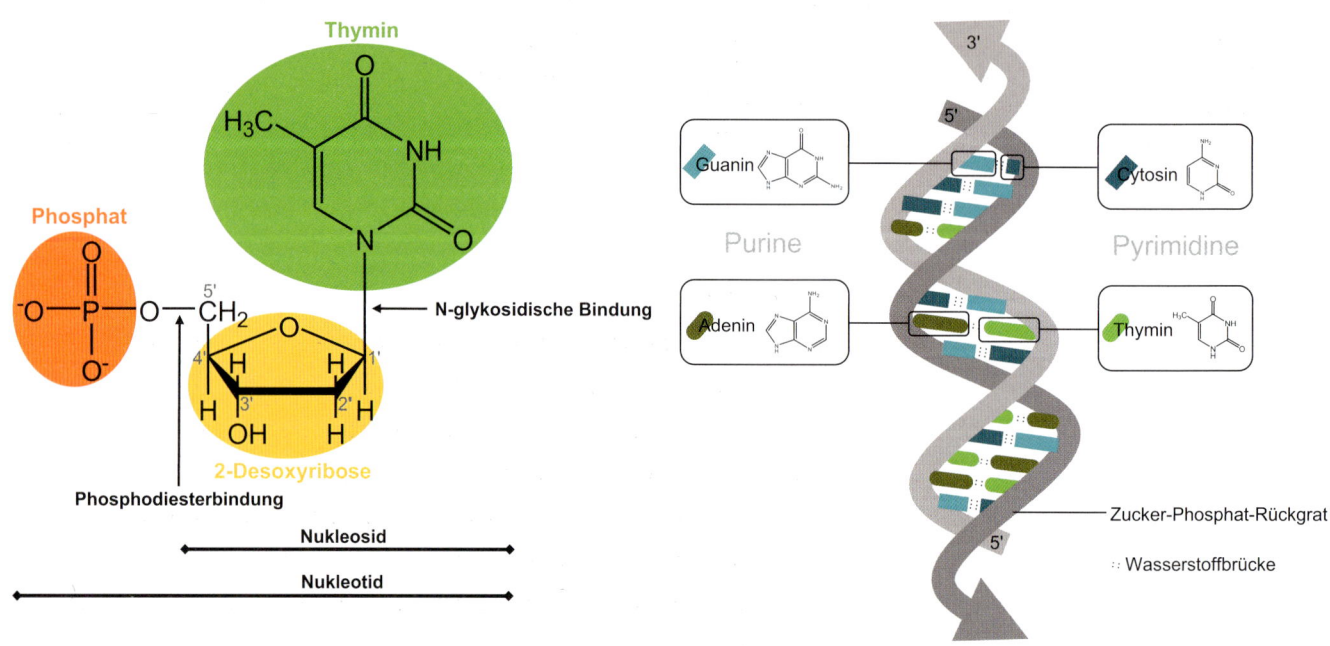

▮ Abb. 2: Grundstruktur der Nukleotide. [5]

▮ Abb. 3: DNA-Helix. [5]

Aufbau und Organisation

Nukleotide in Desoxyribonukleinsäureketten besitzen **Desoxyribose** als Zuckermolekül, zudem eine der organischen Basen Adenin, Guanin, Thymin oder Cytosin sowie eine Phosphatgruppe. Zwei DNA-Stränge bilden jeweils eine **Doppelhelix,** wobei die beiden Einzelstränge gegenläufig (antiparallel) orientiert sind (❙ Abb. 3). Über Wasserstoffbrückenbindungen zwischen gegenüberliegenden Basen werden sie miteinander verbunden. Zur Ausbildung von Wasserstoffbrücken kommt es jedoch nur zwischen A und T bzw. G und C **(komplementäre Basenpaarung).** Für die Entdeckung der molekularen Struktur der DNA wurden James Watson, Francis Crick und Maurice Wilkins 1962 mit dem Nobelpreis für Medizin ausgezeichnet.

Da die Gesamtlänge der DNA-Stränge einer somatischen Zelle (beim Menschen beträgt sie ca. 2 m!) die Größe des Zellkerns um ein Vielfaches übersteigt, muss die DNA stark komprimiert (spiralisiert, kondensiert) werden. Für die Verpackung spielen Proteine, insbesondere die **Histone,** eine große Rolle. Bereiche, in denen die DNA stark kondensiert ist, bezeichnet man auch als Heterochromatin, weniger stark gepackte DNA als Euchromatin (Chromatin = Komplex aus DNA und Proteinen). Der Verpackungsgrad der DNA wiederum beeinflusst die Genexpression (s. S. 20/21). Durch einen Mechanismus, den man als **Replikation** bezeichnet, ist die DNA in der Lage, sich selbst zu verdoppeln (replizieren). Hierbei wird ein DNA-Doppelstrang zunächst entwunden und in seine Einzelstränge aufgetrennt. Anschließend werden an die freien Basen der beiden Einzelstränge komplementäre Basen gebunden, sodass aus einer ursprünglichen Doppelhelix zwei identische Helices entstehen. Da die Synthese eines neuen DNA-Strangs nur in einer Richtung (5' → 3') erfolgen kann, wird nur einer der beiden Einzelstränge (Leitstrang) kontinuierlich synthetisiert. Die Synthese des Folgestrangs erfolgt in Einzelstücken, die nachträglich verbunden werden (diskontinuierlich). Das Enzym **Helikase** trennt die Doppelhelix auf, die Synthese des neuen DNA-Strangs wird durch **die DNA-Polymerase** katalysiert und die **DNA-Ligase** verbindet die Einzelstücke (Okazaki-Fragmente) des Folgestrangs.

Die Replikation gewährleistet, dass die Tochterzellen während der Zellteilung einen identischen Chromosomensatz erhalten (s. S. 10/11).

Das **menschliche Genom** besteht, bezogen auf den haploiden Chromosomensatz, aus ca. drei Milliarden Basenpaaren und enthält 20 000 – 40 000 Gene (DNA-Abschnitte, deren Basensequenzen RNA-Moleküle oder Proteine codieren). Während die genaue Basenabfolge des menschlichen Genoms im Humangenomprojekt bereits vollständig entschlüsselt wurde, ist die Bedeutung vieler Gene bis heute unklar. Es ist Gegenstand der aktuellen Forschung, die Funktionen der Gene zu klären, da sie u. a. für das Verständnis von Erbkrankheiten und der Entstehung von Krebs eine wichtige Rolle spielen.

Ribonukleinsäure (RNA)

Die RNA ist ein zumeist einzelsträngiges Polynukleotid. Ihre Hauptaufgabe ist die Umsetzung der in der DNA codierten Erbinformation in Proteine.

> RNA, deren Basensequenzen für Proteine codieren, bezeichnet man als Boten-RNA (mRNA, von *engl.* Messenger-RNA). Transkribierte RNA kann jedoch auch eine direkte Funktion haben. Ribosomale RNAs (rRNA) sind z. B. am Aufbau der Ribosomen beteiligt, Transfer-RNAs (tRNA) an der Proteinbiosynthese (s. S. 18/19).

Aufbau

Die molekulare Struktur der RNA ist der DNA sehr ähnlich. Im Gegensatz zur DNA besitzen Nukleotide der Ribonukleinsäureketten jedoch **Ribose** als Zuckermolekül und anstelle der Pyrimidinbase Thymin **Uracil** (❙ Abb. 4). Zudem sind RNA-Moleküle i. d. R. einzelsträngig und besitzen weniger Stabilität als DNA-Moleküle.

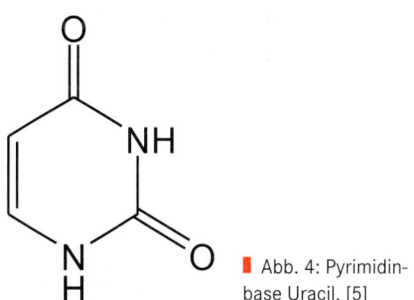

❙ Abb. 4: Pyrimidinbase Uracil. [5]

Zusammenfassung

✖ Das menschliche Genom ist auf 46 Chromosomen verteilt. Jedes Chromosom enthält einen durchgehenden DNA-Strang.

✖ DNA und RNA sind Polynukleotide. Die Abfolge der Nukleotide verschlüsselt die Erbinformation.

✖ DNA wird durch Transkription in RNA umgeschrieben und diese wiederum durch Translation in Proteine übersetzt.

✖ Die für die Zellteilung elementare Verdopplung des Erbguts erfolgt durch Replikation.

Aminosäuren und Proteine

Wie auf Seite 14/15 beschrieben, enthält das Erbgut den Bauplan aller im Körper benötigten Proteine. Deren Grundbausteine sind Aminosäuren, die miteinander zu langen, unverzweigten Ketten verknüpft sind. Die Abfolge der Aminosäuren in einem Protein wird durch die Nukleotidsequenz der DNA bestimmt, wobei jeweils drei hintereinander liegende Nukleotide (Codon, Triplett) für eine bestimmte Aminosäure codieren. Den Prozess, in dem Proteine gebildet werden, bezeichnet man als **Proteinbiosynthese.** Die Synthese der Proteine erfolgt in zwei Schritten, der erste Schritt ist die Transkription, der zweite die Translation (s. S. 18/19).

Aminosäuren

Definition

Aminosäuren sind organische Verbindungen, die mindestens eine **Carboxylgruppe** und eine **Aminogruppe** besitzen.

Man unterscheidet zwei Gruppen von Aminosäuren: die **proteinogenen,** die als Bausteine der Proteine fungieren, und die **nichtproteinogenen,** die andere biologische Funktionen haben. Zu den nichtproteinogenen Aminosäuren, von denen bisher mehr als 200 Vertreter bekannt sind, zählen u. a. das Schilddrüsenhormon L-Thyroxin, der Neurotransmitter γ-Aminobuttersäure (GABA) sowie mehrere Stoffwechselprodukte des Harnstoffzyklus (Arginisuccinat, Citrullin, Ornithin).

Von den bisher bekannten 21 proteinogenen Aminosäuren werden 20 durch Basentripletts der DNA codiert. Man bezeichnet sie auch als **Standardaminosäuren.**

Selenocystein ist eine proteinogene Aminosäure, die nicht zu den Standardaminosäuren gehört. Für den Menschen spielt L-Selenocystein als Bestandteil des Enzyms Glutathion-Peroxidase bei der Abwehr von oxidativem Stress eine wichtige Rolle. Eine durch Selenmangel hervorgerufene Funktionsstörung der Glutathion-Peroxidase ist z. B. an der Entstehung der Keshan-Krankheit beteiligt.

Struktur

Alle proteinogene Aminosäuren weisen eine gemeinsame Grundstruktur auf (▌Abb. 1). Das zentrale C-Atom (**α-C-Atom**) bindet dabei **vier Gruppen,** eine Aminogruppe (NH_2), eine Carboxylgruppe (**COOH**), ein Wasserstoffatom (**H**) sowie eine spezifische Seitenkette (**Rest, R**). Da sich sowohl die Carboxyl- als auch die Aminogruppe am α-C-Atom befinden, zählen proteinogene Aminosäuren zur Klasse der α-Aminosäuren. Mit Ausnahme von Glycin (es besitzt zwei Wasserstoffatome am zentralen C-Atom) bindet das zentrale C-Atom immer vier verschiedene Gruppen und wird daher als asymmetrisch bezeichnet, die Aminosäuren als chiral. Chirale Aminosäuren können grundsätzlich in der D-Form (Aminogruppe steht in der Fischer-Projektion rechts vom α-C-Atom) oder in der L-Form (Aminogruppe steht in der Fischer-Projektion links vom α-C-Atom) vorliegen. Die Grundbausteine der Proteine bilden ausschließlich die L-Aminosäuren.

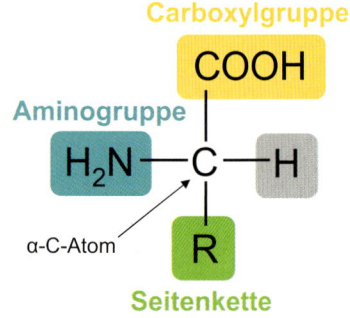

▌Abb. 1: Grundstruktur proteinogener Aminosäuren. [5]

Einteilung

Die Standardaminosäuren werden anhand ihrer **individuellen Seitenketten** klassifiziert (▌Abb. 2). Eine Aminosäure kann dabei gleichzeitig in mehreren Klassen vertreten sein. Man unterscheidet u. a. **aliphatische, aromatische und heterozyklische Aminosäuren.** Zudem werden die Aminosäuren hinsichtlich ihrer **Polarität** (unpolare, polare ungeladene oder polare

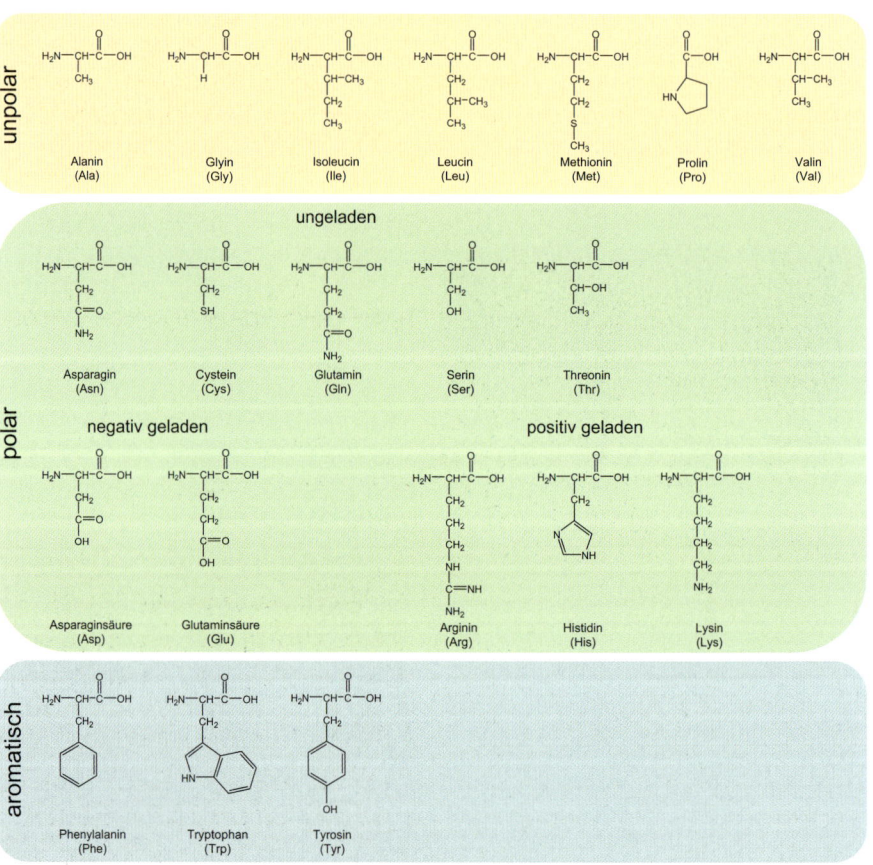

▌Abb. 2: Strukturformeln der 20 Standardaminosäuren. [5]

geladene Seitenkette) und ihres **Säure-Base-Verhaltens** (basische, neutrale oder sauere Seitenkette) eingeteilt.

> Die drei aromatischen Aminosäuren Phenylalanin, Tryptophan und Tyrosin werden zur Proteinbestimmung benutzt, da sie bei einer Wellenlänge von 280 nm eine charakteristische UV-Absorption aufweisen (s. S. 74/75).

Proteinogene Aminosäuren, die der menschliche Organismus benötigt, aber nicht selbst synthetisieren kann, nennt man **essenziell.** Hierzu zählen die Aminosäuren Isoleucin, Leucin, Lysin, Methionin, Phenylalanin, Threonin, Tryptophan und Valin. Sie müssen mit der Nahrung aufgenommen werden. Einige Aminosäuren sind nur unter bestimmten Bedingungen (z. B. Lebensalter) essenziell und werden daher als **semi-essenziell** bezeichnet. Ein Beispiel dafür ist Tyrosin, da es für Kinder, nicht aber für Erwachsene, essenziell ist.

Proteine

Proteine sind **Makromoleküle,** die sich aus langen Ketten proteinogener Aminosäuren zusammensetzen. Sie sind ein Hauptbestandteil aller Zellen und haben eine Reihe unterschiedlicher Funktionen.

> Die Gesamtheit aller Proteine eines Organismus oder eines Teils davon (Zelle, Gewebe etc.) bezeichnet man als Proteom. Im Gegensatz zum relativ statischen Genom ist das Proteom sehr dynamisch. Seine Zusammensetzung ist sowohl abhängig vom betrachteten Ort als auch vom Betrachtungszeitpunkt und verändert sich laufend. Die Erforschung des Proteoms hat große medizinische Relevanz (s. S. 80/81).

Aufbau und Struktur
Die Bausteine aller Proteine sind proteinogene Aminosäuren. Diese können über **Peptidbindungen** in beliebiger Reihenfolge zu langen, unverzweigten Ketten verknüpft (▮ Abb. 3) sein. Die Aminosäureketten eines Proteins können dabei aus bis zu mehreren tausend Aminosäuren bestehen. Kleine Proteine,

die aus zwei bis ca. 100 Aminosäuren aufgebaut sind, bezeichnet man als **Peptide.**

> Dipeptide enthalten zwei, Tripeptide drei und Oligopeptide bis zu zehn Aminosäuren. Proteine aus 10 – 100 Aminosäuren bezeichnet man als Polypeptide.

Für die biologische Funktion eines Proteins ist seine räumliche Struktur von elementarer Bedeutung. Man unterscheidet vier Organisationsstufen: Primär-, Sekundär-, Tertiär- und Quartärstruktur.

Die genetisch festgelegte Abfolge der Aminosäuren in einer Polypeptidkette (Aminosäuresequenz) bezeichnet man als **Primärstruktur,** die räumliche Anordnung einzelner Bereiche innerhalb der Aminosäurekette als **Sekundärstruktur.** Sekundärstrukturen, wie α-Helix (Aufschraubungen der Aminosäurekette) und β-Faltblatt (parallel oder antiparallel verlaufende Aminosäureketten), entstehen durch Wasserstoffbrückenbindungen zwischen CO- und NH-Gruppen innerhalb des Moleküls. Beide Strukturelemente sind dadurch gekennzeichnet, dass die variablen Seitenketten der Aminosäuren nach außen weisen. Die dreidimensionale Struktur einer Polypeptidkette **(Tertiärstruktur)**

entsteht durch Interaktionen zwischen den individuellen Seitenketten der Aminosäuren. Es kommt u. a. zur Ausbildung von Disulfidbrücken sowie weiteren Wasserstoffbrückenbindungen. Lagern sich mehrere Proteine zu einem funktionellen Komplex zusammen, spricht man von einer **Quartärstruktur.** Die einzelnen Polypeptidketten eines Proteinkomplexes werden Untereinheiten **(Monomere)** genannt. RNA-Polymerasen, Insulin und Hämoglobin sind Beispiele für Proteine, die aus mehreren solcher Untereinheiten bestehen.

Funktion
Proteine decken ein breites Spektrum von Funktionen ab:

▶ Transport von Substanzen durch **Transportproteine** (z. B. Hämoglobin, Ionenkanäle)
▶ Katalyse biochemischer Reaktionen durch **Enzyme** (z. B. DNA-Polymerase)
▶ mechanische Stabilisierung von Zellen oder Gewebe durch **Strukturproteine** (z. B. Kollagen, Keratin)
▶ **Abwehr-** und **Schutzfunktion** durch Immun- und Blutgerinnungssystem (z. B. Immunglobuline, Fibrin)
▶ Steuerung und Regulation zellulärer Vorgänge durch **Hormone** (z. B. Insulin, Sekretin).

▮ Abb. 3: Peptidbindung. [5]

Zusammenfassung
✖ Proteine sind ein Hauptbestandteil aller Zellen und bestehen aus Aminosäureketten, ihr Bauplan ist im Erbgut codiert.

✖ Der Mensch nutzt 21 proteinogene Aminosäuren, ihre Verknüpfung erfolgt über Peptidbindungen.

✖ Die räumliche Struktur eines Proteins bedingt seine Funktion und wird auf vier Ebenen (Primär-, Sekundär-, Tertiär- und Quartärstruktur) beschrieben.

Proteinbiosynthese

Definition

Unter dem Begriff der Proteinbiosynthese (**Genexpression**) werden die biologischen Prozesse der **Transkription** und der **Translation** zusammengefasst (▌ Abb. 1). Die Produkte der Proteinbiosynthese sind Proteine. Diese sind ein Hauptbestandteil aller Zellen und haben vielfältige Funktionen (s. S. 16/17).

Transkription

Definition

Die **Synthese von RNA** an einer DNA-Matritze wird als Transkription (von *lat.* trans = hinüber und scribere = schreiben) bezeichnet. Die Transkription ist Teil der Proteinbiosynthese und findet im **Zellkern** statt. Katalysiert wird die RNA-Synthese durch **DNA-abhängige RNA-Polymerasen.** Der Mensch besitzt drei verschiedene RNA-Polymerasen (RNA-Polymerase I, II und III), die eine Reihe verschiedener RNA-Moleküle mit unterschiedlichen Funktionen hervorbringen (▌ Tab. 1).

Ablauf
Initiation

Der Startpunkt der Transkription wird durch eine spezifische DNA-Sequenz festgelegt. Diese wird als **Promotor** bezeichnet und liegt entweder kurz vor oder innerhalb der zu transkribierenden Region. Zur Erkennung der Promotorregion benötigen eukaryotische RNA-Polymerasen verschiedene **Transkriptionsfaktoren.** Hierbei handelt es sich um Proteine, die nach Komplexbildung an die DNA binden und dadurch die Bindung der RNA-Polymerase an den Promotor ermöglichen. Transkriptionsfaktoren und RNA-Polymerase bilden zusammen den Initiationskomplex.

Elongation

Nach erfolgter Bindung der RNA-Polymerase an die DNA, wird diese zunächst in einem kleinen Bereich entwunden und in ihre Einzelstränge aufgetrennt. Im Folgenden wandert die RNA-Polymerase in 3'-5'-Richtung den Matrizenstrang (codogener Strang) entlang. Durch Verknüpfung von Ribonukleotidtriphosphaten (ATP, CTP, GTP und UTP) unter Abspaltung von Phosphaten wird dabei eine zur DNA-Sequenz komplementäre RNA in 5'-3'-Richtung synthetisiert.

Termination

Die Transkription endet, sobald die RNA-Polymerase eine, als **Terminationsstelle** bezeichnete Basensequenz auf dem Matrizen-

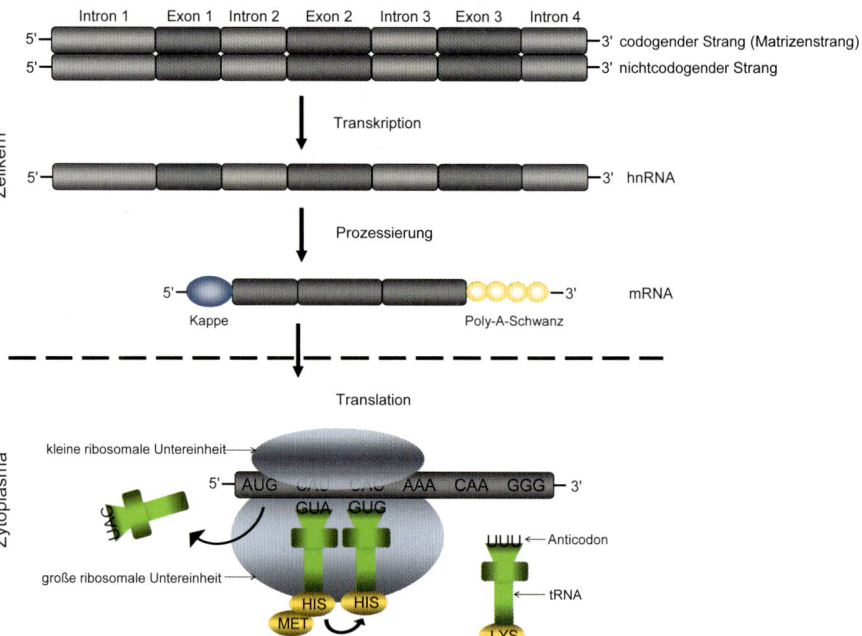

▌ Abb. 1: Proteinbiosynthese im Überblick. [5]

RNA-Typ	Funktion	RNA-Polymerase
Heterogene nukleäre RNA (hnRNA)	mRNA-Vorstufe	II
Messenger-RNA (mRNA)	Codiert für Proteine	II
Ribosomale RNA (rRNA)	Bestandteil der Ribosomen	I
Transfer-RNA (tRNA)	Transport von Aminosäuren zu den Ribosomen	III
Mikro-RNA (miRNA)	Regulation der Genexpression	III
Small interfering RNA (siRNA)	Regulation der Genexpression	III
Small nuclear RNA (snRNA)	Bestandteil der Spleißosomen	II

▌ Tab. 1: Verschiedene RNA-Typen.

strang erreicht. Infolgedessen löst sich die RNA-Polymerase vom DNA-Strang ab und gibt das synthetisierte RNA-Molekül frei. Die gebildeten RNA-Moleküle (**Primärtranskripte**) sind jedoch noch nicht funktionsfähig. Sie werden in einem Prozess, den man als Reifung (**Prozessierung**) bezeichnet, weiter modifiziert.

RNA-Prozessierung

Die Primärtranskripte der mRNA (hnRNA) erfahren verschiedene Modifikationen, bevor sie durch die Kernporen ins Zytoplasma gelangen. So wird zum einen an das 5'-Ende der hnRNA ein 7-Methylguanosin (**Kappe**) angefügt. Zum anderen werden an das 3'-Ende etwa 100–250 Adenin-Nukleotide (**Poly-A-Schwanz**) angehängt. Beide Modifikationen verhindern u. a. den Abbau der RNA durch Exonukleasen. Im dritten Modifikationsschritt (**Spleißen**) werden die **Introns** aus der hnRNA herausgeschnitten und die **Exons** miteinander verbunden.

Eukaryotische DNA besteht aus Introns und Exons. Introns sind nichtcodierende und Exons proteincodierende Abschnitte eines Gens. Die Funktion der Introns ist noch unbekannt.

Auch die Primärtranskripte der tRNA sowie der rRNA werden prozessiert.

Translation

Definition

Als Translation bezeichnet man die **Synthese von Proteinen** an einer mRNA-Matrize. Die Translation ist Teil der Proteinbiosynthese und findet im Anschluss an die Transkription an den **Ribosomen** im **Zytoplasma** statt (▌ Abb. 1).

Genetischer Code

Die Transkription hat das Ziel, die Nukleotidsequenz einer mRNA in die Aminosäure-

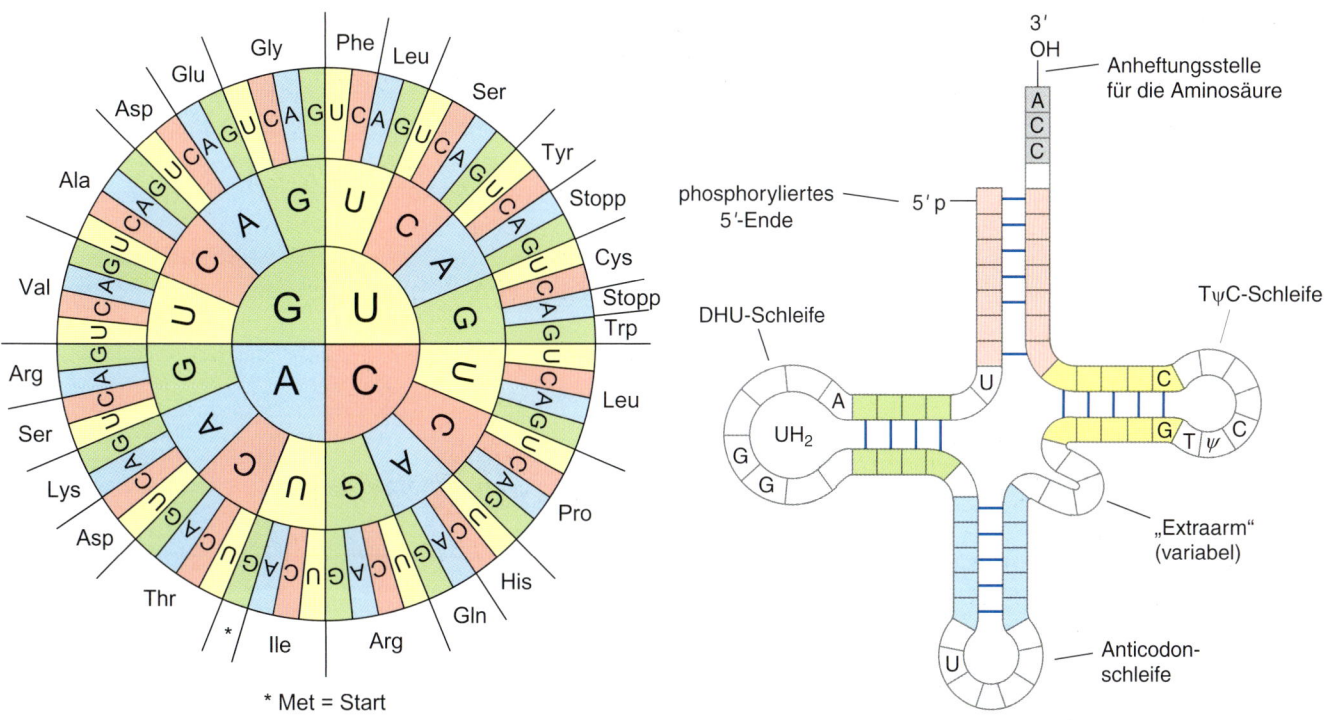

■ Abb. 2: Triplettcode. Durch das Ablesen der Basentripletts der mRNA (von innen nach außen) lassen sich die von ihr codierten Aminosäuren ermitteln. [6]

■ Abb. 3: Kleeblattstruktur der tRNA. [7]

sequenz eines Proteins zu übersetzen. Da es 20 verschiedene Standardaminosäuren (s. S. 16/17), aber nur vier verschiedene Nukleobasen (Adenin (A), Guanin (G), Uracil (U), Thymin (T)) gibt, ist eine direkte Übersetzung einer Nukleotid- in eine Aminosäuresequenz nicht möglich. Der genetische Code löst dieses Problem, indem eine Gruppe aus drei Nukleotiden (**Triplett, Codon**) für eine Aminosäure codiert (■ Abb. 2). Theoretisch können durch dieses Prinzip 64 Aminosäuren verschlüsselt werden (4^3 = 64). Das wiederum führt dazu, dass für einige der 20 Standardaminosäuren mehrere Trinukleotid-Kombinationen existieren, z. B. für Histidin (His) die Basentripletts CAU und CAC. Aufgrund dieser Eigenschaft wird der genetische Code auch als **degeneriert** bezeichnet. Die Triplets **UAA** (ochre-Codon), **UAG** (amber-Codon) und **UGA** (opal-Codon) codieren für keine Aminosäure. Diese als **Stopp-Codon** bezeichneten Sequenzen führen zur Beendigung der Translation. Als **Start-Codon** der Translation fungiert hingegen das Triplett **AUG.** Es codiert zudem für die Aminosäure Methionin.

Für die Synthese der Proteine sind die **Transfer-RNAs** (tRNA) von großer Bedeutung. Sie haben die Aufgabe, die verschiedenen Aminosäuren zu den Ribosomen zu transportieren. **Aminoacyl-tRNA-Synthetasen** katalysieren die Bindung der Aminosäuren an deren 3'-Ende (■ Abb. 3). Das **Anticodon** der tRNA ermöglicht hingegen die Bin-

dung an ein komplementäres mRNA-Codon, welches wiederum für die Aminosäure codiert, mit dem die tRNA beladen ist. Deren beide Seitenarme dienen der Erkennung der Aminoacyl-tRNA-Synthetasen sowie der Bindung ans Ribosom.

Ablauf
Initiation
Die Translation beginnt mit der Anlagerung der kleinen Untereinheit der Ribosomen an die sogenannte **Initiationsstelle** einer mRNA, auf die in 3'-Richtung das Start-Codon folgt. An dieses Start-Codon bindet eine mit Methionin beladene tRNA. Letztlich vereinigen sich große und kleine Untereinheit zu einem funktionalen Komplex, der die Synthese einer Aminosäurekette ermöglicht.

Elongation
Während sich das Ribosom entlang der mRNA in 5'-3'-Richtung bewegt, werden

weitere, mit Aminosäuren beladene, tRNAs an die entsprechenden Codons der mRNA angelagert. Die Verknüpfung der Aminosäuren durch Peptidbindungen wird durch **Peptidyltransferasen** katalysiert, die sich in der großen Untereinheit des Ribosoms befinden.

Termination
Die Translation endet, sobald das Ribosom eines der drei **Stopp-Codons** auf der mRNA erreicht. Das synthetisierte Protein wird ins Zytoplasma abgegeben, das Ribosom zerfällt in seine beiden Untereinheiten und gibt die mRNA frei.

> Bei der Therapie bakterieller Infektionen werden Antibiotika eingesetzt, die spezifisch die pro-, jedoch nicht die eukaryotische Translation hemmen. Beispiele hierfür sind u. a. die Antibiotika Chloramphenicol, Tetracyclin und Neomycin.

Zusammenfassung
✖ Die genetische Information ist in der Nukleotidsequenz der DNA gespeichert und wird im Zellkern in RNA umgeschrieben (Transkription).

✖ An den Ribosomen wird die Nukleotidsequenz der mRNA in die Aminosäuresequenz eines Proteins übersetzt (Translation).

Regulation der Genexpression

Wie im vorangegangen Kapitel beschrieben, werden unter dem Begriff „Genexpression" (Proteinbiosynthese) die Prozesse von Transkription und Translation zusammengefasst. Als Transkription bezeichnet man die Synthese einer RNA an einer DNA-Vorlage, als Translation die Synthese eines Proteins an einer mRNA-Matrize (s. S. 18/19).
Eine Regulation dieser Vorgänge ist notwendig, da (von wenigen Ausnahmen abgesehen) alle Zellen eines Organismus das gleiche Genom besitzen, aber nicht alle Gene eines Genoms zur selben Zeit in allen Zellen exprimiert werden sollen.

> Ein Gen ist ein DNA-Abschnitt, dessen Nukleotidsequenz die Anleitung zur Synthese eines RNA-Moleküls oder Proteins enthält. Man unterscheidet Gene, die zelltypspezifisch exprimiert werden, von solchen, die in allen Zellen eines Organismus exprimiert werden. Letztere werden auch als Haushaltsgene bezeichnet.

Eine Vielzahl von Regulationsmechanismen kontrolliert den Weg von der DNA über die RNA bis hin zu den Proteinen. Regulationsmechanismen finden sich sowohl auf den Ebenen von Transkription und Prozessierung (postranskriptionelle Regulationmechanismen) als auch auf der Ebene der Translation sowie nach der Translation (posttranslationale Regulationsmechanismen). Da die Anzahl aller bekannten Regulationsmechanismen sehr groß ist, kann hier nur eine kleine Auswahl erläutert werden.

Transkriptionelle Regulationsmechanismen

Auf Ebene der Transkription wird insbesondere kontrolliert, welche Gene des Genoms einer Zelle angeschaltet (transkribiert) oder ausgeschaltet (nicht transkribiert) werden. Auch die Häufigkeit, mit der ein Gen in RNA umgeschrieben wird, unterliegt einer strengen Regulation, damit die Menge der Genprodukte dem Bedarf der Zelle angepasst ist (Kontrolle der Transkriptionsrate).

Promotoren, Enhancer, Silencer und Transkriptionsfaktoren

Promotoren sind für die Transkription von großer Bedeutung, da sie die Bindung der RNA-Polymerasen an die DNA ermöglichen und somit den Transkriptionsstart festlegen. Diese Bindung wird über Transkriptionsfaktoren vermittelt. Es handelt sich um DNA-bindende Proteine, die mit anderen Proteinen (auch anderen Transkriptionsfaktoren) interagieren können. Man unterscheidet zwischen Transkriptionsfaktoren, die für jede Transkription benötigt werden, und solchen, die nur bestimmte Gene regulieren. Über die An- oder Abwesenheit Letzterer kann die Transkription reguliert werden.

> Promotoren sind DNA-Abschnitte, die zu den regulatorischen Bereichen eines Gens zählen. Sie vermitteln die Bindung der RNA-Polymerase an die DNA und determinieren so den Startpunkt der Transkription. Meist sind Promotoren vor dem zu transkribierenden Bereich am 5'-Ende eines Gens lokalisiert. Sie können jedoch auch im Gen selber liegen. Zudem kann ein Gen mehrere Promotoren beinhalten.

Auch die Transkriptionsrate von Genen wird über Transkriptionsfaktoren gesteuert, indem diese an Enhancer oder Silencer binden. Dabei handelt es sich um regulatorische DNA-Sequenzen, die vor, hinter oder in einem Gen liegen und die Umsetzungsrate der DNA in RNA steigern (Enhancer) oder hemmen (Silencer) (Abb. 1). Transkriptionsfaktoren, die an Enhancer binden, bezeichnet man als Aktivatoren, solche die an Silencer binden, als Repressoren.

Epigenetische Regulationsmechanismen

> Die Epigenetik ist ein Forschungsgebiet, das sich mit vererbbaren Veränderungen der Genregulation und Genexpression befasst, die ohne eine Änderung der DNA-Sequenz auftreten. Epigenetische Mechanismen spielen u. a. eine Rolle bei der Entstehung von Krebs und sind daher Gegenstand der aktuellen Forschung (s. S. 68/69).

Histon-Modifikationen und DNA-Methylierung sind an der Regulation der Genexpression beteiligte epigenetische Prozesse.

Histon-Modifikationen

Die DNA im Zellkern ist an Histone (und weitere Proteine) gebunden, wobei Komplexe aus DNA und Protein als Chromatin bezeichnet werden. Man unterscheidet heterochromatische Bereiche, in denen die DNA stark spiralisiert ist, von euchromatischen Bereichen, in denen sie weniger stark gepackt ist. Da sich Transkriptionsfaktoren nur in entspiralisierten DNA-Bereichen anlagern können, werden auch nur dort Gene transkribiert. Histon-Modifikationen regulieren wiederum den Verpackungsgrad der DNA. Modifikationen am Histon, die zu einer Öffnung der Chromatinstruktur und somit zu Aktivierung der Genexpression führen, sind u. a. Demethylierung, Phosphorylierung oder Acetylierung. Methylierungen oder Deacetylierungen von Histonen führen

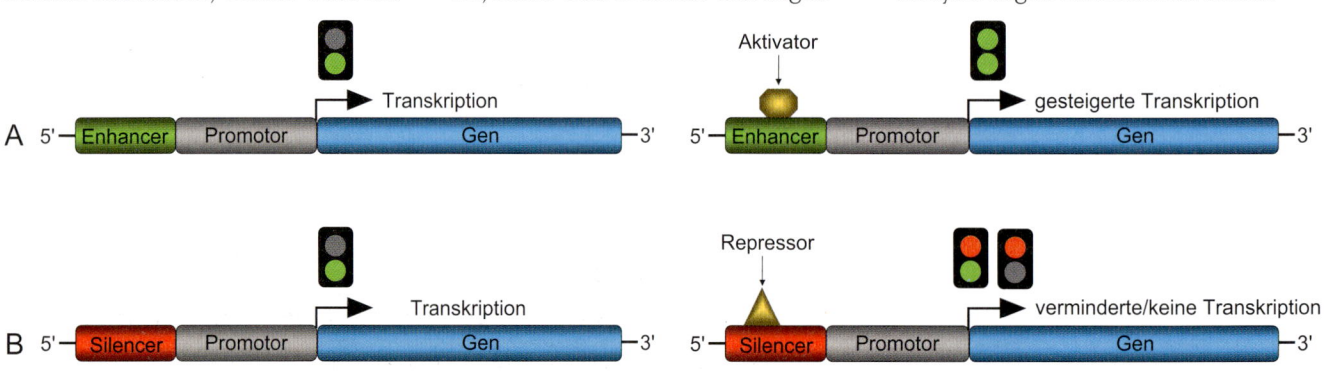

Abb. 1: Regulation der Genexpression über Enhancer und Silencer. [5]

Abb. 2: Regulation der Genexpression durch DNA-Methylierung. [5]

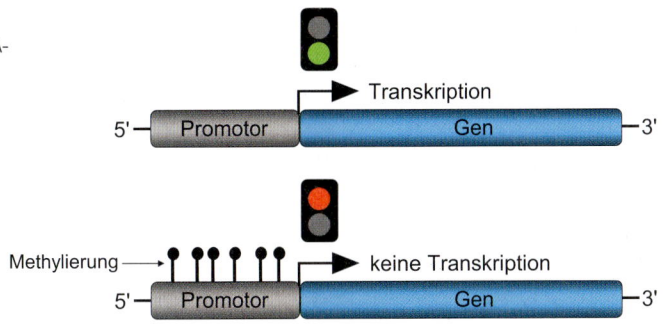

hingegen zur Inaktivierung der Genexpression.

DNA-Methylierung

Nicht nur die Methylierung von Histonen, sondern auch die Methylierung von Cytosin-Basen in Promotorbereichen der DNA, spielen für die Regulation der Genexpression eine wichtige Rolle (Abb. 2). Dabei führen Methylierungen von CpG-Inseln in Promotorregionen zur epigenetischen Inaktivierung eines Gens. Der Grund für die Inaktivierung liegt dabei vermutlich in der schlechteren Zugänglichkeit des Promotors für Transkriptionsfaktoren. Voraussetzung für eine Cytosin-Methylierung ist, dass die Base in der DNA-Sequenz auf Guanin folgt.

CpG-Inseln sind DNA-Abschnitte, die einen GC-Gehalt von über 60 % aufweisen. Ein Großteil der menschlichen Gene hat eine, i. d. R. unmethylierte, CpG-Insel in der Promotorregion.

Posttranskriptionelle Regulationsmechanismen

Die posttranskriptionelle Regulation der Genexpression ermöglicht, dass aus einem Primärtranskript unterschiedliche mRNA-Moleküle gebildet werden können. Zu den posttranskriptionellen Regulationsmechanismen zählen u. a. die RNA-Editierung, die RNA-Interferenz oder das alternative Spleißen.

Alternatives Spleißen

Primärtranskripte der mRNA (prä-mRNA) werden modifiziert, bevor sie durch die Kernporen den Zellkern verlassen (s. S. 18/19). Beim Spleißen an den Spleißosomen werden die Introns entfernt und die Exons miteinander verbunden. Beim alternativen Spleißen (Abb. 3) werden verschiedene Exons eines Primärtranskripts zu unterschiedlichen mRNAs verbunden. Dabei entstehen aus einer prä-mRNA unterschiedliche mRNA-Moleküle und aus diesen wiederum durch Translation verschiedene Proteine.

Translationale und posttranslationale Regulationsmechanismen

Auch auf der Ebene der Translation greifen Regulationsmechanismen. So kann z. B. die Translation einer mRNA in ein Protein durch Mikro-RNA (miRNA) reguliert werden. Die einzelsträngigen miRNA-Moleküle können sich an die ebenfalls einzelsträngige mRNA anlagern und damit ihre Translation verhindern.

Wichtige postranslationale Mechanismen zur Steuerung der Genexpression sind v. a. Modifikationen von Proteinen. Durch Methylierung, Glykosilierung, Acetylierung oder auch Phosphorylierung kann z. B. die Halbwertszeit eines Proteins verkürzt bzw. verlängert oder sein Aktivitätszustand verändert werden.

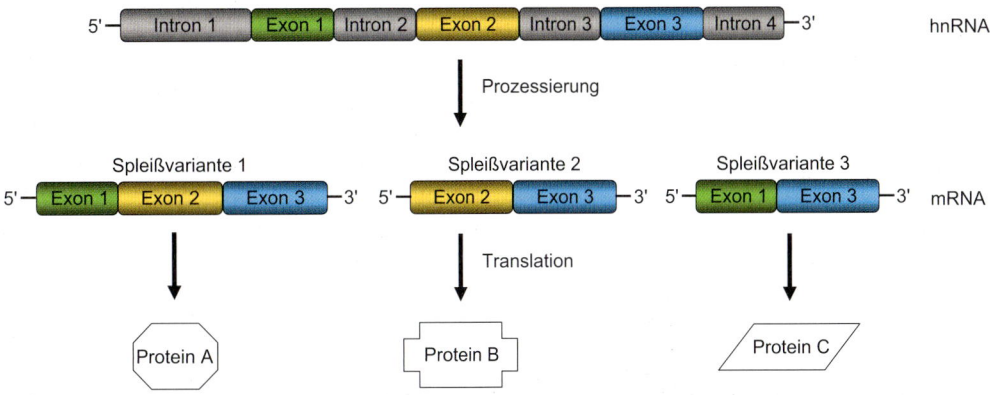

Abb. 3: Alternatives Spleißen als Mechanismus der Genregulation. [5]

Zusammenfassung

✖ Die Genexpression wird durch transkriptionelle, posttranskriptionelle, translationale und posttranslationale Regulatiosmechanismen kontrolliert.

Mutationen

Definition

Der Begriff Mutation stammt vom lateinischen Wort „Mutatio" ab und bedeutet „Veränderung, Umwandlung". Bei einer Mutation betrifft die **Veränderung** das **genetische Informationsmaterial** mit u. U. gravierenden Folgen für den Organismus.

Ursachen

Veränderungen der DNA können **spontan,** d. h. ohne offensichtliche äußere Einflüsse auftreten, oder aber durch Mutagene **induziert** werden. Bekannte Mutagene sind u. a. UV- und Röntgenstrahlen sowie diverse Chemikalien oder Zytostatika. Beim Menschen verhindert eine Vielzahl effektiver Reparaturmechanismen eine hohe Mutationsrate (Häufigkeit, mit der Mutationen auftreten).

> Mutagene sind äußere Faktoren, die eine induzierte Mutation hervorrufen. Es wird zwischen chemischen und physikalischen Mutagenen unterschieden.

Lokalisation

Mutationen können sowohl in **somatischen Zellen** (Körperzellen) als auch in **Keimzellen** (Vorläuferzellen von Eizellen und Spermien) auftreten, wobei die Folgen unterschiedlich sind. Während Keimbahnmutationen an alle Körperzellen der Nachkommen vererbt werden, führen somatische Mutationen zwar zu Veränderungen des Erbguts einer Körperzelle und ggf. ihrer Tochterzellen, werden jedoch nicht von Eltern an ihre Kinder weitergegeben. Mutationen somatischer Zellen sind in den allermeisten Fällen die Ursache einer Tumorentstehung, familiäre Tumore sind selten.

Einteilung

In Abhängigkeit von der Größe des betroffenen DNA-Abschnitts werden Mutationen in Genom-, Chromosomen- und Genmutationen eingeteilt. Bei den beiden erstgenannten ist die Veränderung des Erbguts im Lichtmikroskop sichtbar, sie werden auch als Chromosomenaberrationen zusammengefasst.

Genmutationen betreffen nur einzelne Gene und sind daher lichtmikroskopisch nicht nachweisbar.

Genommutationen (numerische Chromosomenaberrationen)

Genommutationen sind gekennzeichnet durch eine veränderte Anzahl von Chromosomen, wobei sowohl die Anzahl ganzer Chromosomensätze **(Polyploidie)** als auch die Anzahl einzelner Chromosomen **(Aneuploidie)** verändert sein können. Die Veränderung der Chromosomenanzahl führt zu einem veränderten Karyotyp, sodass Genommutationen in einem Karyogramm erkennbar werden.

> Ein Karyogramm ist eine lichtmikroskopische Aufnahme angefärbter Metaphasenchromosomen. Es gibt Aufschluss über den Karyotyp einer Zelle, also über alle Eigenschaften eines Chromosomensatzes, wie Anzahl oder Größe der Chromosomen.

Ursache numerischer Aberrationen ist eine fehlerhafte Verteilung der Chromosomen während der Meiose I bzw. der Schwesterchromatiden während der Meiose II **(Non-disjunction).** Prinzipiell sind sowohl **Gonosomen** (Geschlechtschromosomen) als auch **Autosomen** von Fehlverteilungen betroffen, jedoch sind autosomale numerische Aberrationen meist letal. Das Down-Syndrom (47, XX, +21 bzw. 47, XY, +21) und das Edwards-Syndrom (47, XX, +18 bzw. 47, XY, +18, ▌Abb. 1) sind Beispiele für lebensfähige autosomale numerische Aberrationen. Bekannte gonosomale numerische Aberrationen sind u. a. das Klinefelter-Syn-

drom (47, XXY) und das Ulrich-Turner-Syndrom (45, X0).

Chromosomenmutationen (strukturelle Chromosomenaberrationen)

Strukturelle Veränderungen von Chromosomen werden als Chromosomenmutationen bezeichnet. Sie entstehen durch Chromosomenbrüche und anschließende Fehlverheilung. Man unterscheidet Deletion, Duplikation, Translokation und Inversion. Eine **Deletion** führt zum Verlust und eine **Duplikation** zur Verdopplung von Chromosomenteilstücken (▌Abb. 2). Chromosomenbrüche in zwei Chromosomen können **Translokationen** verursachen. Hierbei wird ein DNA-Abschnitt eines Chromosoms auf ein anderes, nichthomologes Chromosom übertragen. Bei einer **Inversion** wird ein Chromosomenstück zunächst durch Bruchereignisse aus einem Chromosom entfernt und anschließend in umgekehrter Richtung wieder in dasselbe Chromosom eingebaut (▌Abb. 2). Strukturelle Chromosomenaberrationen bewirken oft schwere geistige oder körperliche Behinderungen. Das Williams-Beuren-Syndrom beruht z. B. auf einer Deletion von Teilen des Chromosoms 7. Das sog. Philadelphia-Chromosom, das bei fast allen Menschen mit einer chronischen myeloischen Leukämie zu finden ist, ist hingegen durch eine Translokation von Teilen des Chromosoms 9 nach Chromosom 20 bedingt.

Genmutationen

Strukturelle Veränderungen der DNA, die nur einzelne Gene betreffen, werden als Genmutationen bezeichnet,

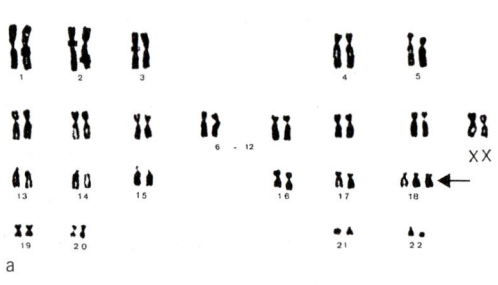
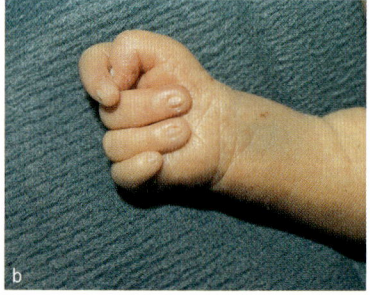

▌ Abb. 1: Trisomie 18. [8]
a) Karyogramm.
b) Typische Fäustestellung mit überkreuzten Fingern.

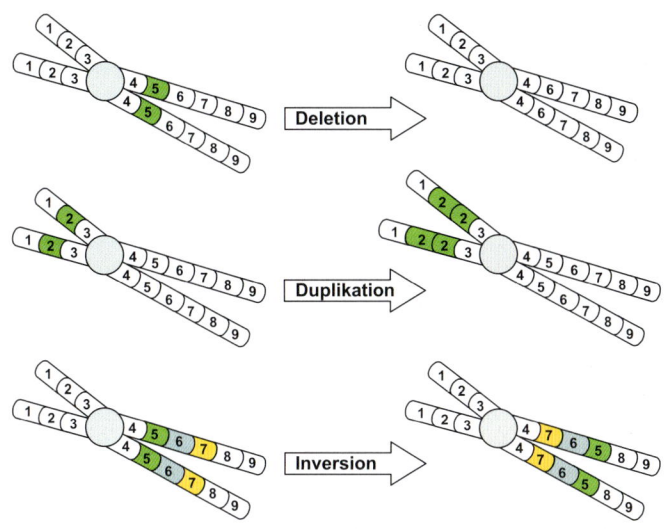

häufig sind sogar nur eine (Punktmutation) oder wenige Nukleinbasen betroffen. Aufgrund ihrer geringen Größe sind diese Veränderungen, im Gegensatz zu den strukturellen Chromosomenaberrationen, lichtmikroskopisch nicht erkennbar.

Genmutationen, die nur einziges Nukleotid betreffen, werden als Punktmutationen bezeichnet.

▌ Abb. 2: Strukturelle Chromosomenaberrationen. [5]

Die Veränderungen der DNA können durch Entfernen (Deletion), Einfügen (Insertion), Verdopplung (Duplikation) oder Austausch (Substitution) einzelner oder mehrerer Nukleotide entstehen. Bei der Substitution unterscheidet man zudem zwischen **Transition** (Austausch einer Pyrimidin- gegen eine andere Pyrimidinbase oder einer Purin- gegen eine andere Purinbase) und **Transversion** (Austausch einer Purin- gegen eine Pyrimidinbase oder umgekehrt).

Genmutationen sind nicht zwangsläufig mit negativen Folgen für den Organismus verbunden, sie können auch folgenlos sein oder sich positiv auswirken. Bei **stillen Mutationen** (▌ Abb. 3) kommt es zum Austausch eines einzelnen Nukleotids, ohne dass die Aminosäuresequenz und somit der Phänotyp verändert werden. Dies ist möglich, da viele Aminosäuren durch mehrere unterschiedliche Basentripletts codiert werden (s. S. 14/15). Andererseits kann schon die Insertion oder Deletion einer einzelnen Base gravierende Folgen haben und zu einer Verschiebung des Leserasters führen (▌ Abb. 3).

Durch Mutagenese lassen sich Veränderungen der DNA zufällig oder gezielt hervorrufen. Der so erzeugte Phänotyp erlaubt wiederum Rückschlüsse auf die Funktion der von der Mutation betroffenen DNA-Sequenz und liefert somit wichtige Informationen für die medizinische Forschung.

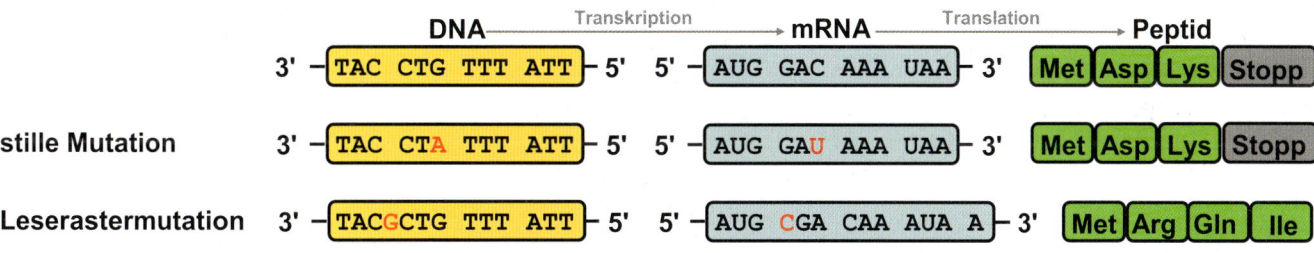

▌ Abb. 3: Stille Mutation und Leserastermutation. [5]

Zusammenfassung

✖ Spontane oder durch Mutagene induzierte Veränderungen der Chromosomenanzahl oder der Chromosomenstruktur werden als Mutation bezeichnet.

✖ Kontroll- und Reparatursysteme halten die Mutationsrate beim Menschen gering.

✖ Man unterscheidet drei Arten von Mutationen: Genommutationen, Chromosomenmutationen und Genmutationen.

✖ Die Folgen einer Mutation für den menschlichen Organismus können sowohl positiv als auch negativ sein, auch folgenlose Mutationen sind möglich.

✖ Mutationen lassen sich durch Mutagenese erzeugen.

Arbeiten im Labor

Zellkultur

Molekularbiologische Methoden

Proteinbiochemische Methoden

Immunologische Methoden

Weitere Methoden

Tierversuche

B Spezieller Teil

Sicherheit im Labor

Gefahrstoffe

Gefahrstoffe sind chemische Substanzen oder Zubereitungen, die eine oder mehrere gefährliche Eigenschaften aufweisen. Diese müssen ihrem **Gefährdungspotenzial** entsprechend den EU-Normen eingeteilt werden. Die Gefahr, die von einem solchen Stoff ausgeht, wird durch ein Gefahrensymbol (❚ Abb. 1) sowie durch **R- und S-Sätze** gekennzeichnet. Besitzt ein Gefahrstoff kanzerogene (**c**ancerogen), **m**utagene und **r**eproduktionstoxische (CMR) Eigenschaften, wird er nach der **CMR-Klassifikation** einer der folgenden drei Kategorien zugeordnet:

▶ **Kategorie 1:** Die Wirkung wurde beim Menschen nachgewiesen.
▶ **Kategorie 2:** Die Wirkung wurde eindeutig im Tierversuch bewiesen. Die Wirkung beim Menschen wird stark angenommen.
▶ **Kategorie 3:** Es liegen lediglich Verdachtsmomente vor.

Entsprechend seiner Kategorie, erhält der Gefahrstoff die Kennzeichnung T (giftig) oder T+ (sehr giftig) (Kategorie 1), oder Xn (gesundheitsschädlich, Kategorie 2 oder 3).

R- und S-Sätze
Da die Gefahrensymbole die eigentliche Gefahr eines Stoffs nur unzureichend beschreiben, wurden die **Risiko-Sätze** (R-Sätze) sowie die **Sicherheit-Sätze** (S-Sätze) eingeführt. R- und S-Sätze stellen das Risiko im Umgang mit einem Gefahrstoff deutlich detaillierter dar. Ihre Nummerierung ist international standardisiert und ihre Angabe auf der Verpackung eines Gefahrstoffs vorgeschrieben.

Beispiele einiger R-Sätze
▶ R 23: Giftig beim Einatmen.
▶ R 41: Gefahr ernster Augenschäden.
▶ R 64: Kann Säuglinge über die Muttermilch schaden.
▶ R 57: Giftig für Bienen.

Beispiele einiger S-Sätze
▶ S 15: Vor Hitze schützen.
▶ S 30: Niemals Wasser hinzugießen.
▶ S 64: Bei Verschlucken Mund mit Wasser ausspülen (Nur wenn Verunfallter bei Bewusstsein ist).
▶ S 37: Geeignete Schutzhandschuhe tragen.

Allgemeine Regeln im Umgang mit Gefahrstoffen
Der Umgang mit Gefahrstoffen sollte, kann er nicht vollständig vermieden werden, auf ein notwendiges Minimum reduziert werden. Grundsätzlich sollte man nur mit persönlicher Schutzausrüstung arbeiten und möglichst kleine Mengen der Substanz verwenden. Besondere Vorsicht ist beim Erhitzen,

❚ Abb. 1: Gefahrensymbole im Überblick. [2]

Schütteln und Mischen von Reagenzien geboten. Beim Umfüllen von Gefahrstoffen muss immer ein Trichter und eine spezielle Unterlage verwendet werden. Des Weiteren sollte man mit Gefahrenstoffen nur unter dem Abzug arbeiten, um das Risiko von Unfällen zu minimieren.

Eigenschutz Persönliche Schutzausrüstungen sind notwendig und enorm wichtig, wenn trotz technischer und organisatorischer Maßnahmen, zusätzliche Schutzmaßnahmen vor gesundheitlichen Schäden benötigt werden.
Wichtige Schutzausrüstungen beim Umgang mit Gefahrstoffen sind ein ausreichender Augenschutz **(Schutzbrille)**, **Schutzhandschuhe,** geschlossenes Schuhwerk und ein **Laborkittel** aus nicht entflammbarer Baumwolle.

Aufbewahren Bei der Lagerung von Gefahrstoffen ist darauf zu achten, dass sie keine Gefährdung für die Umwelt und die menschliche Gesundheit darstellen. Sie sollten nur auf den für sie vorgesehenen Regalen und in Schränken gelagert und sicher gegen eine unbefugte Entnahme aufbewahrt werden.

Reinigung Verunreinigte Gegenstände und Gefäße sind sofort zu säubern. Gefährliche Stoffreste dürfen niemals stehen gelassen werden. Die Reinigung ist nur mit persönlicher Schutzausrüstung durchzuführen.

Sachgerechtes Entsorgen Bei Abfällen gefährlicher Stoffe handelt es sich immer um Sondermüll, der niemals in den Ausguss oder den normalen Hausmüll gegeben werden darf. Er darf auch nicht mit anderen Abfällen vermischt werden und ist ausschließlich in gekennzeichnete Abfallbehälter zu entsorgen. Diese müssen separat gelagert und einer geeigneten Entsorgung zugeführt werden.

Erste-Hilfe-Maßnahmen

Sollte es trotz aller Vorsichtsmaßnahmen zu einem Laborunfall kommen, ist stets Ruhe zu bewahren. Der Unfall ist auf jeden Fall zu melden. Es sollte niemals vergessen werden, dass der Eigenschutz oberste Priorität hat. Wenn möglich, sollten Verletzte aus der Gefahrenzone gebracht und Verletzungen versorgt werden (▌ Abb. 2), um zusätzliche Gesundheitsschäden zu verhindern.

Art der Verletzung	Erste-Hilfe-Maßnahme
Einatmen	• Atemwege sind unbedingt freizuhalten • Betroffenen wenn möglich an die frische Luft oder ans Fenster bringen
Augenkontakt	• Mit viel Wasser ca. 15 min sehr gründlich spülen
Verschlucken	• Bei Bewusstsein in kleinen Mengen Wasser trinken • KEIN Erbrechen induzieren (Gefahr der Aspiration!, Gefahr der doppelten Reizung der Speiseröhre!)
Schnittwunde	• Blutungen mit (Druck-)Verband stillen • Wunde keimfrei halten
Verätzungen	• Kleidung wechseln • Betroffene Stelle mit viel Seife und Wasser spülen

▌ Abb. 2: Erste-Hilfe-Maßnahmen der wichtigsten Unfallvorgänge. [2]

Gentechnik

Unter Gentechnik versteht man Verfahren, die in das Genom von Lebewesen bzw. in virale Genome eingreifen. Dabei entsteht eine veränderte, neu zusammengesetzte DNA (rekombinante DNA), die in andere Organismen eingebaut werden kann. Diese werden dann als **genetisch veränderte Organismen (GVO)** bezeichnet. Experimente, die von den Methoden der Gentechnik Gebrauch machen, fallen unter das Gentechnikgesetz.

Gentechnische Experimente dürfen nur in genehmigten Forschungsanlagen durchgeführt werden und werden in vier Sicherheitsstufen eingeteilt. Die Einteilung erfolgt nach der Art der DNA-Veränderung und dem Gefährdungspotenzial der einzelnen Organismen, die in den Arbeiten verwendet werden:

▶ **Sicherheitsstufe 1:** Bei diesen gentechnischen Arbeiten besteht nach aktuellem Wissensstand keine Gefahr für Mensch und Umwelt.

▶ **Sicherheitsstufe 2:** Hier werden gentechnische Experimente durchgeführt, bei denen von einem geringen Risiko für Mensch und Umwelt ausgegangen werden muss.

▶ **Sicherheitsstufe 3:** Es handelt sich hierbei um gentechnische Methoden, die eine mäßige Gefahr für Mensch und Umwelt darstellen.

▶ **Sicherheitsstufe 4:** Von einem hohen Risiko für Mensch und Umwelt muss ausgegangen werden.

Zusammenfassung

✖ Gefahrstoffe werden durch ein Gefahrensymbol und Risiko-(R-) und Sicherheits-(S-)Sätze gekennzeichnet.

✖ Eigenschutz hat beim Arbeiten im Labor immer höchste Priorität!

✖ Experimente, die in einem genetisch veränderten Organismus (GVO) resultieren, fallen unter das Gentechnikgesetz.

✖ Gentechnische Arbeiten werden in vier Sicherheitsstufen unterteilt. Diese Einteilung hängt von den verwendeten Organismen und der gentechnischen Methode ab.

Geräte und Gefäße

Geräte

Sterilbank (Sicherheitswerkbank)

Für das Arbeiten mit Zellkulturen und gentechnischen oder mikrobiologischen Methoden ist eine Sterilbank unentbehrlich (❚ Abb. 1). Durch spezielle Belüftungsmechanismen bietet sie dem Arbeitenden Schutz vor Aerosolen und Mikroorganismen, und deren Ausdringen wird verhindert. Ebenso schützt das Arbeiten an der Sicherheitswerkbank die Zellkultur vor Kontaminationen. Gase und Stäube werden von den Filtern der meisten Sterilbänke nicht zurückgehalten. Sterilbänke der höchsten Sicherheitsstufe bieten jedoch auch davor Schutz. Diese werden nach dem englischen Begriff „Laminar flow cabinet" häufig als **Flow** bezeichnet. Um sterile Arbeitsverhältnisse zu erschaffen, sollte die Sterilbank bereits 30 min vor der Benutzung eingeschaltet werden. Nach der Benutzung ist die Arbeitsfläche mit 70%igem Ethanol zu reinigen.

Abzug

Der Abzug schützt, wie die Sterilbank der höchsten Sicherheitsstufe, durch spezielle Belüftungssysteme vor **Aerosolen, Gasen** und **Stäuben** (❚ Abb. 2). Er besteht aus einer chemikalien- und brandbeständigen Arbeitsfläche, die von festen Außenwänden und einer beweglichen Frontscheibe umschlossen ist.

Brutschrank

Der Brutschrank (Inkubator), in dem sich Zellkulturen befinden, dient der Aufrechterhaltung von optimalen Wachstumsbedingungen. Eine Standardtemperatur von **37 °C** und eine 5%ige CO_2-Begasung sind Voraussetzungen, damit Zellen in vitro, ähnlich ihren physiologischen Bedingungen, kultiviert werden können. Ein Wasserreservoir erzeugt eine hohe Luftfeuchtigkeit.

Autoklav

Ein Autoklav ist ein gasdicht verschließbarer Druckbehälter, welcher der **Sterilisierung** von Flüssigkeiten (z. B. Nährmedien), Gefäßen und Geräten dient. Bei der Autoklavierung von Flaschen und anderen geschlossenen Behältnissen sollte darauf geachtet werden, dass der Deckel leicht gelöst werden kann. Die Sterilisation garantiert nicht die Abtötung aller Keime, sondern lediglich die Wahrscheinlichkeit, dass die Anzahl der Keime auf dem Objekt, das sterilisiert wurde, um sechs Zehnerpotenzen dezimiert wird. Geht man z. B. davon aus, dass zu Beginn der Sterilisation eine Million Keime

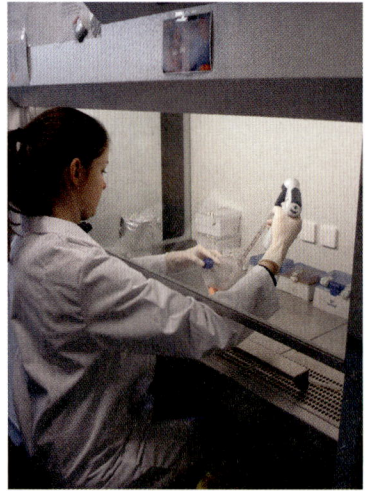 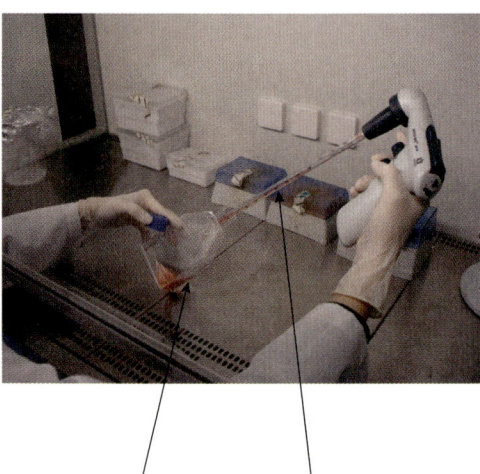

Zellkulturflasche   Vollpipette aus Glas

❚ Abb. 1: Wissenschaftlerin beim Arbeiten an der Sterilbank. [2]

vorhanden waren, garantiert der Prozess, dass davon maximal ein einziger den Sterilisationsprozess überlebt. Das **Autoklavierband,** das um die Gegenstände geklebt wird, ist ein Indikator, der durch eine Farbreaktion einen erfolgreichen Ablauf der Sterilisation belegt.

Zentrifuge

Durch Zentrifugation können die einzelnen Bestandteile von Suspensionen oder Emulsionen voneinander getrennt werden. Dieser Prozess bedient sich der Massenträgheit unter Nutzung der **Zentripetalbeschleunigung** (❚ Abb. 3). Da die Zentrifugation für Zellen und deren Bestandteile eine enorme Belastung darstellt, sollte nicht länger als 5–15 min zentrifugiert werden. Die Drehzahl hängt davon ab, welche Substanzen oder Reagenzien voneinander zu trennen

sind. Vitale Zellen werden z. B. meist bei 1000 rpm (*engl.* Rounds per minute, also Umdrehungen pro Minute) abzentrifugiert, aufgereinigte DNA bei bis zu 13 000 rpm. Auch der Durchmesser des Rotators beeinflusst die notwendige Drehzahl. Zusätzlich kann bei speziellen Zentrifugen die Temperatur eingestellt werden.

Wasserbad

Der mit heißem oder warmem Wasser gefüllte Behälter dient dem Aufwärmen oder Auftauen von Substanzen. Durch Zugabe eines **Farbindikators** können Kontaminationen schnell detektiert und damit beseitigt werden.

pH-Meter

Das pH-Meter ist ein Gerät, das auf elektrochemischem Weg den pH-Wert einer Flüs-

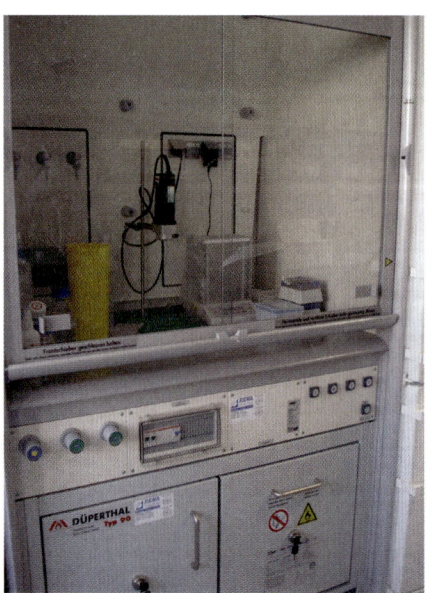

❚ Abb. 2: Abzug. [2]

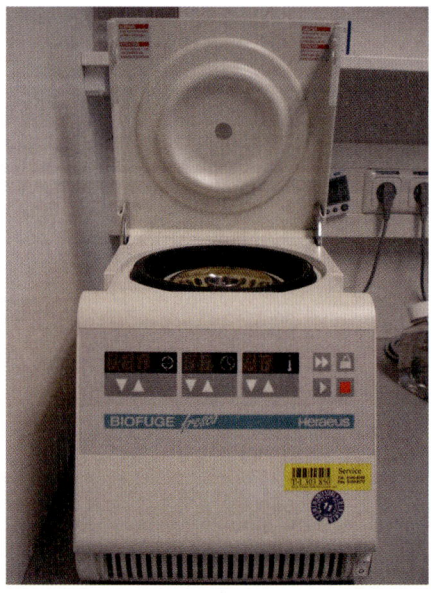

❚ Abb. 3: Zentrifuge. [2]

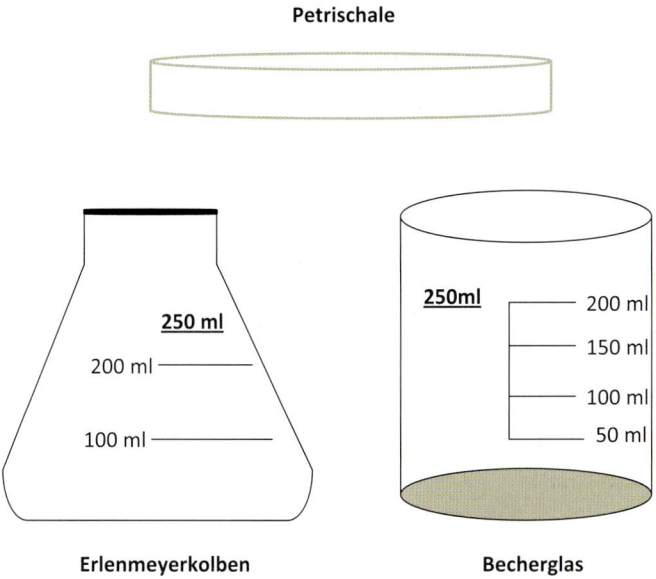

Petrischale

250 ml
200 ml
100 ml

Erlenmeyerkolben

250ml
200 ml
150 ml
100 ml
50 ml

Becherglas

Abb. 4: Die häufigsten Laborgefäße. [2]

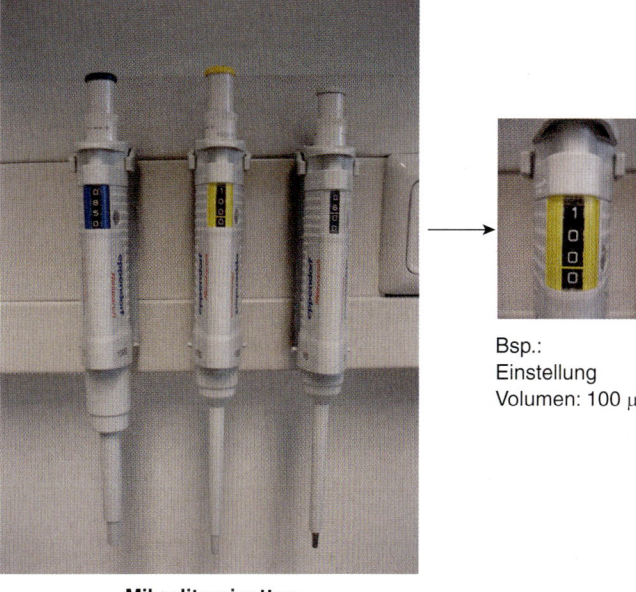

Bsp.:
Einstellung
Volumen: 100 µl

Mikroliterpipetten
blau: 100–1000 µl
gelb: 10–100 µl
weiß: 1–10 µl

Abb. 5: Mikroliterpipetten. [2]

sigkeit misst. Es besteht aus einer speziellen Glaselektrode, die an ein elektronisches Messgerät gekoppelt ist, welches den pH-Wert anzeigt.

Gefäße

Petrischalen
Die runden, flachen Schalen, die 1887 von dem deutschen Bakteriologen Julius Petri erstmals eingesetzt wurden, werden zur Kultivation von Zellen und anderen Mikroorganismen verwendet (Abb. 4). Dazu füllt man die Schalen mit gelartigem Nährmedium auf Agarbasis. Die gelartige Konsistenz hat den Vorteil, dass die Organismen, im Gegensatz zum flüssigen Nährmedium, an einem Ort in der Schale festgehalten werden.

Becherglas
Das zylindrische Becherglas ist das einfachste aller Gefäße in experimentellen Laboren (Abb. 4). Es wird bei zahlreichen Methoden verwendet, z. B. beim Ansetzen von Lösungen oder Puffern.

Erlenmeyerkolben
Der Kolben besitzt einen schmalen Hals. Dadurch ist das Risiko, dass Flüssigkeiten oder Dämpfe beim Schwenken entweichen, deutlich geringer als beim Becherglas (Abb. 4).

Pipetten
Die Pipette (*franz.* la pipette = Saugheber, Saugröhre) dient dem Dosieren von Flüssig-

keiten und ist ein Standardgerät in Laboratorien.
Mess- und Vollpipetten Mess- und Vollpipetten sind aus Glas und für größere Volumina (1 – 30 ml) geeignet (Abb. 1). Messpipetten zeichnen sich durch eine Volumenskala, die auf der Glaspipette angebracht ist, aus und sind damit zum Dosieren für verschiedene Volumina geeignet. Vollpipetten tragen nur eine Markierung für ein spezielles Volumen.
Mikroliterpipette Mikroliterpipetten sind kleine Pipetten, an die spezielle Pipettenspitzen aus Plastik angebracht werden, um besonders kleine Volumina (0,1 µl bis 5 ml)

exakt zu dosieren (Abb. 5). Sie dosieren deutlich präziser als Glaspipetten.

Mikrotiterplatte
Mikrotiterplatten sind kleine, rechteckige, aus Glas oder Plastik bestehende Laborgeräte, die für viele verschiedene mikrobiologische Methoden (z. B. photometrische Absorptionsmessung) verwendet werden. Sie enthalten viele einzelne Wells (*engl.* Well = kleines Fach), die in Reihen und Spalten angeordnet sind. Es gibt eine Vielzahl an Mikrotiterplatten, die sich in ihrer Well-Anzahl unterscheiden (6-Well-Platte bis 1536-Well-Platte).

Zusammenfassung
✖ Die Sicherheitswerkbank oder Flow schützt, wie der Abzug, bei der Arbeit mit Aerosolen und Mikroorganismen. Zusätzlich verhindert der Abzug das Entweichen von Gasen und Stäuben.

✖ Der Autoklav dient der Sterilisation von Gefäßen, Geräten und Flüssigkeiten. Ein Autoklavierband zeigt einen erfolgreichen Ablauf des Sterilisationsprozesses an.

✖ Durch Zentrifugation werden Suspensionen, Emulsionen und Gasgemische durch Zentripetalbeschleunigung in ihre einzelnen Bestandteile aufgetrennt.

✖ Vollpipetten sind meistens aus Glas und für größere Volumina geeignet. Im Gegensatz dazu arbeiten Mikroliterpipetten deutlich präziser und mit sehr kleinen Volumina.

Puffer und Reagenzien

Puffersysteme

Definition

Puffersysteme sind Gemische aus **schwachen Basen** und **schwachen Säuren,** die den pH-Wert von Lösungen auch dann konstant halten können, wenn starke Säuren oder Basen zugegeben werden. Die in letzteren enthaltenen Oxoniumionen (H_3O^+) bzw. Hydroxidionen (OH^-) werden durch ein solches Puffersystem umgesetzt, wodurch der pH-Wert der Lösung nur unwesentlich beeinflusst wird.

Die Pufferkapazität beschreibt die Menge an Basen und Säuren, die ein Puffersystem aufnehmen kann, ohne dass es zu einer Änderung des pH-Werts kommt.

> Ein konstanter pH-Wert ist für viele biochemische Prozesse im menschlichen Körper unentbehrlich. Aus diesem Grund verfügt unser Organismus über viele verschiedene physiologische Puffersysteme, z. B. der Carbonatpuffer, der den konstanten pH-Wert des Bluts garantiert.

Puffersorten

Viele molekular- und mikrobiologische Verfahren sind auf einen konstanten pH-Wert angewiesen, da die meisten Enzyme nur bei einem bestimmten pH-Wert aktiv sind. Daher gibt es zahlreiche Pufferlösungen, die bei molekular- und mikrobiologischen Methoden Verwendung finden:

PBS-Puffer (*engl.* Phophate buffered saline = phosphatgepufferte Salzlösung) Die phosphatgepufferte Salzlösung besteht aus Natriumchlorid, Kaliumchlorid und (Di-) Hydrogenhosphat und besitzt eine Pufferkapazität bei physiologischen pH-Werten (7,35 – 7,45). Durch die Zusammensetzung verschiedener Salze entsteht eine **isotonische Salzlösung,** die humanen Zellen keinen Schaden zufügt. PBS wird daher sehr häufig verwendet, um Zellen zu reinigen oder Verdünnungen herzustellen.

TRIS-Puffer (Tris-(hydroxymethyl-)aminomethan) Der TRIS-Puffer besitzt eine gute Pufferkapazität zwischen pH 7,2 und 9,0. Da Enzyme in diesem Puffersystem nicht inhibiert werden, verwendet man den TRIS-Puffer bei vielen molekularbiologischen Methoden. Er ist einer der Standard-Puffersysteme für **DNA-Lösungen.**

TE-Puffer (Tris-EDTA-Puffer) Der TE-Puffer wird als häufigster Puffer zur Herstellung von DNA- und RNA-Lösungen eingesetzt. Er schützt die Nukleinsäuren vor Degradation.

TBE-Puffer (Tris-Borat-EDTA-Puffer) Der TBE-Puffer wird hauptsächlich bei der Gelelektrophorese von DNA und RNA benützt.

TAE-Puffer (Tris-Acetat-EDTA-Puffer) Der TAE-Puffer wird ebenso bei der Elektrophorese von Nukleinsäuren verwendet. Seine Pufferkapazität ist zwar geringer als die des TBE-Puffers, aber die DNA läuft in TAE-Puffersystemen deutlich schneller.

Tris-Glycin-Puffer Der Tris-Glycin-Puffer findet überwiegend in der Proteinbiochemie Anwendung. Er ist Hauptbestandteil der **SDS-Gelelektrophorese** und ermöglicht eine exakte Auftrennung der Proteine (s. S. 76/77).

Chemikalien und Reagenzien

Accustain Eosin Y Der alkoholische und wässrige Universalgegenfarbstoff färbt Zytoplasma und findet sehr häufig Verwendung in der In-vitro-Diagnostik.

Accutase Das Gemisch aus proteolytischen und kollagenolytischen Proteinen dient, wie Trypsin, dem Lösen von adhärenten Zellen.

Agarose Das Polysaccharid wird aus Rotalgen gewonnen und ist ein starker Gelbildner, der u. a. für die starke Gelierneigung des Agars verantwortlich ist. Agarose ist für zahlreiche naturwissenschaftliche Methoden von Bedeutung und wird z. B. zur Auftrennung von Proteinen und Nukleinsäuren in der Gelelektrophorese eingesetzt.

Bromphenolblau Der Triphenylmethanfarbstoff ist ein pH-Indikator, der bei pH-Werten zwischen 3,0 und 4,6 von gelbgrünlich nach blauviolett umschlägt. Bromphenolblau wird außerdem als Farbstoffmarker bei der Gelelektrophorese von DNA und Proteinen verwendet.

Calcein Der Fluoreszenzfarbstoff dient dem Nachweis der Zellviabilität, da er nur in lebenden Zellen fluoresziert (s. S. 42/43).

Chloroform Der chlorierte Kohlenwasserstoff findet als Lösungsmittel v. a. bei der Isolierung von DNA Anwendung. Zudem dient er der hydrophilen Phasentrennung bei der Isolation von RNA.

DAPI (4',6-Diamidino-2-phenylindol) Der Fluoreszenzfarbstoff wird zum Anfärben von Zellkernen eingesetzt.

Dimethylsulfoxid (DMSO) Dieses dipolare Lösungsmittel hat zahlreiche Verwendungsmöglichkeiten. DMSO wirkt zytotoxisch und wird daher nur in sehr geringer Konzentration benutzt. Da es sehr leicht in die Haut eindringt und zudem analgetisch und antiphlogistisch wirksam ist, dient es für viele Arzneimittel, die über die Haut appliziert werden, als Grundsubstanz. In der Zellkultur ist es neben Glycerin ein wichtiges Gefrierschutzmittel bei der Kryokonservierung von Zellen (s. S. 38/39). Es verhindert die Ausbildung von Eiskristallen, die die Zellen zerstören können.

Ethanol Der Alkohol findet sich in jedem wissenschaftlichen Laboratorium. Es dient als wichtiges Lösungsmittel für viele verschiedene Methoden und als Reinigungsmittel für diverse Oberflächen.

Ethidiumbromid (EtBr) Dieser rote Phenanthridinfarbstoff dient dem Nachweis der Nukleinsäuren DNA und RNA (s. S. 52/53).

Ethylendiamintetraessigsäure (EDTA) Der starke Komplexbildner ist ein Bestandteil einiger wichtiger Puffer der Gelelektrophorese. Außerdem findet man EDTA in der Labormedizin: Blutproben lassen sich durch Zugabe von EDTA ungerinnbar machen, da Calcium-Kationen durch EDTA irreversibel gehemmt werden.

Formamid Das Amid der Methansäure wird zur Stabilisierung und Denaturierung von DNA und RNA eingesetzt.

Glycerol (Propantriol) Es spielt v. a. bei der Kryokonservierung von Zellen als Gefrierschutzmittel eine wichtige Rolle.

Glycin Die Aminosäure wird als Puffersubstanz verwendet.

Hydrochinon Dieses Phenol wird überwiegend als Reduktionsmittel beim Entwickeln von Bildern benutzt.

Kaliumchlorid Das Kaliumsalz der Salzsäure dient v. a. als Aufbewahrungslösung für pH-Messelektroden.

Kaliumhydroxid Diese starke Base wird überwiegend zur Unterscheidung von gramnegativen und grampositiven Bakterien in einem speziellen Schnelltestverfahren verwendet.

Krystallviolett Der violette Triphenylmethan-Farbstoff spielt eine wichtige Rolle bei der Gram-Färbung, die zur groben Klassifikation von Bakterien eingesetzt wird.

β-Mercaptoethanol Das reduzierende Thiol führt zur Spaltung von Disulfidbrücken in Proteinen.

Milchpulver Diese Milchtrockenmasse bleibt übrig, wenn der Milch das gesamte freie Wasser entzogen wird. Das Pulver dient als Blockierungssubstanz bei zahlreichen immunologischen und proteinbiochemischen Methoden.

Natriumdihydrogenphosphat Es funktioniert überwiegend als Puffersubstanz.

Natriumdodecylsulfat (SDS) Das anionische Detergens wird hauptsächlich zur Polyacrylamid-Gelelektrophorese (SDS-PAGE) verwendet.

Natriumorthovanadat Es hemmt Proteintyrosin-Phophatasen, Alkalin-Phosphatasen und zahlreiche ATPasen.

Octoxino 9 (Handelsname: Triton X) Dieses nicht-ionische Tensid aus der Familie der Octylphenolethoxylate, beeinflusst das Schmelzverhalten von DNA-Doppelsträngen. Das „Schmelzverhalten" definiert die Temperatur, die zur Auftrennung der beiden DNA-Stränge führt.

Paraformaldehyd Das Polymer von Formaldehyd wird zur Fixierung von Zellen und Geweben gebraucht.

Phenol Es wird wie Chloroform zur Isolierung von DNA eingesetzt.

2-Propanol Dieser nichtzyklische sekundäre Alkohol dient v. a. der Präzipitation von Nukleinsäuren.

Polysorbat-20 (Handelsname: Tween® 20) Das nicht-ionische Tensid wird zur Solubilisierung von Membranproteinen, Zelllyse und als Detergens in verschiedenen immunologischen Methoden (ELISA, Western-Blot) verwendet.

SYBR Green Mithilfe dieses Cyaninfarbstoffs kann doppelsträngige DNA nachgewiesen werden. Der Farbstoff lagert sich zwischen beide Stränge ein.

Tri Reagent Die Lösung aus Phenol und Guanidinthiocyanat findet Anwendung in der DNA-, RNA- und Proteinisolation.

Trypanblau Dieser anionische Diazofarbstoff weist Zellviabilität nach. Er wird nur von toten Zellen aufgenommen. Sie werden dadurch dunkelblau gefärbt und können einfach detektiert werden (s. S. 42/43).

Trypsin Diese Protease wird zum Detachment von Zellkulturen verwendet (s. S. 38/39).

Zusammenfassung

✖ Puffersysteme bestehen aus schwachen Basen und schwachen Säuren. Sie dienen der Aufrechterhaltung des pH-Werts von Lösungen.

✖ Da viele Enzyme nur bei bestimmten pH-Werten aktiv sind, spielen Puffersysteme in vielen molekularbiologischen und proteinbiochemischen Methoden eine bedeutende Rolle.

Zellkulturen und Zelllinien

Definition
Als Zellkultur bezeichnet man das Kultivieren einer Zellpopulation außerhalb eines biologischen Organismus **(in vitro)** unter kontrollierten Bedingungen.

Historie
Schon zu Beginn der naturwissenschaftlichen Forschung gab es Bestrebungen, Gewebe und Zellen in vitro zu kultivieren, um sie so eingehend zu untersuchen. Erste Erfolge erzielte der deutsche Anatom Wilhelm Roux, als es ihm 1885 gelang, embryonale Hühnerzellen für einige Tage in einer Salzlösung am Leben zu erhalten. 1913 zeigte der französische Chirurg Alexis Carrel, dass Zellen auch längerfristig kultiviert werden können, solange sie gefüttert und aseptisch gehalten werden.

Seit ca. 1950 gehören Zellkulturen zum Standard in naturwissenschaftlichen Laboren und sind damit ein unverzichtbarer Bestandteil der heutigen Forschung.

Kulturdauer

> Man unterscheidet finite (zeitlich begrenzt kultivierbare) und permanente Zelllinien (zeitlich unbegrenzt kultivierbar).

Primärkulturen
Primärkulturen zählen zu den finiten Zellkulturen, deren Lebensdauer unter In-vitro-Bedingungen immer zeitlich begrenzt ist. Im Kulturverlauf mit primären Zelllinien treten typische Veränderungen auf, die das Arbeiten erheblich beeinträchtigen können, und sie für zeitlich ausgedehnte Studien ungeeignet machen. So nimmt z. B. die Zellteilungsrate ab, und es kommt zur Seneszenz (*lat.* senescere = altern, alt werden) der Zellen.

Ausgangsmaterial für Primärkulturen sind Körperflüssigkeiten, Gewebe und Organe unterschiedlicher Organismen, aus dem die gewünschten Zellen isoliert werden können.

Primäre Zelllinien sind nur wenig verändert und behalten damit die meisten Eigenschaften, die sie unter physiologischen Bedingungen haben, auch in vitro bei. Dies ist ein bedeutender Vorteil gegenüber permanenten Zellkulturen. Primärkulturen sind damit zur Erforschung physiologischer Prozesse unentbehrlich.

Dauerkulturen
Dauerkulturen sind permanente Zellkulturen, die zeitlich unbegrenzt kultiviert werden können, da sie immortal (unsterblich) sind. Unsterbliche Zellen nennt man **transformierte Zellen.** Sie stammen entweder von Tumorzellen ab, oder sie wurden durch künstliche Manipulation (Behandlung durch Karzinogene oder Transfektion mit Onkogenen) von gesunden Zellen erzeugt.

> Die bekannteste Methode, transformierte Zellen zu erhalten, ist die Transfektion mit Viren. Hierbei werden virale Onkogene, z. B. vom Simian-Virus 40, in die Zelle eingeschleust. Auf diesem Weg erhält man Zellen, die unbegrenzt teilungsfähig und für längerfristige Studien optimal geeignet sind.

Die erschaffene Unsterblichkeit der Zellen geht jedoch fast immer mit numerischen und/oder strukturellen Chromosomenaberrationen und einer veränderten Morphologie einher. Stabil transfizierte Zellen behalten also nur wenige ihrer In-vivo-Eigenschaften auch in vitro bei und sind damit zur Erforschung zellulärer Prozesse und für Genexpressionsanalysen nicht geeignet.

Auf der anderen Seite ermöglichen transformierte Zelllinien zeitlich ausgedehnte Studien und Wiederholungen einzelner Versuche im Sinne der Reproduzierbarkeit. Dies ist ein beachtlicher Vorteil gegenüber Primärkulturen.

h-TERT-immortalisierte Zellen
Die Transfektion mit h-TERT (*engl.* Human telomerase reverse transcriptase) ermöglichte es erstmals, unsterbliche, aber normale, d. h. nicht transformierte, Zelllinien zu etablieren. Es handelt sich dabei um die katalytische Untereinheit der Telomerase. Dieses Enzym ist eine reverse Transkriptase, die Telomere an ihrem 3'-Ende verlängern kann. Telomere sind spezifische DNA-Protein-Strukturen an den Enden eukaryotischer Chromosomen. Sie fungieren als „Schutzkappe", die das natürliche Ende der Chromosomen, also die informationstragenden Bereiche, vor Abbau und Schaden bewahren. Die Länge der Telomere variiert je nach Spezies und ist aus Wiederholungen einer bestimmten Sequenz – beim Menschen (5'-TTAGGG-3')n – aufgebaut.

Bei jeder Zellteilung geht ein Stück der Telomere verloren, da die DNA-Polymerase das 3'-Ende von linearen DNA-Strängen nicht vollständig replizieren kann **(Endreplikationsproblem).** Dies limitiert die Schutzfunktion der Telomere zeitlich. Haben sie sich bis auf eine bestimmte Länge verkürzt, erreichen sie das **Hayflick-Limit.** Hier kommt es zur Seneszenz, also zum Stopp der Proliferation. Durch Aktivierung des Tumorsuppressors p53 kann dann der programmierte Zelltod (Apoptose) eingeleitet werden. Die Apoptose ist ein äußerst wichtiger Schutzmechanismus, da normale Zellen am Hayflick-Limit Seneszenz-Erscheinungen (z. B. vermehrte chromosomale Aberrationen) zeigen und dadurch leicht entarten können. Man nimmt an, dass der kontinuierliche Abbau von DNA am Ende der Chromosomen die Lebensdauer einer Zelle entscheidend begrenzt.

Einer der Mechanismen, der eine Immortalisierung der Zellen ermöglicht, ist die Aktivierung der Telomerase. Ihre katalytische Untereinheit h-TERT wird allerdings nur in wenigen eukaryotischen Zellen exprimiert. Dazu zählen Zellen, die sich laufend proliferieren, wie Lymphozyten während einer Immunantwort, basale Keratinozyten, intestinale Kryptenzellen, embryonale Stammzellen und CD34-exprimierende Stammzellen des Bluts. Auch in den meisten malignen Tumorzellen, die sich durch ihr schnelles Wachstum auszeichnen, ist die Telomerase aktiv.

Durch die Transfektion mit h-TERT stehen der Wissenschaft heute Zellen zur Verfügung, die unbegrenzt teilungsfähig sind, ihre physiologischen Eigenschaften auch in vitro beibehalten und dadurch eine längerfristige Forschung ermöglichen.

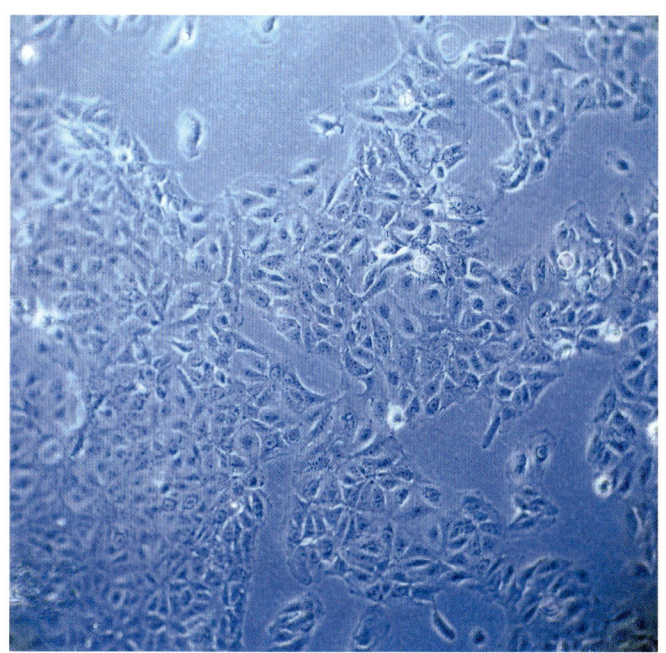

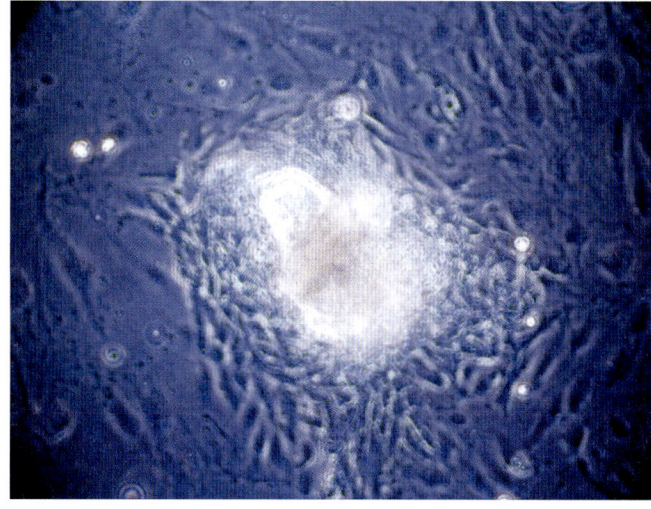

Abb. 2 (oben): HepT3-Zellen (humane Hepatoblastomzelllinie). [2]

Abb. 1 (links): HUH7-Zellen (humane Zellen des hepatozellulären Karzinoms). [2]

Die ATTC (American Type Culture Collection), die ECACC (European Collection of Cell Cultures) und die DSMZ (Deutsche Sammlung von Mikroorganismen und Zellkulturen GmbH) sind Zellkulturdatenbanken, die zu jeder Zelllinie genauste Informationen liefern können.

Kulturform

Adhärente Zellkulturen und Zellsuspensionen

Dauer- und Primärkulturen können adhärent oder in Suspension wachsen (Tab. 1).
Die Wahl der Kulturform hängt vom Ursprungsgewebe der Zellen ab. Zellen wachsen meist wie in natürlichen Verhältnissen. Zellen des blutbildenden Systems – z. B. Leukozyten – wachsen also in Suspension, während Zellen aus einem festen Organ oder Gewebe adhärente Eigenschaften zeigen.

Konfluenz

Von Konfluenz spricht man, wenn adhärente Zellen die zur Verfügung stehende Substratfläche (Zellkulturflasche) vollständig bewachsen, d. h. keine freie Substratfläche mehr vorhanden ist. Suspensionskulturen sind dann konfluent, wenn die Zellen ihr Wachstum einstel-

len oder verlangsamen. Konfluente Zellkulturen dürfen nicht für Experimente herangezogen werden, da die Konfluenz im Gegensatz zum logarithmischen Wachstum keinen reproduzierbaren Zustand darstellt. Bei konfluenten Kulturen sollte daher eine Subkultur angelegt werden.

Suspensionskulturen	Adhärente Kulturen
Wachsen in Suspension	Wachsen adhärent auf einer Oberfläche (Substrat)
Wachsen in Klümpchen oder einzeln	Wachsen als Monolayer (einlagige, zusammenhängende Schicht, Abb. 1) oder als Multilayer (Abb. 2) (dreidimensional)
Keine Kontaktinhibition	Kontaktinhibition (zelldichteabhängige Proliferationshemmung), Ausnahme: Tumorzellen
Heften sich nicht an eine Oberfläche	Heften sich an eine Oberfläche und müssen bei Anlage einer Subkultur wieder von ihr abgelöst werden

Tab. 1: Vergleich von Suspensionskulturen und adhärenten Zellkulturen.

Zusammenfassung

✱ Primärkulturen wachsen immer zeitlich begrenzt, behalten ihre physiologischen Eigenschaften aber bei.

✱ Dauerkulturen wachsen zeitlich unbegrenzt. Man unterscheidet Tumorzellen und stabil transfizierte Zellen. Sie zeigen meist eine veränderte Morphologie sowie chromosomale Aberrationen.

✱ h-TERT-immortalisierte Zellen werden durch Transfektion mit der katalytischen Untereinheit der Telomerase „unsterblich" gemacht. Sie zeigen in vitro die gleichen Eigenschaften wie unter physiologischen Bedingungen.

✱ Ob Zellen adhärent oder in Suspension wachsen, hängt meist von ihrer Herkunft ab. Zellen der hämatopoetischen Systems wachsen in Suspension, Tumorzellen oder Zellen eines festen Organs oder Gewebe wachsen adhärent.

Stammzellen

Definition

Zwei Eigenschaften unterscheiden Stammzellen von somatischen Zellen: Sie besitzen die Fähigkeiten zur Selbsterneuerung und zur Differenzierung (∎ Abb. 1). Voraussetzung dafür ist, dass durch symmetrische Zellteilung eine identische Tochterzelle entstehen kann und durch asymmetrische Zellteilung eine zur Differenzierung fähige Zelle. Stammzellen dienen damit dem Gewebeaufbau, der Gewebehomöostase im gesunden Gewebe und der Regeneration von defektem Gewebe.

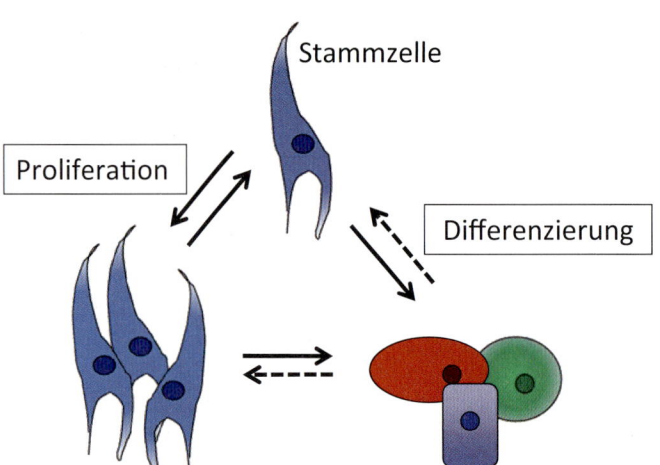

∎ Abb. 1: Wesentliche Eigenschaften von Stammzellen. [9]

Stammzellformen

Man unterscheidet embryonale Stammzellen von solchen, die in adulten Geweben zu finden sind. Diese lassen sich nach ihrer Differenzierungskapazität weiter unterteilen.

Eine befruchtete Eizelle bis zum Achtzellstadium wird als totipotent (auch omnipotent) bezeichnet. Das bedeutet, dass sie in extraembryonales Gewebe (Trophoektoderm) sowie in alle embryonalen Gewebe differenzieren kann. Jenseits des Achtzellstadiums bildet sich eine innere Zellmasse (ICM), aus welcher der eigentliche Embryo entsteht. Die Zellen der ICM sind pluripotent, da sie nur noch embryonale Gewebe der drei Keimblätter bilden können. Dieser Stammzellhierarchie weiter folgend entstehen in der weiteren Entwicklung Stammzellen mit weiter eingeschränktem Differenzierungspotenzial, die als multipotent und unipotent bezeichnet werden und im adulten Organismus vorhanden sind.

Embryonale Stammzellen

Embryonale Stammzellen (engl. Embryonic stem cell, ESC) können dem Embryo aus der inneren Zellmasse der Blastozyste entnommen werden. Aus ihnen kann, im Gegensatz zu den totipotenten Stammzellen, kein eigenständiger Organismus mehr entstehen. Ihre Gewinnung aus überzähligen Embryonen, aus abortierten Feten oder durch therapeutisches Klonen ist in Deutschland derzeit nicht erlaubt und wird ethisch kontrovers diskutiert. Neben der Gewinnung gestaltet sich auch die Kulti-

vierung der ESC als problematisch. Da murine ESC in Zellkultur zu spontaner Differenzierung neigen, werden sie auf Fibroblasten mit Faktoren wie LIF (engl. Leukemia inhibitory factor) kultiviert, um eine Selbsterneuerung der Zellen zu fördern und eine Differenzierung zu unterbinden.

Adulte Stammzellen

Stammzellen des erwachsenen Organismus weisen ein unipotentes bzw. multipotentes Differenzierungspotenzial auf. Kann lediglich ein Zelltyp entstehen, z. B. bei spermatogonialen oder epidermalen Stammzellen, werden sie als unipotent bezeichnet. Hiervon abgegrenzt werden multipotente Stammzellen, wie neuronale Stammzellen oder hämatopoetische und mesenchymale Stammzellen des Knochenmarks, die in der Lage sind, innerhalb eines Keimblatts in mehrere Zelltypen zu differenzieren.

Hämatopoetische Stammzellen (engl. Hematopoetic stem cell, HSC) rekrutieren alle differenzierten Blutzellen (Erythrozyten, Leukozyten, Thrombozyten). Sie können leicht isoliert werden, da sie bestimmte charakteristische Oberflächenantigene besitzen und Differenzierungsmarker reifer Leukozyten fehlen. Unter bestimmten Bedingungen können sie auch in andere Zelltypen differenzieren, z. B. in Muskel-, Leberoder Hautzellen. Diese Eigenschaft wird als Plastizität bezeichnet.

Die zweite Stammzellpopulation des Knochenmarks stellen die **mesenchymalen Stammzellen** (engl. Mesenchymal stem cell, MSC) dar. Die Adhärenz an Kunststoffmaterial in der Zellkultur ist

ein wichtiges Kriterium zur Unterscheidung von hämatopoetischen Stammzellen. Sie können allerdings nicht vollständig von anderen Knochenmarkszellen isoliert werden, sondern nur angereichert werden, da sie keine spezifischen Muster an Zellmembranepitopen aufweisen. Ihr Stammzellcharakter kann lediglich durch ihre Differenzierung in Osteoblasten, Adipozyten und Chondrozyten experimentell bewiesen werden. Auch MSC besitzen die Fähigkeit, in Zelltypen anderer Keimblätter zu differenzieren.

iPS-Zellen

Neue Hoffnung in der Stammzelltherapie setzt man in **induzierte pluripotente Stammzellen** (engl. Induced pluripotent stem cell, iPS cell). Dabei handelt es sich um ehemals adulte Stammzellen, die durch Reprogrammierung ihre Pluripotenz wiedergewonnen haben. Mithilfe retroviraler Methoden konnte 2006 in der Arbeitsgruppe von Takahashi und Yamanaka gezeigt werden, dass die kombinierte Expression spezieller Trankriptionsfaktoren (c-Myc, Klf-4, Oct-3/4, Sox-2) eine Reprogrammierung von Mausfibroblasten in einen pluripotenten Zustand ermöglicht. 2007 gelang es, aus menschlichen somatischen Zellen, iPS-Zellen herzustellen. Induzierte pluripotente Stammzellen spielen derzeit in der Wissenschaft eine bedeutende Rolle und besitzen ein hohes medizinisches Potenzial. Beispielsweise könnten zukünftig speziell auf den Patienten angepasste iPS-Zellen erzeugt werden, die immunologische Abstoßungsreaktionen bei Transplantationen verhindern könnten.

Stammzellnische

Stammzellen agieren in einem anatomischen und funktionellen Rahmen und sind nicht alleine durch ihre intrinsischen (zell-autonomen) Eigenschaften in ihrer Funktion determiniert.
Durch ein komplexes, multidimensionales Wechselspiel mit der Umgebung etabliert sich ein Gleichgewicht, das die Fähigkeiten der Stammzelle zur Selbsterneuerung und zur Differenzierung aufrechterhält und die asymmetrische Zellteilung ausbalanciert. Zusammengefasst bestehen Stammzellnischen aus mehreren Bestandteilen: Stromazellen interagieren direkt mit Stammzellen und auch untereinander mittels Zelloberflächenrezeptoren, Gap junctions und löslichen Faktoren. Zusätzlich geben extrazelluläre Matrixproteine eine strukturelle Organisation mit speziellen mechanischen Eigenschaften vor, während Blutgefäße und neuronale Netzwerke die Nische in systemische Prozesse einbinden. Eine Dysregulation der komplexen Entität kann zu degenerativen bzw. malignen Erkrankungen führen (Abb. 2). Nachdem in verschiedenen Tumoren Stammzellen identifiziert werden konnten, vermutet man eine Beteiligung derselben an der Tumorentstehung und -erhaltung. Besonders Stammzellen stellen aufgrund ihrer Langlebigkeit und ihrer Plastizität ideale zelluläre Ziele für präkanzeröse Schäden dar, deren potenziell malignes Potenzial durch Milieuänderungen innerhalb der Stammzellnische gesteigert werden kann. Das Konzept der Tumorstammzelle ist jedoch noch sehr umstritten.

Klinische Anwendung adulter Stammzellen

Zelltherapeutische Konzepte haben gegenüber pharmazeutischen den Vorteil, dass Zellen flexibel auf physiologische sowie pathologische Prozesse im Körper reagieren können – sei es systemisch durch Sekretion verschiedener Faktoren lokal durch parakrine oder adhäsive Interaktionen sowie durch eine funktionelle Integration in geschädigtes Gewebe. Diese funktionelle Flexibilität birgt

aber auch Risiken, z. B. eine mögliche Beteiligung von Stammzellen an der Tumorgenese.
Die wohl bekannteste therapeutische Anwendung hämatopoetischer Stammzellen ist die allogene Stammzelltransplantation nach chemotherapeutischer Knochenmarkssuppression bei Leukämiepatienten. Für die Einführung der Methode der Knochenmarkstransplantation erhielt der Hämatologe Edward Donnall Thomas 1990 den Nobelpreis für Medizin und Physiologie. Heute wird die Entnahme des Spenderknochenmarks aus dem Beckenkamm zunehmend durch die Gewinnung der Stammzellen aus dem peripherem Blut

der Spender (*engl.* Peripheral blood stem cell, PBSC) ersetzt, die durch Injektion des Wachstumsfaktors G-CSF (*engl.* Granulocyte-colony stimulating factor) mobilisiert werden können. In der Therapie der akuten Abstoßungsreaktion der Spenderstammzellen werden zudem mesenchymale Stammzellen wegen ihrer immunmodulierenden Eigenschaften verwendet. Im Jahre 2004 wurde erstmalig von einem Patienten mit schwerer, unter konventioneller Immunsuppression refraktärer Transplantat-gegen-Wirt-Reaktion (*engl.* Graft-versus-host-disease, GvHD) berichtet, die durch Gabe expandierter MSC erfolgreich behandelt werden konnte.

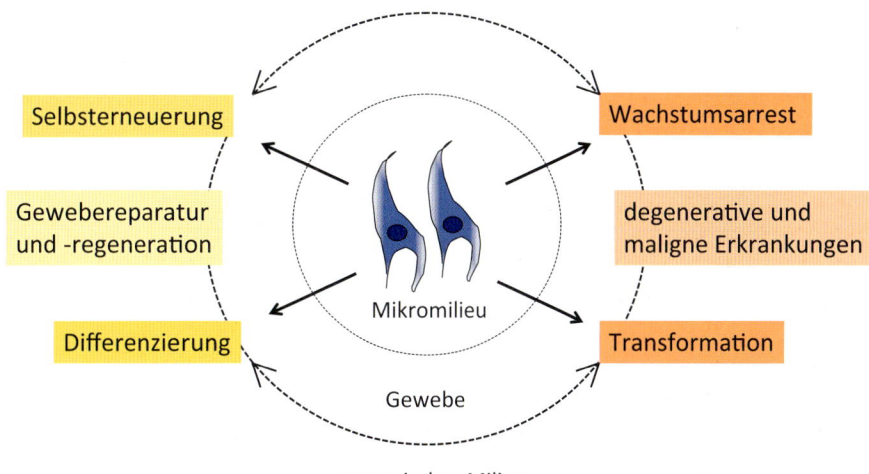

Abb. 2: Mit ihren Eigenschaften zu Selbsterneuerung und Differenzierung leisten Stammzellen einen Beitrag zu Gewebereparatur und -regeneration. Eine Dysregulation der Stammzellnische trägt jedoch zu Prozessen der Zellalterung und Transformation bei, wodurch degenerative und maligne Erkrankungen hervorgerufen werden können. [9]

Zusammenfassung

✖ Stammzellen besitzen die Fähigkeit zur Selbsterneuerung und Differenzierung.

✖ Man unterscheidet embryonale und adulte Stammzellen. Embryonale Stammzellen sind pluripotent. Adulte Stammzellen sind multi- oder unipotent und ihre Vertreter im Knochenmark sind hämatopoetische und mesenchymale Stammzellen.

✖ Stammzellen agieren in einem anatomischen und funktionellen Rahmen. Die Stammzellnische ist an der Aufrechterhaltung der Stammzellfunktionen beteiligt.

✖ Eine Dysregulierung der Stammzellnische wird mit Tumorgenese bzw. Alterungsprozessen in Verbindung gebracht.

✖ Stammzellen werden bereits vielseitig in der Klinik eingesetzt und sind Gegenstand aktueller Forschung.

Nährmedien und Zellkultursupplemente

Nährmedien

Definition
Das Nährmedium ist für die Zellkultivation unverzichtbar. Es ist die wichtigste Nahrungsquelle. Durch Supplementierung mit anderen Zusätzen ermöglicht es eine längerfristige, aseptische Zellkultur.

Man unterscheidet feste und flüssige Nährmedien. Feste Nährmedien dienen vorwiegend der Anzucht und Kultivierung von Mikroorganismen (Bakterien, Pilze etc.), flüssige Medien werden hauptsächlich in der Zellkultur angewendet.

Alle bestehen aus einem isotonischen, gepufferten Grundnährmedium mit anorganischen Salzen, Aminosäuren, Vitaminen und energieliefernden Nährstoffen.

> Nährmedien für adhärente Kulturen zeichnen sich durch einen hohen Magnesium- und Calciumanteil aus, weil diese mit den Adhäsionsproteinen auf der Oberfläche von Zellen in Wechselwirkung treten und so die Anheftung der Zellen an ihrer Wachstumsunterlage erst ermöglichen.

Basal- und Minimalmedien
Basal- und Minimalmedien unterscheiden sich in der Konzentration der Aminosäuren. Diese ist in Minimalmedien doppelt so hoch wie in Basalmedien. Daher muss bei Verwendung von Basalmedien häufiger ein Mediumwechsel durchgeführt werden.

> CO_2-Begasung: Die Begasung mit Kohlendioxid im Brutschrank erfolgt entsprechend den physiologischen Bedingungen, denen die Zellen in vivo ausgesetzt ist.

BME (*engl.* Basal medium eagle)
Der amerikanische Pathologe Harry Eagle entwickelte im 20. Jahrhundert das erste Basalmedium, das auch heute noch für viele normale und transformierte adhärente Zellen gebraucht wird. Mit Serum supplementiert eignet es sich für eine 5- bis 10%ige CO_2-Atmosphäre im Brutschrank.

MEM (*engl.* Minimum essential medium)
Mit Serum supplementiert eignet sich die Modifikation des BME für fast alle adhärenten Kulturen, die mit 5%iger CO_2-Atmosphäre eingesetzt werden.

DMEM (*engl.* Dulbecco's modified eagle medium)
Angereichert mit einer vielfach erhöhten Konzentration an Aminosäuren und Vitaminen stellt es eine erweiterte Form des BME dar (▌ Abb. 1). Mit Serum aufgefüllt deckt es ein breites Spektrum von adhärenten Zellen ab, die bei 10% CO_2 im Brutschrank kultiviert werden. Der Glucosegehalt variiert zwischen 1000 mg/l (Low glucose) und 4500 mg/l (High glucose).

RPMI 1640 (hergeleitet von Rosewell Park Memorial Institute)
Dieses mit Vitaminen und Aminosäuren angereicherte Medium eignet sich, supplementiert mit Serum, für eine breite Palette von Zellen (▌ Abb. 1). Es wird v. a. bei Suspensionskulturen eingesetzt.

Anhand der Farbe des Nährmediums lässt sich die Kultur beurteilen. Eine gelbe Farbe deutet auf eine überalterte Kultur oder zu hohe Kohlendioxidkonzentration hin. Ist das Medium violett gefärbt, ist dies ein Hinweis auf eine schlechte Begasung. Bei einer Trübung des Mediums besteht immer der Verdacht einer Kontamination (Bakterien, Pilze, Mykoplasmen).

▌ Abb. 1: Nährmedien DMEM und RPMI 1640. [2]

Thermostabile Medien
Medien sollten im Kühlschrank bei 4 °C gelagert werden, da viele Inhaltsstoffe, wie Vitamine und Mineralien, hitzeempfindlich sind und bei 37 °C zerfallen.

Einige Medien können mit speziellen Verfahren thermostabil gemacht werden und so mindestens ein Jahr bei Raumtemperatur gelagert werden. Kommerziell erhältlich sind derzeit die thermostabilen Varianten von RPMI 1640, Low glucose DMEM und High glucose DMEM.

Komplett- und Fertigmedien
Komplett- und Fertigmedien enthalten bereits alle wichtigen Bestandteile, die Zellen in Kultur benötigen.

Am häufigsten werden sie in der Pränataldiagnostik und in der Genetik angewendet. Aus diesem Grund stehen besonders für die Kulturen von Amniozyten, Knochenmarkszellen und Zellen des peripheren Bluts Komplettmedien zur Verfügung.

Spezialmedien
Einige Zelllinien bedürfen spezieller Kultur- und Versorgungsbedingungen. Es gibt viele Spezialmedien, die an die Bedürfnisse selten kultivierter Zelllinien angepasst sind. Beispiele sind Medien für adulte und embryonale Stammzellen, Makrophagen oder Endothelzellen.

Zellkultursupplemente

Serum
Serum ist ein unverzichtbarer Zusatz für Nährmedien. Es enthält Hormone, Aminosäuren, Vitamine, Adhäsionsmoleküle und Wachstumsfaktoren.

> Der flüssige, zellfreie Bestandteil des Bluts wird als Blutplasma bezeichnet. Plasma wird durch Zentrifugation von Blut, das vorher mit einem Gerinnungshemmer vermischt wurde, gewonnen. Im Gegensatz dazu gewinnt man Serum ohne Gerinnungsfaktoren durch das Zentrifugieren von bereits geronnenem Blut.

Serum wird je nach Bedarf in einer Konzentration von 4–25% dem geeigneten Zellmedium zugesetzt. Am häufigsten wird **fetales Kälberserum (FCS = *engl.* Fetal calf serum)** verwendet. Es wird ungeborenen Rinderfeten zwischen drittem und sechstem Monat entnommen und enthält im Gegensatz zum **Neugeborenen-Kälberserum (NCS = *engl.* Newborn calf serum)** deutlich mehr Wachstumsfaktoren, die v. a. von schnell proliferierenden Zellen dringend benötigt werden. Es besitzt aufgrund der postnatal gebildeten Immunglobuline einen deutlich höheren Proteingehalt.

Obwohl die Hersteller versuchen, Kontaminationen zu vermeiden, gelingt dies nicht immer. Das Serum wird aus Tieren gewonnen und dadurch sind nicht selten Erreger, wie Mykoplasmen, Viren oder Bakterien, enthalten.

> Serumersatz: Die größte Quelle für Kontaminationen ist das Serum. Daher wird immer wieder versucht, synthetisch einen Serumersatz herzustellen. Da jedoch die genaue Zusammensetzung des Serums nicht vollständig bekannt ist, kann das natürliche Serum bis heute nicht künstlich exakt reproduziert werden.

Aminosäuren

Im menschlichen Organismus werden 21 der insgesamt über 1000 bekannten Aminosäuren zur Proteinsynthese verwendet **(proteinogene Aminosäuren).** Man unterteilt diese in essenzielle und nichtessenzielle Aminosäuren. Die acht essenziellen Aminosäuren (Valin, Leucin, Isoleucin, Methionin, Phenylalanin, Tryptophan, Threonin und Lysin) können nicht selbst synthetisiert werden und müssen mit der Nahrung zugeführt werden. Zellen einer Zellkultur müssen daher mit essenziellen Aminosäuren versorgt werden.

Die Aminosäuren Tyrosin und Cystein werden als semi-essenziell bezeichnet, weil sie nur unter Anwesenheit von essenziellen Aminosäuren im menschlichen Körper hergestellt werden können. Da sie aus Vorstufen in der menschlichen Leber gebildet werden, stehen sie den Zellen in vitro meist nicht zur Verfügung und müssen substituiert werden.

Auch die Aminosäure Glutamin sollte Zellkulturen zugeführt werden. Sie wird normalerweise in humanen Leber- und Nierenzellen synthetisiert und besonders von schnell proliferierenden Zellen benötigt.

In den meisten Nährmedien sind alle dringlich benötigten Aminosäuren in der richtigen Konzentration enthalten und müssen nicht einzeln supplementiert werden.

Salze

Wichtiger Hauptbestandteil von Nährmedien ist **Natriumhydrogencarbonat (NaHCO₃),** ein Salz der Kohlensäure. Neben ihrer Funktion als Nahrungsquelle wirken Salze als Puffersysteme. Dadurch werden die Zellen vor pH-Schwankungen, und v. a. schnell proliferierende Zellen vor eigenen Stoffwechselabfallprodukten geschützt.

Nährmedien enthalten zudem wichtige anorganische Ionen wie **Natrium, Kalium, Magnesium, Chlorid, Phosphat, Calcium** und **Hydrogencarbonat,** die für die Funktion der Zelle eine unentbehrliche Rolle spielen. Gerade im Hinblick auf das Elektrolytgleichgewicht sind sie von enormer Bedeutung, da sie den osmotischen Druck und das Membranpotenzial regulieren und so die Zellmembran schützen.

Antibiotika

Antibiotika schützen vor Kontaminationen. Sie zerfallen bei einer Temperatur von 37 °C innerhalb von 3–5 Tagen. Daher muss das antibiotikahaltige Medium regelmäßig gewechselt werden.

Wird ein Antibiotikum zur Prophylaxe eingesetzt, sollte v. a. dessen Konzentration genau beachtet werden. Bei Unterdosierung besteht die Gefahr einer raschen Resistenzentwicklung im Sinne eines Selektionsdrucks. Werden Antibiotika überdosiert verwendet, wirkt sich dies toxisch auf die Zellen aus.

Zusammenfassung

✖ Um Zellen längerfristig zu kultivieren, benötigt man meist flüssige Nährmedien, die mit Vitaminen, Glucose und Aminosäuren angereichert sind.

✖ Blutserum ist die wichtigste Nahrungsquelle für kultivierte Zellen und damit ein unentbehrlicher Zusatz des Nährmediums. Am häufigsten wird fetales Kälberserum verwendet.

✖ Um bakteriellen Kontaminationen vorzubeugen, werden den Nährmedien häufig Antibiotika zugefügt.

✖ Salze spielen neben ihrer Funktion als Nahrungsquelle eine wichtige Rolle als Puffersystem, das die Zellen in Kulturen vor pH-Schwankungen schützt.

Kultivierung, Expansion und Lagerung

Mediumwechsel

Wie bereits beschrieben ist das Medium essenziell für das Kultivieren von Zellen in vitro. Die darin enthaltenen Nährstoffe, die für Wachstum und Vitalität wesentlich sind, werden nach und nach von den Zellen aufgebraucht. Zudem entstehen im Rahmen des Zellmetabolismus Abfallprodukte, die ins Medium abgegeben werden. Aus diesen Gründen muss das Medium in einer Zellkultur regelmäßig ausgewechselt werden.

Bei adhärent wachsenden Zellen wird es dazu mit einer Pasteurpipette abgesaugt und anschließend frisches Medium hinzugefügt. Bei einem Medium von Suspensionskulturen würden die Zellen bei diesem Vorgang mit verloren gehen. Daher wird ein Teil der in Suspension wachsenden Zellen abgenommen und verworfen oder in ein zweites Kulturgefäß überführt (Subkultur, s. u.). Das abgenommene Volumen wird anschließend mit Medium wieder aufgefüllt.

Wie oft das Medium in einer Zellkultur gewechselt werden muss, hängt vom Stoffwechsel und der Wachstumsgeschwindigkeit der Zellen ab.

> Um das Risiko der Kontamination möglichst gering zu halten, sollte stets aseptisch und unter der Sicherheitswerkbank gearbeitet werden.

Subkulturen

Das Überführen von Zellen in ein neues, zweites Zellkulturgefäß bezeichnet man als Anlegen einer Subkultur (auch Splitten von *engl.* to split = aufteilen). Wie oft Zellen subkultiviert werden müssen, hängt von ihrer Wachstumsgeschwindigkeit und ihrem Metabolismus ab. Auch die **Fähigkeit der Kontakthemmung** spielt dabei eine wichtige Rolle. Die Kontakthemmung ist definiert als die Eigenschaft von Zellen, ihr Wachstum einzustellen und in die Go-Phase überzugehen, sobald ihre Zellmembran eine andere Zellmembran berührt.

Primärkulturen und nichttransfomierte Zellen stoppen ihr Wachstum mit dem Erreichen der Konfluenz. Im Gegensatz dazu wachsen konfluente, transformierte Zellen und Tumorzellen ungehindert weiter. Viele Zellen sterben dann aufgrund des nunmehr knappen Nährstoffangebots ab und verschlechtern ihre Umgebung durch die abgestorbenen Zellfragmente, die das Kulturmedium verschmutzen, noch mehr.

Des Weiteren entsteht in der Zellkultur aufgrund der allmählich schlechteren Bedingungen ein gewisser Selektionsdruck, der die Zellen in ihrer Morphologie und ihren Eigenschaften verändern kann. Auch deshalb sollte die Zellkultur in regelmäßigen Abständen geteilt werden.

Allgemein lässt sich sagen, dass Subkulturen dann angelegt werden sollten, wenn sich die Zellen bis auf **70–80 %** des ihnen zur Verfügung stehenden Raums ausgebreitet haben.

Zellen, die in Suspension wachsen, lassen sich sehr einfach aufteilen. Je nach Splitting-Verhältnis wird ein Teil der Suspension abgenommen und entsorgt oder in ein neues Zellkulturgefäß überführt – also subkultiviert – und die verbleibenden Zellen mit frischem Medium versorgt. Adhärente Zellen sind durch Verankerungsmechanismen, die den physiologischen Zell-Matrix-Verbindungen sehr ähnlich sind, fest am Boden der Zellkulturflasche angeheftet. Deshalb müssen sie zunächst mechanisch oder enzymatisch von ihrer Unterlage gelöst werden. Dieses Lösen der Zellen nennt man **Detachment.**

Detachment

Enzymatisch
Trypsin
Da Proteine für die Anheftung der Zellen an die Zellkulturflaschen hauptverantwortlich sind, benutzt man v. a. die **Protease** Trypsin zum Lösen der Zellen. Das Enzym Trypsin katalysiert die Spaltung von Peptiden und Proteinen. Es wird aus dem Pankreas von Schweinen gewonnen und sollte bei −20 °C gelagert werden. Da das mehrmalige Auftauen und Einfrieren die Enzymaktivität deutlich herabsetzt, empfiehlt sich die Lagerung von Trypsin in kleinen Aliquots (Proben).

Ihr Wirkungsmaximum erreicht die Protease bei 37 °C und einem pH-Wert von 7,5 – 8,5. Normalerweise werden Trypsinkonzentrationen von 0,1 – 0,25 % verwendet. Die Protease sollte einige Minuten auf die Zellen einwirken (2 – 10 min, je nach Zelllinie). Man erkennt die ideale Einwirkzeit daran, dass der Großteil der Zellen dann losgelöst im Überstand schwimmt (❙ Abb. 1).

Da das Serum, das im Nährmedium enthalten ist, die Trypsinaktivität herabsetzt, sollte das Medium vor der Behandlung unbedingt abgesaugt, und der Zellrasen danach einmal kurz mit PBS ausgewaschen werden.

Haben sich die Zellen von der Zellkulturflasche gelöst, wird die Trypsinierung durch Zugabe von Nährmedium gestoppt. Es besteht auch die Möglichkeit, **Trypsininhibitoren** zu verwenden, die aus Pflanzen (z. B. Sojabohne) gewonnen werden. Wirkt das Trypsin zu lange

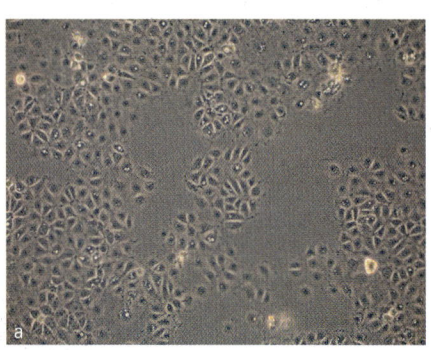
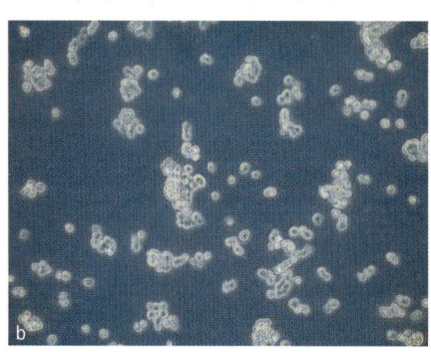

❙ Abb. 1: Detachment einer Hepatoblastomzelllinie mit Trypsin. [2]
a) Zellen vor der Trypsininierung.
b) Abgerundete Zellen während der Typsinbehandlung.

auf die Zellen ein, besteht die Gefahr einer Beschädigung der Oberflächenantigene.

Trypsin-EDTA

Durch Zugabe von EDTA wird Trypsin angesäuert. Dadurch kann der zeitliche Ablauf der Trypsinierung beschleunigt werden.

Accutase

Accutase zählt zu den neueren Produkten, die zum Lösen von Zellen benutzt werden. Die Mischung aus **proteolytischen** und **kollagenolytischen** Enzymen wird aus Invertebraten gewonnen. Die Einwirkzeit auf Zellen ist mit 5–25 min etwas länger als die von Trypsin, allerdings ruft Accutase keine Schädigung der Oberflächenmoleküle hervor. Deren kollagenolytischen Eigenschaften sind besonders von Vorteil, wenn Stütz- und Bindegewebszellen in Kultur gehalten werden, da ihr Anteil an Kollagen besonders hoch ist. Auch muss die Accutasereaktion nicht durch Zugabe serumhaltigen Nährmediums gestoppt werden.

Mechanisch
Shake off

Das **Shake-off-Verfahren** (*engl.* to shake off = abschütteln, abklopfen) stellt eine sehr sanfte Methode dar, Zellen vom Boden der Zellkulturflasche zu lösen. Dabei wird mehrmals leicht mit dem Finger gegen die Wachstumsseite des Zellkulturgefäßes geklopft. Die dadurch abgelösten Zellen können abgesaugt und in eine neue Zellkulturflasche überführt werden, während die Zellen, die sich nicht gelöst haben, weiter kultiviert werden können.
Zusätzlich zu enzymatischen Detachmentmethoden ist das Shake-off-Verfahren durchaus hilfreich. Allerdings ist es nur für Zellen geeignet, die sehr schwach an ihrer Wachstumsfläche anhaften.

Rubber policeman

Dieser **Gummischaber** (■ Abb. 2) stellt eine weitere Möglichkeit dar, adhärente Zellen von der Wachstumsseite des Zellkulturgefäßes zu lösen. Aufgrund der mechanischen Belastung durch auftre-

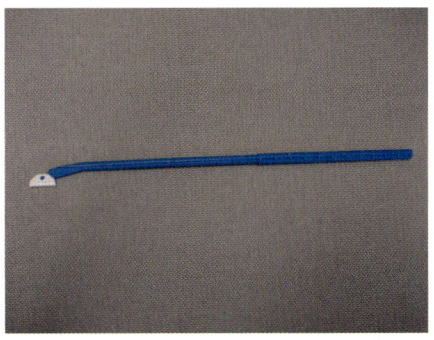

■ Abb. 2: Rubber policeman. [2]

tende Scherkräfte, sollte der Gummischaber nur in absoluten Ausnahmefällen verwendet werden. Ein Beispiel sind sehr stark haftende Tumorzellen.

Kryokonservierung und Langzeitlagerung

Das Aufbewahren von Zellen in flüssigem Stickstoff nennt man Kryokonservierung. Hierzu werden zwischen 10^6–10^7 Zellen/ml Einfriermedium in spezielle Kryoröhrchen überführt. Das Einfriermedium enthält neben normalem Nährmedium (75–80 %) und Serum (15–20 %) zusätzlich Gefrierschutzmittel (10 %). Hierbei handelt es sich meist um Glycerin oder DMSO (Dimethylsulfoxid). Ohne Gefrierschutzmittel würden die sich bildenden Kristalle schon bald alle Zellzwischenräume ausfüllen. Beim Auftauen würden dann die meisten Zellen den enormen Druck, der auf sie einwirken würde, nicht überleben. Durch Zugabe eines **Kryoprotektivums,** wie Glycerin und

DMSO, bilden sich neben deutlich kleineren Kristallen Kanäle und Ausbuchtungen aus, die den Zellen Schutz bieten.

> Die Kryoröhrchen sollten nur bis zum Eichstrich gefüllt werden. Bei zu kleinem Volumen dringt zu viel Stickstoff in die Probe. Dieser entweicht während des Auftauens zu schnell und das Kryoröhrchen explodiert.

Die gefüllten Kryoröhrchen werden in einem mehrstufigen Prozess in den flüssigen Stickstoff überführt. Zunächst sollten die Proben für 1–2 h bei –20 °C aufbewahrt werden. Über Nacht sollten die Röhrchen dann bei –80 °C gelagert werden, bevor sie am Folgetag in flüssigen Stickstoff (–196 °C) überführt werden. Dort können sie bis zum Auftauen lagern. Eine Alternative zum flüssigen Stickstoff stellen Ultratiefkühltruhen dar, die Temperaturen bis –152 °C erreichen und damit einen sicheren Aufbewahrungsort für Zellen bilden.

Zusammenfassung

✖ Der regelmäßige Mediumwechsel ist die Grundvoraussetzung für eine vitale und stabile Zellkultur.

✖ Regelmäßig muss ein Teil der Zellen in ein neues Zellkulturgefäß überführt oder entsorgt werden (Subkulturen), um optimale Kulturbedingungen beizubehalten.

✖ Zum Lösen der Zellen von ihrer Wachstumsunterlage (Detachment) gibt es enzymatische (Trypsin, Trypsin/EDTA, Accutase) und mechanische (Shakeoff, Rubber policeman) Methoden.

✖ In flüssigem Stickstoff können Zellen, die in ein spezielles Einfriermedium überführt wurden, lange Zeit gelagert werden. Dieses Verfahren nennt man Kryokonservierung.

Kontamination

Kontaminationen in der Zellkultur werden unterschätzt, denn sie treten sehr häufig auf und führen i. d. R. zum kompletten Verlust der Kultur. Die Ursachen sind zahlreich, und oft ist es unmöglich, die Infektionsquelle auszumachen. Eine sterile Arbeitsweise und regelmäßige Kontrollen der verwendeten Medien, Lösungen, Geräte und Gefäße dezimieren allerdings die Wahrscheinlichkeit einer Kontamination erheblich. Am häufigsten handelt es sich um eine Mykoplasmen-Kontamination. Manchmal sind auch Bakterien oder Pilze Ursache einer Infektion. Eine virale Kontamination tritt so gut wie nie auf.

Bakterien

Mykoplasmen

Mykoplasmen sind kleine Bakterien, die beim Menschen meist Infektionen des Atmungs- und Urogenitaltrakts hervorrufen. Im Gegensatz zu normalen Bakterien besitzen sie jedoch keine eigene Zellwand und haben eine deutlich geringere Größe. Sie vermehren sich intrazellulär und ernähren sich parasitär von ihrer Wirtszelle.

Da im Medium einer Zellkultur viele Nährstoffe im Überfluss vorkommen, bestehen hier optimale Wachstumsvoraussetzungen für Mykoplasmen.

Ist eine Zellkultur befallen, bleibt das meist längere Zeit unbemerkt. Erst wenn die Mykoplasmen die Zellen überwachsen, treten typische morphologische Veränderungen auf. Die Zellen wachsen **weniger adhärent,** sie erscheinen **abgerundet** und die intrazellulär wachsenden Mykoplasmen werden als **dunkle Punkte** erkennbar.

Nachweismethoden

DNA-bindende Fluoreszenzfarbstoffe Um eine Kontamination mit Mykoplasmen nachzuweisen, kann deren DNA mit DNA-bindenden Fluoreszenzfarbstoffen, wie DAPI, nachgewiesen werden. Durch Zugabe von DAPI entstehen DAPI-DNA-Komplexe, die im Fluoreszenzmikroskop detektiert werden können. Die Unterscheidung zwischen der angefärbten DNA der Zellen in Kultur und der Mykoplasmen ist nicht einfach und bedarf Erfahrung. Die Anfärbung mit DAPI führt zu stark fluoreszierenden Zellkernen. Eine zytoplasmatische Fluoreszenz ist bei nichtkontaminierten Kulturen nicht nachzuweisen. Liegt jedoch eine Mykoplasmen-Kontamination vor, werden im Fluoreszenzmikroskop vereinzelte zytoplasmatische Anfärbungen sichtbar. Dabei handelt es sich um die Mykoplasmen, die deutlich kleiner sind als die normalen Zellen einer Kultur.

PCR Im Gegensatz zur Anfärbung mit DNA-bindenden Fluoreszenzfarbstoffen liefert der Nachweis der Mykoplasmen-DNA durch die Polymerase-Kettenreaktion besser reproduzierbare und sensitivere Ergebnisse. Des Weiteren lässt sich so die Art der Mykoplasmen bestimmen.

Weitere Möglichkeiten, um Mykoplasmen-Kontaminationen aufzudecken, bietet der Enzyme-linked immunosorbent assay (ELISA), der den Nachweis Mykoplasmen-spezifischer Enzyme und die mikrobiologische Kultivierung der Mykoplasmen im Brutschrank erlaubt. Dabei können jedoch nicht alle Mykoplasmen-Arten detektiert werden. Zudem sind bei der Enzymuntersuchung durch den zusätzlichen Befall anderer Bakterien falsch-positive Ergebnisse möglich. Darüber hinaus kann man nicht alle Mykoplasmen-Stämme kultivieren. Daher ist die Methode der Wahl zur Detektion von Mykoplasmen in Zellkulturen bis heute die PCR.

Um eine Ausbreitung der Infektion zu vermeiden, sollte die ganze Zellkultur radikal entsorgt werden. Dies ist jedoch nicht immer möglich. In solchen Fällen, sollte eine antibiotische Therapie begonnen werden, welche die Mykoplasmen eliminiert.

Die Wahl des Antibiotikums hängt von der Zelllinie und der Art der Mykoplasmen ab. Auch die Tatsache, wie lange das Antibiotikum unter Zellkulturbedingungen stabil bleibt, und wie hoch die Wahrscheinlichkeit von Resistenzbildungen ist, beeinflusst die Auswahl. Häufig werden **Ciprofloxacin, Tiamulin** und **Minocylin** verwendet. Eine Behandlung von einigen Tagen führt i. d. R. zum kompletten Verschwinden der Kontamination.

Eine dauerhafte Behandlung mit Antibiotika ist erfahrungsgemäß nicht optimal, da Kontaminationen zwar unterdrückt, nicht aber eliminiert werden. Setzt man dennoch ein prophylaktisches Antibiotikum ein, muss die Konzentration exakt beachtet werden. Bei Überdosierung kann das Antibiotikum toxisch auf die kultivierten Zellen wirken, wird es unterdosiert, ist die Gefahr der Resistenzentwicklung aufgrund des einwirkenden Selektionsdrucks hoch.

Weitere

Eine Kontamination durch Bakterien lässt sich optisch häufig leicht erkennen. Eine **Trübung** oder ein **flockiger Inhalt** des Nährmediums deuten fast immer darauf hin. Ist das Medium zusätzlich noch **gelblich** gefärbt, ist dies ein Zeichen, dass die Bakterien bereits alle im Medium enthaltenen Nährstoffe verbraucht haben und das Milieu durch den bakteriellen Metabolismus **sauer** geworden ist. Im Mikroskop lassen sich bei starkem Befall die meist stäbchenförmigen, beweglichen Bakterien eindeutig detektieren.

Bei einer bakteriellen Verdopplungszeit von unter 30 min und der Gefahr der Ausbildung von **L-Formen** ist eine antibiotische Therapie unter diesen Umständen aussichtslos und die betroffene Kultur muss entsorgt werden.

Wurde eine Kontamination festgestellt, sollte überprüft werden, ob diese auf die Zellkultur begrenzt, oder auf eine kontaminierte Substanz oder kontaminiertes Nährmedium zurückzuführen ist. Die Gefahr, dass andere Zellkulturen ebenfalls von Bakterien befallen sind, ist dann sehr groß.

Eine sterile Arbeitsweise ist essenziell für die Vermeidung von Kontaminationen. Ebenfalls sollten die benutzten Substanzen, Nährmedien und Puffer und auch Brutschränke und Wasserbäder regelmäßig auf Sterilität überprüft werden.

L-Formen

Bestimmte Bedingungen, beispielsweise eine hohe Antibiotikakonzentration im Kulturmedium, können dazu führen, dass normale Bakterien ihre Zellwand verlieren und dann morphologisch den Mykoplasmen sehr ähnlich sind. Diese neue Gestalt der Bakterien nennt man L-Form (benannt nach dem Lister-Institut in London, an dem die zellwandlosen Bakterien zum ersten Mal beschrieben wurden). Sie sind aufgrund der Größe schwer zu erkennen. Viele Antibiotika, wie Penicilline, welche die Zellwand der Bakterien angreifen, verlieren ihre Wirkung. Nach Abfall des Antibiotikums im Kulturmedium sind L-Formen in der Lage, ihre Zellwand erneut auszubilden und weiterzuwachsen. Im Mikroskop erkennt man sie daran, dass sie Schlieren oder feinste Netzwerke bilden.

Nanobakterien

Die Detektion einer Kontamination mit Nanobakterien gestaltet sich deutlich schwieriger. Über sie ist nur sehr wenig bekannt und sie sind zudem schwer nachweisbar. Nanobakterien wurden erstmals 1994 beschrieben. Bislang weiß man nicht, ob es sich tatsächlich um eigentliche Bakterien handelt, da sie die Größe von Viren haben und keine DNA im Inneren der Nanobakterien dokumentiert werden konnte. Sie sind äußerst **widerstandsfähig** und besitzen eine **sehr dicke Zellwand**. Nanobakterien vermehren sich allerdings deutlich langsamer als normale Bakterien. Aus diesem Grund überwachsen sie in den wenigsten Fällen die Zellkultur. Nur in sehr hohen Konzentrationen haben sie Auswirkungen auf das Wachstum und das Verhalten der kultivierten Zellen. Man kann dann, ähnlich wie bei einer Mykoplasmen-Kontamination, **vaskuolisierte, schlecht adhärente** Zellen beobachten, die sich durch ein schlechtes Wachstum oder apoptotische Veränderungen auszeichnen. Der sensitivste Test zum Nachweis in Zellkulturen ist ein **ELISA** mit monoklonalen Antikörpern gegen Nanobakterien.

Die Kontamination mit Nanobakterien kann, im Gegensatz zum Befall mit „normalen" Bakterien, beseitigt werden. Verschiedene Hersteller bieten dafür spezielle Produkte an.

Pilze

An den langen Hyphen sind Pilzinfektionen schnell und einfach zu erkennen. Durch Zugabe eines Antimykotikums kann versucht werden, die Infektion zu beseitigen. Sieht man hingegen Fasergebilde in der Zellkultur, ist das ein sicheres Zeichen dafür, dass die Pilze bereits in großem Umfang Sporen gebildet haben. Da sich diese in der Luft verteilen, wenn die Zellkulturflasche geöffnet wird, sollte die betroffene Kultur unbedingt verworfen werden.

Hefen

Hefen sind Mikroorganismen, die zu den einzelligen Pilzen zählen. Eine Hefekontamination ist daran zu erkennen, dass die einzelnen ovalen oder runden Hefezellen sich vermehren und sich dann in kleinen Reihen zusammenlagern („**Perlenkette**"). Zur Beseitigung einer Hefekontamination eignen sich Antimykotika. Hierbei muss allerdings beachtet werden, dass diese toxisch auf die Zellen einwirken und nur kurzfristig verwendet werden sollten.

Zusammenfassung

✖ Kontaminationen sind ein sehr häufiges Problem und sollten nicht unterschätzt werden, da sie das Wachstum und das Verhalten der betroffenen Zellkultur beeinflussen.

✖ Am häufigsten handelt es sich um Mykoplasmen-Infektionen. Die kleinen zellwandlosen Bakterien rufen typische Zellkulturveränderungen hervor (weniger adhärente Zellen, intrazelluläre kleine dunkle Punkte). Am sensitivsten gelingt der Mykoplasmen-Nachweis durch eine PCR.

✖ Bakterien-Kontaminationen erkennt man an einem gelblichen, trüben, manchmal flockigen Nährmedium. Bakteriell kontaminierte Kulturen sollten entfernt werden, weil sich die Bakterien zu schnell vermehren und bei Antibiotika-Behandlung die Gefahr der L-Form-Ausbildung gegeben ist.

✖ L-Formen sind modifizierte Bakterien, die ihre Zellwand verloren haben, z. B. durch die Präsenz eines Antibiotikums. Fällt das Antibiotikum weg, sind sie in der Lage, ihre Zellwand wieder auszubilden.

✖ Nanobakterien sind sehr kleine „Bakterien", welche die Größe von Viren haben. Sie wachsen nur sehr langsam und stellen selten eine echte Gefahr für die Zellkultur dar. Sie werden sensitiv durch einen ELISA detektiert und können durch verschiedene Substanzen eliminiert werden.

✖ Pilze und Hefen sind in einer Zellkultur aufgrund ihrer eindeutigen Morphologie (Hyphen, Perlenkette) gut zu erkennen. Sie können durch Antimykotika beseitigt werden. Haben sich allerdings in großem Umfang Pilzsporen ausgebildet, sollte die Kultur verworfen werden.

Untersuchung der Zellviabilität

Definition

Die Zellviabilität beschreibt die Lebensfähigkeit aller Zellen einer Population. Diese Gesamtaktivität lässt sich mit verschiedenen Methoden bestimmen und ist wichtiger Bestandteil zur Qualitätseinschätzung einer Zellkultur.

> Durch verschiedene Viabilitätsmessungen lässt sich der vitale Anteil der Zellen in einer Kultur bestimmen. Dies kann z. B. nach Anlegen einer Subkultur sinnvoll sein, bei Verdacht auf schlechte Kulturbedingungen, Kontaminationen oder aber im Rahmen der Testung eines zytotoxischen Stoffs.

Trypanblaufärbung

Im Gegensatz zu vitalen Zellen nehmen abgestorbene Zellen den anionischen **Diazofarbstoff** Trypanblau (auch **Benzaminblau**) auf und werden dadurch dunkelblau angefärbt. Aufgrund seiner Größe kann der Farbstoff die Membran vitaler Zellen nicht passieren. Bei abgestorbenen Zellen ohne intakte Membran gelangt Trypanblau ins Zytoplasma und bindet als Anion an Proteine.

Bei zu langer Einwirkzeit entfaltet Trypanblau allerdings **zytotoxische** Eigenschaften. Daher muss die Auswertung unmittelbar nach Zugabe des Farbstoffs erfolgen.

Die Auswertung erfolgt **lichtmikroskopisch** durch **Auszählung** der vitalen und der abgestorbenen Zellen in der Zählkammer (s. S. 106/107). Dabei lassen sich die dunkelblau angefärbten toten Zellen gut von den hell leuchtenden vitalen Zellen abgrenzen.

MTT-Assay

Der MTT-Assay beruht auf der enzymatischen Aktivität vitaler Zellen. Nur in metabolisch aktiven Zellen können zugegebene **gelbe Tetrazoliumsalze** NADH-abhängig von Enzymen des endoplasmatischen Retikulums gespalten werden. Dabei entsteht wasserunlösliches **dunkelblaues Formazan.** Die Farbintensität des Formazans kann photometrisch bestimmt werden und steht in direkt proportionalem Verhältnis zur Anzahl metabolisch aktiver Zellen.

Beim MTT-Assay handelt es sich beim zugegebenen Tetrazoliumsalz um **3-(4,5-Dimethylthiazol-2-yl-)2,5-diphenyltetrazoliumbromid.** Das entstehende wasserunlösliche dunkelblaue Formazan muss durch Alkohol löslich gemacht werden, um die Intensität photometrisch messen zu können.

Eine neue Alternative zu MTT ist das Tetrazoliumsalz **XTT** (Natrium-3,3'-(1-phenylaminocarbonyl-)3,4-tetrazolium-bis-(4-methoxy-6-nitro)benzensulphonsäure). Hierbei entsteht ein **orangefarbenes, lösliches Formazan,** dessen Intensität direkt photometrisch gemessen werden kann.

LDH-Messung

Das Prinzip der LDH-Messung beruht auf der herabgesetzten Integrität der Membran nicht mehr vitaler Zellen. Bei starker Zellmembranschädigung kann sie selbst von sehr großen Molekülen, wie der **Lactat-Dehydrogenase (LDH)** passiert werden, die dann extrazellulär vorliegen. Im LDH-Assay wird die Aktivität der extrazellulären LDH quantifiziert. Dies kann z. B. bei der Ermittlung der zytotoxischen Potenz eines Stoffs hilfreich sein. Durch Zugabe von Lactat, NAD^+, NADPH-Dehydrogenase und dem Tetrazoliumsalz **INT (Jodtetrazolchlorid)** kann die Reaktion gestartet werden. Die extrazellulär vorliegende LDH katalysiert mit NAD^+ die Umwandlung von Lactat zu Pyruvat (■ Abb. 1). Das dabei entstehende $NADH + H^+$ wird als Co-Enzym für die Reduktion des gelben INT zu einem **roten Formazansalz** benötigt.

Dieser rote Farbumschlag wird photometrisch gemessen und ist damit direkt proportional zur Anzahl der permeabilisierten Zellen.

WST-1-Assay

Ähnlich dem Prinzip des MTT-Assays beruht auch das Prinzip des WST-1-Assays auf einer Reduktion eines Tetrazoliumsalzes in ein stark gefärbtes Formazan. Nur Zellen mit einer intakten Atmungskette sind in der Lage, das schwach rote WST-1(4-[3-(4-Iodophenyl)-2-(4-nitrophenyl)-2H-5-tetrazolio]-1,3-benzol-disulfonat) durch **mitochondriale Dehydrogenasen** zu reduzieren. Das dabei entstehende **stark rote Formazan** wird photometrisch gemessen und ist ein direktes Maß für die Anzahl vitaler Zellen.

Calcein-AM-Färbung

Calcein-AM (Calcein-**A**cetoxy**m**ethylester) wird zur Markierung vitaler Zellen verwendet. Es passiert deren intakte Membran. Intrazellulär wird dessen Acetoxymethyl-Gruppe durch **Esterasen** enzymatisch abgespalten. Das dabei entstehende Calcein, ein starker grüner

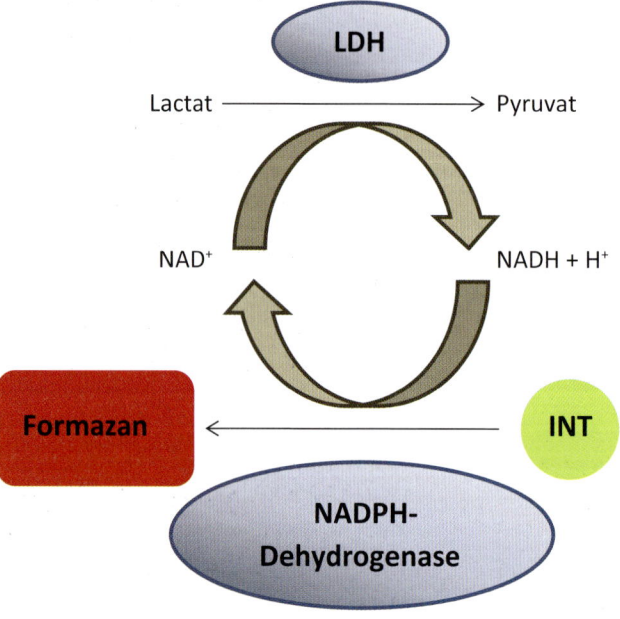

■ Abb. 1: Prinzip des LDH-Assays. [2]

Fluoreszenzfarbstoff, bindet intrazellulär liegende Calcium-Ionen. Die gebildete intensive Fluoreszenz wird histologisch oder durchflusszytometrisch detektiert. Abgestorbene Zellen enthalten keine intakten Esterasen mehr, daher fluoreszieren nur vitale Zellen. Um tote Zellen deutlicher von vitalen Zellen zu unterscheiden, wird häufig ein zweiter roter Fluoreszenzfarbstoff eingesetzt: **Ethidium Homodimer 1 (EthD-1).** Dieser passiert die beschädigte Zellmembran und bindet intrazellulär an Nukleinsäuren. So können abgestorbene Zellen rot gefärbt werden.

Mitoseindex

Definition
Der Quotient aus sich teilenden Zellen und der Zahl aller Zellen wird als Mitoseindex bezeichnet.

$$\text{Mitose-index (MT)} = \frac{\text{Anzahl mitotischer Zellen}}{\text{Gesamtanzahl der Zellen}}$$

Der normale Mitoseindex ist von fast allen Gewebetypen bekannt. Weicht der ermittelte Teilungsindex nach unten ab, kann das auf Kontaminationen, schlechte Kulturbedingungen oder die Potenz eines zytotoxischen Stoffs hindeuten. Liegt der Mitoseindex deutlich höher, ist das ein Hinweis auf eine tumorartige Veränderung der Zellen.

Fixierung und Färbung der Chromosomen
Nur in mitosefähigen und damit vitalen Zellen gelingt die Darstellung von Chromosomen, da diese nur in der Metaphase der Mitose als solche sichtbar werden.
Durch Zugabe des Gifts **Colchicin** der Herbstzeitlosen wird der Teilungsprozess der Zellen in der Kultur gestoppt (▌ Abb. 2). Es fungiert als **Spindel-Gift,** da es durch Bindung an Tubulin die Ausbildung des Spindelapparats blockiert.
Anschließend werden die Zellen durch Zugabe einer **Methanol-Essigsäure-Mischung** fixiert. Diese Fixierung bewirkt eine Härtung der Membran und des Chromatins und garantiert den Erhalt der Gewebestruktur. Fixierte Zellen können problemlos bei −20 °C oder

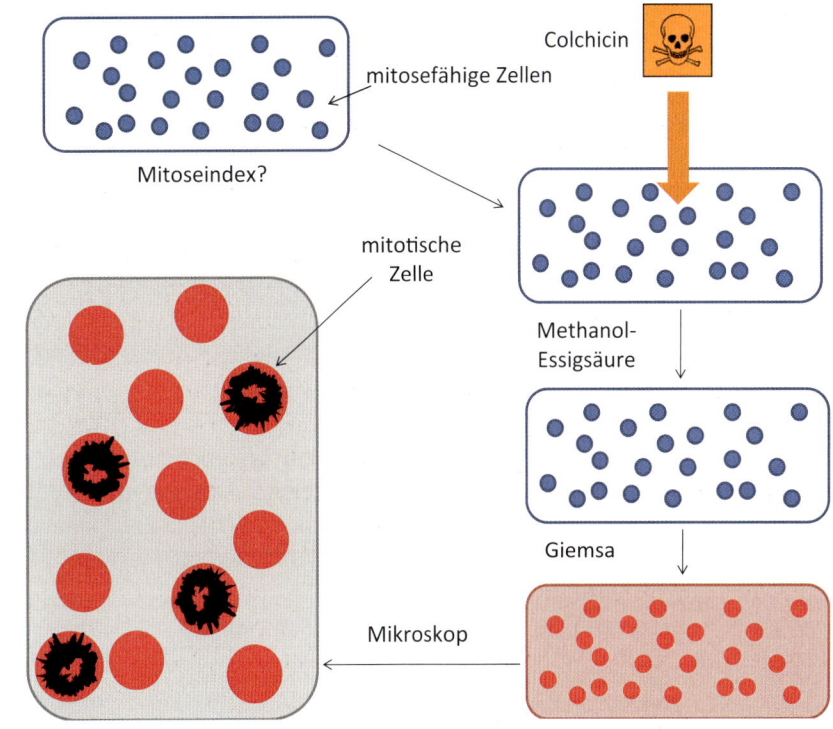

▌ Abb. 2: Schematische Darstellung der Chromosomenfärbung. [2]

−80 °C für längere Zeit gelagert werden.
Zur Betrachtung im Mikroskop werden die fixierten Zellen in einer **Giemsa-Lö**sung (auch: Azur-Eosin-Methylenblau-Lösung) gefärbt. Zur Erstellung des mitotischen Index zählt man die Zellen dann mikroskopisch aus.

Zusammenfassung
✖ Der Diazofarbstoff Trypanblau passiert nur die geschädigte Zellmembran abgestorbener Zellen und färbt diese dunkelblau an.

✖ Das Prinzip des MTT-Assays beruht auf der Reduktion von zugegebenen Tetrazoliumsalzen durch Enzyme des ER in metabolisch aktiven Zellen. Die Farbintensität des dabei entstehenden dunkelblauen Formazans wird photometrisch gemessen und ist ein direktes Maß für die Anzahl stoffwechselaktiver Zellen.

✖ Ähnlich dem MTT-Assay beruht auch der WST-1-Assay auf der Reduktion von Tetrazoliumsalzen. Allerdings wird die Reaktion hierbei von mitochondrialen Enzymen katalysiert. Dabei werden also nur Zellen mit intakter Atmungskette detektiert.

✖ Im LDH-Assay wird die Aktivität der extrazellulären LDH quantifiziert. Die LDH passiert die Zellmembran nur bei starker Schädigung und liegt dann extrazellulär vor.

✖ Die Calcein-AM-Färbung dient der Ermittlung vitaler Zellen. Nur durch die Aktivität von Esterasen kommt es zur Fluoreszenz. Da abgestorbene Zellen keine aktiven Enzyme mehr besitzen, fluoreszieren nur lebende Zellen.

✖ Zur Ermittlung des Mitoseindex wird der Verlauf der Mitose des Spindelgifts Colchicin gestoppt. Anschließend werden die Zellen fixiert und gefärbt.

Untersuchung der Apoptose

Untersuchungen zur Apoptose sind in den letzten Jahren zu einem bedeutenden Bestandteil der wissenschaftlichen Forschung geworden. Eine ungezügelte Vermehrung entarteter Zellen spielt während der Tumorentstehung eine ebenso wichtige Rolle wie eine beeinträchtigte Fähigkeit zur Apoptose. Aus diesem Grund werden die Möglichkeiten zur Apoptoseinduktion durch neue Medikamente intensiv untersucht. Krankheiten wie Morbus Alzheimer und multiple Sklerose sind u. a. durch eine erhöhte Apoptoserate gekennzeichnet. Und auch für das Absterben der Immunzellen bei HIV ist die Apoptose verantwortlich. Wissenschaftliches Ziel ist es, auch hierfür Medikamente zu entwickeln, die die verstärkte Apoptose blockieren können.

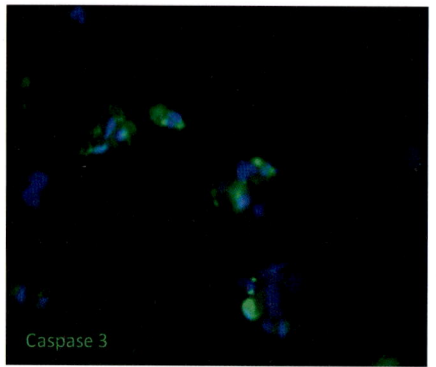

■ Abb. 1: Caspase-3-positive Zellen im Immunfluoreszenzmikroskop. Während der Kern aller Zellen durch den DNA-Farbstoff DAPI blau angefärbt wurde, erscheinen die aktiven Caspasen apoptotischer Zellen grün. Auf diese Weise lassen sich vitale von apoptotischen Zellen unterscheiden. [2]

Caspase-Färbung

Wie bereits beschrieben, spielen **Caspasen** eine wesentliche Rolle während der Apoptose (s. S. 10/11). Für die Einleitung und schließlich die Ausführung der Apoptose ist eine komplexe Enzymkaskade verantwortlich, an deren Ende die Aktivierung der Cystein-Aspartase Caspase 3 steht (■ Abb. 1).
Mittels direkten und indirekten immunhistologischen Färbungen können Zellen auf verschiedene Caspase-Aktivitäten

hin untersucht werden (s. S. 92/93). Auf diese Weise kann der apoptotische Prozess nachgewiesen werden.

TUNEL-Färbung

Während der Apoptose wird die genomische DNA durch die Aktivität von Endonukleasen in charakteristische Fragmente gespalten. 1992 wurde erstmals eine histologische Färbungsmethode beschrieben, mit der sich solche DNA-Fragmente darstellen lassen: die TUNEL-Methode (**t**dT-mediated d**U**TP-biotin **n**ick **e**nd **l**abeling). Die **t**erminale **D**eoxynucleotidyl-**T**ransferase (tDT) bindet spezifisch an den an den Bruchenden freien Hydroxylgruppen (3'-OH-Enden). Daraufhin werden **modifizierte Nukleotide** (**dUTP** = biotinyliertes

Deoxyuridin in die DNA-Strangbrüche eingebaut (■ Abb. 2). Diese können dann durch Bindung eines Antikörpers immunhistologisch dargestellt und mikroskopisch (**Immunfluoreszenzmikroskop**) oder durchflusszytometrisch (**FACS;** s. S. 84/85) ausgewertet werden.

Annexin-V-Färbung

Phosphatidylserin (PS) befindet sich normalerweise auf der zytoplasmatischen Innenseite der Zellmembran. Während des apoptotischen Prozesses kommt es zur Translokation des PS auf die Außenseite der Zellmembran. Annexin V ist ein Ca^{2+}-abhängiges Protein, das PS mit einer sehr hohen Affinität bindet. Daher eignet sich Annexin V zur

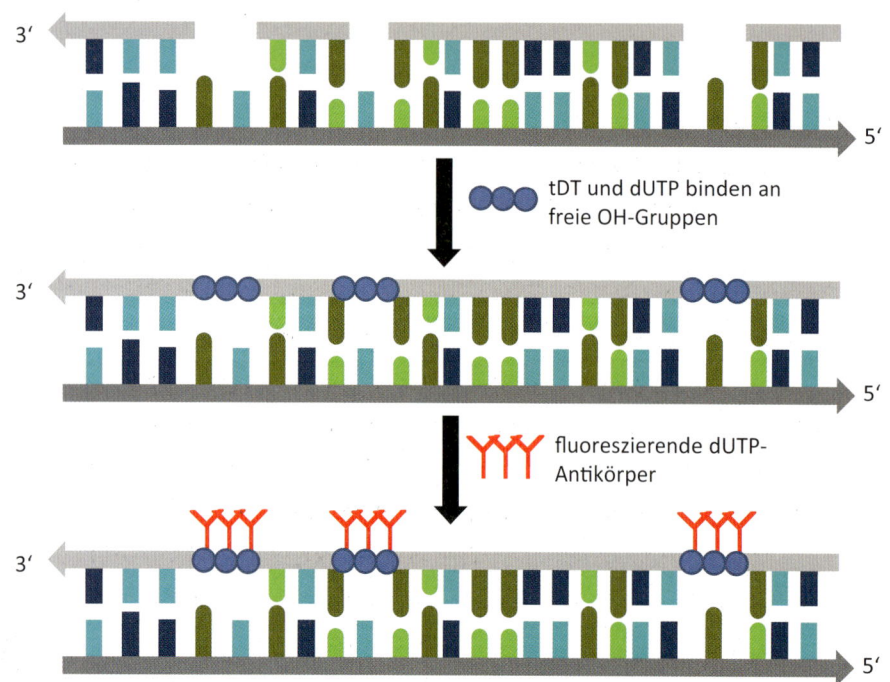

tDT und dUTP binden an freie OH-Gruppen

fluoreszierende dUTP-Antikörper

■ Abb. 2: TUNEL-Methode (schematisch). [2]

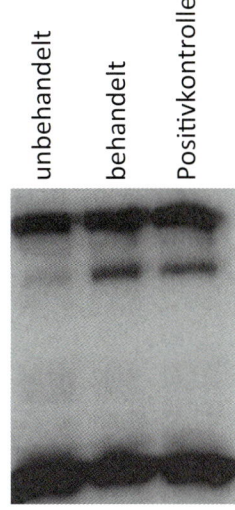

unbehandelt · behandelt · Positivkontrolle

PARP 116 kD
Cleaved PARP 89 kD

β-actin 43 KD (House-keeping-Gen als Expressionskontrolle)

■ Abb. 3: Western-Blot mit positiver Cleaved PARP-Bande als sicheres Zeichen für Apoptose. Behandelt wurden die Zellen mit einem Apoptose-induzierenden Medikament. [2]

Detektion von apoptotischen Zellen. Durch die Markierung von Annexin V mit **FITC (Fluoresceinisothiocyanat),** einem fluoreszierenden Farbstoff, lassen sich die Zellen dann durchflusszytometrisch oder immunohistologisch detektieren.

Bei nekrotischen Zellen kann Annexin V ebenfalls an PS binden, da es während der Nekrose zu einer Permeabilisierung der Zellmembran kommt und Annexin V an die zytoplasmatische Innenseite gelangt. Daher kann man mit einer zweiten Färbung apoptotische und nekrotische Zellen differenzieren. **Propidiumjodid** oder **7-Aminoactinomycin (7-AAD)** sind Farbstoffe, welche die DNA von toten Zellen anfärben. Zellen, die sich im apoptotischen Prozess befinden, lassen sich nur mit Annexin V färben. Zellen, die durch Nekrose zugrunde gegangen sind, oder die sich in einem sehr späten Apoptosestadium befinden, kann man zusätzlich mit DNA-Farbstoffen sichtbar machen.

PARP

PARP (Poly-(ADP-Ribose-)Polymerase) ist ein Enzym, das sich im Zellkern befindet und dort die DNA-Reparatur katalysiert. Die proteolytische Spaltung von PARP in zwei Bruchstücke durch Caspase 3 ist ein wichtiger Teilschritt während der Apoptose. PARP verliert dadurch seine Funktion und kann DNA-Brüche nicht mehr reparieren. Der Nachweis von geschnittenem PARP **(Cleaved PARP)** ist ein spezifisches Zeichen für apoptotische Zellen. Dies kann mit Antiköpern gegen Cleaved PARP im Western-Blot (s. S. 78/79) nachgewiesen werden (■ Abb. 3).

Zusammenfassung

✱ Die Messung der Caspase-Aktivität, z. B. mit fluoreszierenden Farbstoffen, stellt eine wichtige Methode zum Nachweis apoptotischer Zellen dar.

✱ Mittels der TUNEL-Methode (TdT-mediated dUTP-biotin nick end labeling) werden Einzelstrangbrüche in der genomischen DNA gemessen, die während der Apoptose durch Endonukleasen entstehen.

✱ Annexin V bindet mit hoher Affinität an Phosphatidylserin (PS), das während der Apoptose zur Außenseite der Zellmembran transloziert wird. Durch Kopplung an fluoreszierende Farbstoffe kann die Annexin-Bindung mikroskopisch oder durchflusszytometrisch nachgewiesen werden.

✱ Der Nachweis des geschnittenen DNA-Reparaturenzyms PARP (Cleaved PARP) mittels Western-Blot stellt eine wichtige Methode zur Apoptose-Detektion dar.

Isolierung, Reinigung und Konzentrierung von DNA I

Die Molekularbiologie beschreibt und erklärt biologische Zusammenhänge des Aufbaus, der Funktion und Synthese von DNA und RNA auf molekularer Ebene.

Das Arbeiten mit DNA gehört zum molekularbiologischen Alltag. Dafür muss diese zunächst isoliert, dann gereinigt und evtl. anschließend aufkonzentriert werden.

Isolierung von DNA

Genomische DNA

Die gesamte vererbbare Information eines Organismus bezeichnet man als **Genom.** Dieses liegt in Form von Desoxyribonukleinsäure (DNA) vor. Bei höheren Lebewesen befindet sich die genomische DNA im Zellkern. Die Anzahl der immer doppelt vorliegenden Chromosomen hängt von der Art des Organismus ab.

> Jedes Chromosom besteht aus einem langen einzelnen DNA-Doppelstrang, der aus mehreren Millionen einzelnen Bausteinen zusammengesetzt ist. Eine Vielzahl an Proteinen garantiert die Aufrechterhaltung der Struktur der Doppelhelix. Bei der Isolation von DNA werden die Proteine von den Nukleotiden getrennt, ohne dass die DNA dabei zerstört wird. Der proteolytische Abbau der Zellproteine ist daher ein essenzieller Schritt der DNA-Isolation.

Gewöhnlich wird genomische DNA aus **Geweben, Blutzellen oder Zellen einer Kultur** gewonnen. Dabei gestaltet sich die DNA-Isolation aus Geweben am aufwändigsten: Zunächst wird das Gewebe zu feinem Pulver zermörsert. Dieses wird anschließend in einem **Proteinase-K-Puffer** gelöst. Soll aus kultivierten Zellen oder Blutzellen DNA isoliert werden, zentrifugiert man diese und überführt sie als Zellpellet in den Proteinase-K-Puffer. Die Proteinase-K bewirkt den Abbau sämtlicher Proteine, wodurch die DNA freigelegt wird.

> Die Proteinase K zählt zu den Serin-Proteasen. Das Enzym hat die Fähigkeit, jede Art peptidischer Bindung zu spalten. Befindet es sich im Überschuss oder liegen lange Inkubationszeiten vor, können Proteine bis hin zu freien Aminosäuren abgebaut werden.

Für die anschließende Phasentrennung wird die Lösung mit einem **Phenol-Chloroform-Gemisch** versetzt. Es resultiert ein Zwei-Phasen-System, bei dem die einzelnen Substanzen der Lösung aufgrund ihrer unterschiedlichen Löslichkeiten in den jeweiligen Schichten zu finden sind. Die weniger polaren Proteine sammeln sich in der unteren weniger polaren Phenol-Chloroform-Phase. Die DNA befindet sich überwiegend in der oberen polaren wässrigen Schicht (▮ Abb. 1). Der Überstand mit der DNA wird in ein neues Gefäß überführt.

Durch Zugabe von **100 %igem Ethanol** kommt es anschließend zur Ausfällung der DNA, die als wolkige, weißliche Substanz sichtbar wird. Diese wird vorsichtig aus dem Reaktionsgefäß entnommen und dann mit **70 %igem Ethanol** gereinigt, um Phenol/Chloroform- und Salzreste endgültig zu entfernen. Anschließend beseitigt man die Flüssigkeit und lässt das DNA-Knäuel an der Luft trocknen. Die DNA wird dann in destilliertem Wasser gelöst und kann in diesem Zustand bei −20 °C für lange Zeit problemlos gelagert werden.

> Bei einer Konzentration von 70 %igem Ethanol wird die Struktur der DNA destabilisiert. Die Zugabe von Ethanol führt zur Verdrängung der Hydrathülle, die der DNA Stabilität verleiht. Die DNA ist damit deutlich schlechter löslich und fällt aus.

Plasmid-DNA

Genomische DNA ist auch in Bakterien enthalten. Sie ist jedoch anders aufgebaut als humane DNA. Bakterien enthalten ein einzelnes Chromosom, das eine **ringförmige** Struktur aufweist. Es ist an der Bakterienzellwand fixiert und besteht aus deutlich weniger Basenpaaren.

Plasmide sind kleine ringförmige DNA-Moleküle, die ebenfalls in Bakterien vorkommen, aber nicht zum eigentlichen Bakterien-Genom gehören. Sie vermehren sich unabhängig vom Bakterium, da jedes Plasmid eine ganz bestimmte Sequenz besitzt, die als Replikationsursprung (**ORI =** *engl.* **Origin of replication)** fungiert. Enthalten die Plasmide z. B. Gene, die eine Antibiotika-Resistenz vermitteln, resultiert daraus ein enormer Vorteil für das betroffene Wirtsbakterium.

Es gibt zahlreiche Methoden, um Plasmid-DNA zu isolieren, die prinzipiell aber alle ähnlich ablaufen. Zunächst wird die bakterielle Zellwand lysiert, um an den Inhalt des Bakteriums zu gelangen. Anschließend erfolgt eine erste Reinigung, die zum Verlust der bakteriellen Membranen und Proteine führt. Gleichzeitig verliert man auch die bakterielle genomische DNA, die aufgrund ihrer Größe gemeinsam mit den übrigen Zellbestandteilen während der Zentrifugation abzentrifugiert werden kann. Die kleineren Plasmid-Moleküle bleiben im Überstand bestehen. Der bakterielle Zell-

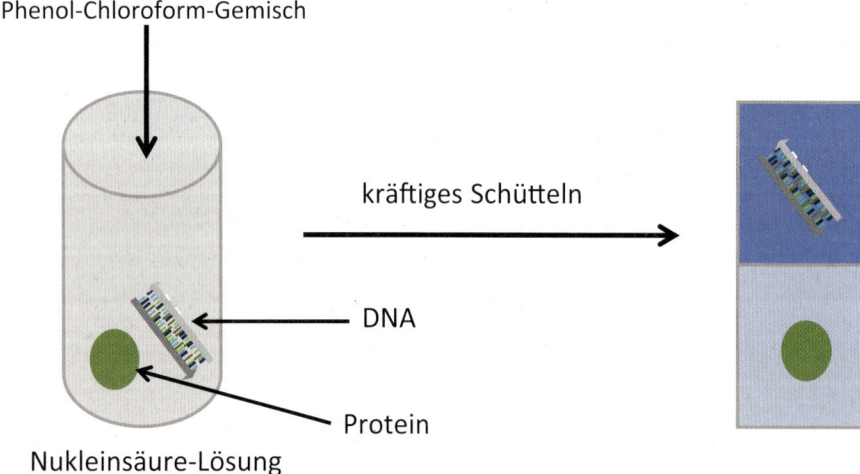

Phenol-Chloroform-Gemisch

kräftiges Schütteln

DNA

Protein

Nukleinsäure-Lösung

▮ Abb. 1: Trennung der Substanzen zum Zwei-Phasen-System. [2]

aufbruch wird vorrangig mit Detergenzien erzielt. Je nach Art und Verwendung der zu isolierenden Plasmid-DNA können verschiedene Detergenzien eingesetzt werden.

Alkalische Lyse

Die alkalische Lyse oder **Minilysat-Methode** gilt heute als Standard für die Isolation von Plasmid-DNA. Sie eignet sich auch für **sehr große Plasmide** und **Low-copy-Plasmide.**
Das Detergenz, mit dem die Bakterienzellwand aufgebrochen wird, ist eine Kombination aus Natriumdodecylsulfat (SDS) und Natriumhydroxid (NaOH). Durch Zugabe dieser beiden Bestandteile wird der pH-Wert der Lösung alkalisch. Dies hat zur Folge, dass die Wasserstoff-Brückenbindungen der DNA (bakterielle genomische DNA **und** Plasmid-DNA) aufgelöst werden. Aufgrund ihrer Konformation ist eine vollständige Renaturierung der Plasmid-DNA jedoch möglich, während die genomische DNA denaturiert bleibt und im anschließenden Zentrifugationsprozess mit den anderen Zellbestandteilen nach unten absinkt.

Abhängig vom Replikationszyklus eines Plasmids liegen in einer Bakterienzelle wenige (Low-copy) oder zahlreiche Plasmidkopien (High-copy) vor.

Boiled method (Kochlyse)

Die Zellwände der Bakterien werden bei der Boiled method durch Zugabe von **Lysozym** zerstört. Dann wird das Bakterienlysat für eine kurze Zeit (1 – 2 min) in kochendes Wasser überführt. Abschließend erfolgt die Präzipitation der Plasmid-DNA durch Zentrifugation.

Lithium-Methode

Ein Puffer, der **Triton-X** und eine **hohe Lithium-Konzentration** enthält, führt zum Aufbruch der bakteriellen Zellwand. Durch Zugabe von **Phenol/Chloroform** erfolgt eine Trennung der Proteine von der DNA. Abschließend wird die Plasmid-DNA durch **Ethanol** ausgefällt. Diese Methode eignet sich aber nur schlecht für große Plasmide.

Phagen-DNA

Bakteriophagen (kurz: Phagen) sind Viren, die auf Bakterien als Wirtzellen spezialisiert sind. Diese „Bakterienfresser" infizieren Bakterien, vermehren sich in ihnen und verhindern gleichzeitig deren Vermehrung. Haben sich die Phagen ausreichend vervielfältigt, kommt es zur Lyse des Bakteriums, wodurch die Bakteriophagen freigesetzt werden. Deren „Chromosom" kann sehr unterschiedlich aufgebaut sein. Grob lassen sich Phagen mit einzelsträngiger DNA (**ss-DNA-Phagen,** von *engl.* Single-stranded) von solchen mit doppelsträngiger DNA (**ds-DNA-Phagen,** von *engl.* Double-stranded) unterscheiden.
Um Phagen-DNA zu isolieren, müssen zunächst **Plattenlysate** oder **Flüssigkulturen** erstellt werden. Für ein Plattenlysat wird eine ausreichende Anzahl an Phagen ausgesät, um eine Konfluenz zu garantieren. Anschließend wird die Lösung mit einer Bakterienkultur vermischt. Daraufhin verteilt man die Flüssigkeit gleichmäßig auf einer **Agar-Platte.** Eine Inkubation über Nacht gewährleistet die Vermehrung der Phagen in den Bakterien.
Sie werden dann durch Zugabe einer speziellen Lösung aus den Bakterien eluiert („ausgewaschen"). Aus dem entstehenden Eluat kann dann die Phagen-DNA durch zahlreiche Methoden gewonnen werden.
Flüssigkeitkulturen sind deutlich schwieriger zu erstellen, da das richtige Verhältnis von Phagen und Bakterien gefunden werden muss. Beinhaltet die Kultur zu viele Phagen, werden alle Bakterien lysiert, bevor sich die Phagen ausreichend vermehrt haben. Setzt man hingegen zu viele Bakterien ein, stellen diese ihr Wachstum ein und die Phagen können sich nicht ausreichend vervielfältigen.

PEG-Fällung

Die PEG-Fällung ist wohl die Standardmethode zur Isolation von Phagen-DNA. Durch Zugabe von **Polyethylenglykol,** ein hydrophiles, ungeladenes Polymer, kommt es zur Ausfällung der im Eluat vorhandenen Proteine, die durch eine anschließende Zentrifugation aus dem Eluat entfernt werden. Anschließend werden durch eine Phenol-Chloroform-Extraktion weitere Substanzen beseitigt, und die DNA durch Zugabe von Ethanol ausgefällt.

Zusammenfassung

✳ Das Arbeiten mit DNA gilt als Standard in der modernen Molekularbiologie. Um reine DNA zu erhalten, muss diese zunächst aus Zellen isoliert und anschließend gereinigt werden.

✳ Man kann verschiedene DNA-Arten isolieren: genomische DNA, Plasmid-DNA aus Bakterien und Phagen-DNA.

✳ Genomische DNA wird zur Entfernung aller Proteine in einen Proteinase-K-Puffer überführt und anschließend in einer Chloroform-Phenol-Extraktion gewonnen. Durch Zugabe von Ethanol kommt es letztlich zur Ausfällung der DNA, die als weißliches Knäuel erkennbar wird.

✳ Plasmid-DNA kann auf verschiedene Arten gewonnen werden (alkalische Lyse, Boiled method, Lithium-Methode). Prinzipiell wird bei allen Methoden zunächst die bakterielle Zellwand zerstört, um an die DNA zu gelangen. Eine darauffolgende Reinigung garantiert den Verlust aller störenden Substanzen.

✳ Die wohl am häufigsten angewandte Methode um Phagen-DNA zu isolieren, ist die PEG-Fällung.

Isolierung, Reinigung und Konzentrierung von DNA II

Reinigung von DNA

Die isolierten Nukleinsäuren enthalten häufig unerwünschte Substanzen, die beseitigt werden müssen, um ein sauberes Arbeiten zu garantierten. Daher ist eine Reinigung nach der Isolation von DNA essenziell. Dafür stehen verschiedene Methoden zur Verfügung.

Phenol-Chloroform-Extraktion
Ähnlich der Phenol-Chloroform-Extraktion bei der Isolation genomischer DNA, werden auch Verschmutzungen der Nukleinsäurelösungen auf diese Weise beseitigt. Diese werden nacheinander mit **Phenol**, einem **Phenol-Chloroform-Isoamylalkohol** und **Chloroform** versetzt. Die Phasentrennung aufgrund der unterschiedlichen Löslichkeiten führt dazu, dass die Verschmutzungen sich in der unteren Phase befinden und die DNA in der oberen Phase bleibt. Zwischen den einzelnen Schritten wird zentrifugiert und die obere wässrige Phase, die die DNA enthält, in ein neues Gefäß gegeben (▮ Abb. 2).
Phenolreste und Salze werden durch eine abschließende Ethanolfällung aus der Lösung entfernt.

> Achtung: Da sich die Verschmutzungen auch in der Grenzschicht (Interphase) zwischen oberer und unterer Phase befinden, muss beim Überführen der oberen wässrigen Phase, welche die DNA beinhaltet, darauf geachtet werden, dass die Interphase nicht mit abgenommen wird!

> Phenol ist sehr giftig und ätzend! Schon geringe Mengen können zu Verbrennungen der Haut und Schädigungen des Nervensystems führen. Beim Umgang mit Phenol ist daher absolute Vorsicht geboten. Die Verwendung von Schutzbrille und Handschuhen sind, ebenso wie das Arbeiten unter dem Abzug, dringend zu beachten.

Anionenaustauscher-Säulen
Anionenaustauscher-Säulen bestehen aus **Cellulose** oder **Dextran** und sind **positiv** geladen. Die Nukleinsäuren hingegen enthalten überwiegend **negativ** geladene Phosphatgruppen. Nach abgeschlossener DNA-Isolation wird die Nukleinsäurenlösung auf die Anionenaustauscher-Säulen gegeben. Die stark negativ geladenen Nukleinsäuren binden an die positiv geladenen Anionenaustauscher-Säulen, während Proteine die Säulen durchlaufen. Anschließend werden Salze durch eine Ethanolfällung aus der Nukleinsäurelösung beseitigt.

Silica-Membranen
Silikate sind Salze und Ester der Ortho-Kieselsäure ($Si(OH)_4$), die DNA spezifisch binden, wenn hohe Salzkonzentrationen vorliegen. Man versetzt die Nukleinsäurelösung nach abgeschlossener Isolation mit Salzen und fügt die Lösungen auf Silica-Membranen. Abschließend fallen die Salze durch die Zugabe von Ethanol aus.

Cäsiumchlorid-Dichtegradienten-Zentrifugation
Wird das Salz Cäsiumchlorid lange (14 h) zentrifugiert, bildet sich im Zentrifugationsgefäß ein kontinuierlicher Dichtegradient. Die Konzentration am Boden des Gefäßes ist hoch und nimmt nach oben hin immer weiter ab. Da sich die Substanzen der Nukleinsäurelösungen in ihrer Dichte unterscheiden, nutzt man den Gradienten zur DNA-Reinigung. Man erhält durch dieses Verfahren **hochreine Plasmid-DNA** in großer Ausbeute.
Durch Zugabe von Ethididumbromid lässt sich zudem zwischen linearisierter DNA (genomischer DNA) und Plasmid-DNA unterscheiden. Ethidiumbromid interkaliert deutlich mehr mit linearen DNA-Strängen als mit ringförmigen. Dadurch erhöht sich die Schwimmdichte der linearen DNA gegenüber der Dichte der ringförmigen. So lassen sich beide DNA-Formen im Dichtegradienten (▮ Abb. 3) voneinander trennen.

Konzentrationsmessung von DNA

Messung der optischen Dichte durch Absorptionsspektrometrie
Anhand der **photometrischen** Messung der **optischen Dichte (OD)** bei einer Wellenlänge von 260 nm lässt sich die Konzentration von Nukleinsäuren in einer Lösung berechnen. Diese ergibt sich aus der optischen Dichte der Lösung, dem Verdünnungsfaktor und einem Multiplikationsfaktor, der für DNA/RNA spezifisch ist.
Ein Nachteil ist, dass sich auf diese Weise nur hohe Konzentrationen an Nukleinsäuren bestimmen lassen, da das Photometer in einem Bereich unter 0,1 OD (entspricht ca. $10-50\ \mu g/ml$) keine Messungen mehr tätigen kann.

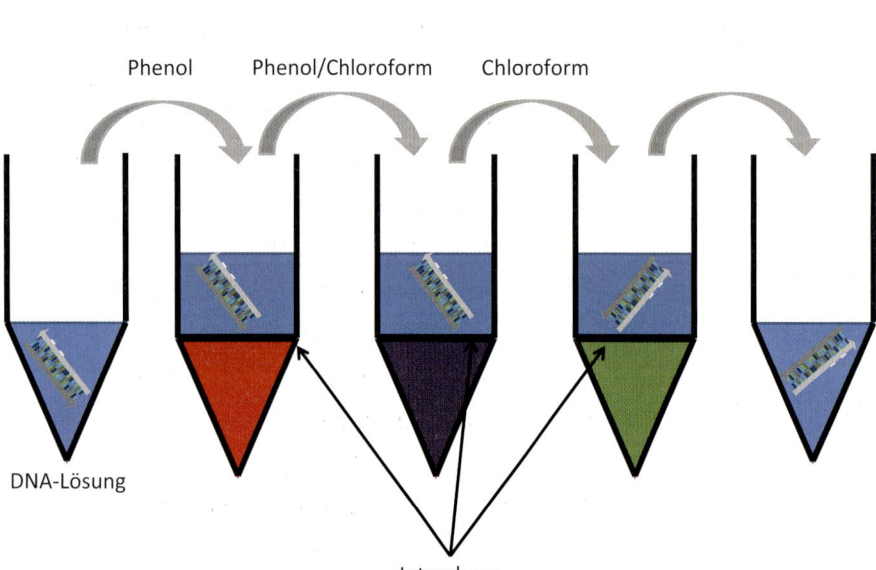

▮ Abb. 2: Phenol-Chloroform-Extraktion. [2]

Zudem kann bei der Messung nicht zwischen DNA und RNA unterschieden werden.

Konzentrationsmessung im Agarosegel
Geringe Konzentrationen an DNA lassen sich durch Auftragen auf ein Agarosegel bestimmen. Eine Probe der Lösung wird gemeinsam mit einer Verdünnungsreihe bekannter DNA-Konzentrationen auf das Gel aufgetragen. Auf diese Weise lässt sich anhand der entstehenden Banden im Gel die Konzentration der Lösung abschätzen.

Fluorometrische Bestimmung
Durch Zugabe von fluoreszierenden DNA-Farbstoffen, die eine hohe Affinität zu DNA, jedoch nur eine geringe Affinität zu RNA und Proteinen besitzen, kann die Konzentration an DNA in einer Lösung in einem Fluorometer gemessen werden.

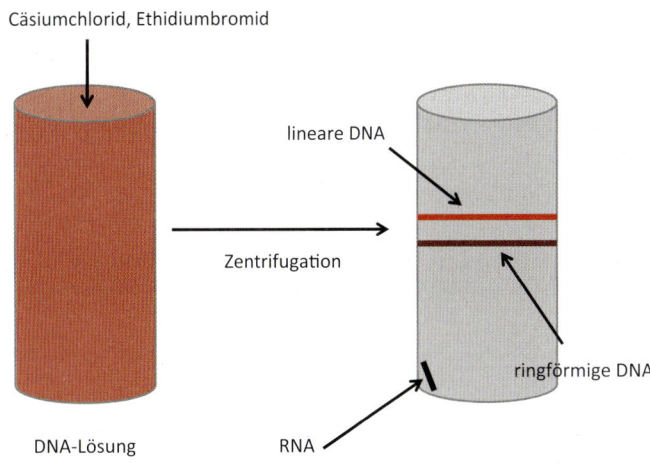

■ Abb. 3: Prinzip des Cäsiumchlorid-Dichtegradienten. [2]

Konzentrierung von DNA

Ist die Konzentration von DNA nach der Isolation aus Gewebe oder Zellen zu gering, wird die DNA aufkonzentriert.

Alkohol-Fällung
Die Zugabe eines Salzes und von Alkohol führt in Nukleinsäurelösungen zur Ausfällung der DNA. Diese wird anschließend bei einer Temperatur von 4 °C abzentrifugiert und das entstehende DNA-Pellet von den Salz- und Alkoholresten durch Waschen mit 70 %igem Ethanol befreit (s. S. 46/47). Bei dem zugegebenen Salz handelt es sich in den meisten Fällen um **Natriumacetat.** Der Standardalkohol für die Fällung von Nukleinsäuren ist **100 %iges Ethanol** (EtOH).
Die DNA-Fällung durch Zugabe von **Isopropanolol** gestaltet sich jedoch deutlich effektiver, was besonders bei geringen Konzentrationen günstig ist. Die Reste von Isopropanolol lassen sich aber, im Gegensatz zu Ethanol, der einfach verdunstet, schlechter entfernen.
Liegt die Konzentration einer Nukleinsäurelösung unter 100 ng/µl, gelingt die Alkohol-Fällung nicht so einfach. Die Zugabe eines „**Carriers**" ist hier von Vorteil. Carrier sind Substanzen, die ähnlich ausfallen wie DNA. In späteren molekularbiologischen Versuchen beeinflussen sie deren Ablauf oder das Ergebnis nicht. Am häufigsten wird hierfür **tRNA** verwendet, die im Präzipitationsverhalten der DNA sehr ähnlich ist. Ihr Einsatz kann damit zu höheren Konzentrationen an ausgefällter DNA führen. Stört die Anwesenheit von RNA nachfolgende Methoden, eignet sich z. B. **Glykogen** als Carrier besser.

Konzentratoren
Konzentratoren enthalten spezielle **Filter,** durch welche die zu konzentrierende Lösung zentrifugiert wird. Die DNA wird aufgrund ihrer Größe im Filter zurückgehalten, während ihn andere kleine Moleküle der Lösung durchlaufen. Daraufhin wird die DNA durch eine zweite Zentrifugation aus dem Filtersystem gelöst.

Zusammenfassung

✖ Die häufigste Reinigungsmethode für DNA ist die Phenol-Chloroform-Extraktion, welche die einzelnen Bestandteile nach ihrer unterschiedlichen Löslichkeit auftrennt.

✖ Phenol ist äußerst giftig, daher sind beim Arbeiten mit dieser Substanz alle Vorsichtsmaßnahmen (Schutzbrille, Handschuhe, Arbeiten unter dem Abzug) zu treffen.

✖ Anionenaustauschersäulen sind positiv geladen und binden die stark negativ geladenen Nukleinsäuren, während andere Substanzen, wie Proteine, nicht gebunden werden.

✖ Cäsiumchlorid bildet nach langer Zentrifugation einen kontinuierlichen Dichtegradienten, der zur Reinigung von DNA ausgenutzt wird. Die Substanzen der Nukleinsäurelösung ordnen sich gemäß ihrer Dichte auf verschiedenen Ebenen des Reaktionsgefäßes an.

✖ Die Bestimmung der DNA-Konzentration erfolgt über die Messung der optischen Dichte, die Zugabe von fluoreszierenden DNA-Farbstoffen mit anschließender Auswertung im Fluorometer oder durch Auftragen der Lösung auf ein Agarosegel.

✖ Die Konzentration von DNA in einer Lösung kann durch die Alkoholfällung oder die Nutzung von Konzentratoren erhöht werden.

Quantifizierung von Nukleinsäuren

Für die Analyse von Nukleinsäuren benötigt man meist eine definierte Menge Nukleinsäuren. Beispielsweise muss eine bestimmte Menge an RNA eingesetzt werden, wenn RNA in cDNA umgeschrieben wird (s. S. 54/55), um dann eine PCR-Reaktion (s. S. 58–61) anzuschließen. Daher ist die Konzentrationsbestimmung von DNA oder RNA ein wesentlicher Vorbereitungsschritt für die Untersuchung. Es gibt eine Vielfalt von Techniken zur Quantifizierung. Die am häufigsten angewandten sind die Absorptionsspektrometrie und die Fluorometrie.

Absorptionsspektrometrie

DNA- und RNA-Moleküle absorbieren ultraviolettes Licht, wobei das Absorptionsmaximum bei einer Wellenlänge von 260 nm liegt. Diese Eigenschaft macht man sich bei der Bestimmung der Konzentration von in Wasser gelöster DNA oder RNA mithilfe eines Photometers zunutze. Dabei wird die Probe in einer Quarzküvette in die Messkammer des Photometers versenkt und dann von einer Seite mit ultraviolettem Licht der Wellenlänge 260 nm belichtet. Auf der anderen Seite werden die UV-Strahlen, die durch die Probe hindurchtreten, detektiert (∎ Abb. 1). Je mehr Licht von der Probe in der Küvette absorbiert wird, umso höher ist ihre Konzentration.

Mithilfe des **Lambert-Beer-Gesetzes** kann anhand der Lichtabsorption die Konzentration der Probe berechnet werden:

$$E(\lambda) = -\lg(I_1/I_0) = e_\lambda \times c \times d$$

In die Formel zur Berechnung der Konzentration gehen folgende Faktoren ein:

▶ Intensität des transmittierten Lichts (I_1)
▶ Intensität des eingestrahlten Lichts (I_0)
▶ Extinktionskoeffizient e_λ der Wellenlänge λ: spezifisch für die jeweils absorbierende Probe
▶ Extinktion E: auch als optische Dichte (OD) bezeichnet
▶ Schichtdicke d des durchstrahlten Objekts.

Dieses Gesetz berücksichtigt also die Schwächung der Strahlungsintensität je nach der Konzentration der absorbierenden Lösung und je nach der Distanz, welche die Strahlen beim Passieren der Probe zurücklegen. Da bei hohen Konzentrationen diese Beziehung nicht linear ist, kann die Konzentration photometrisch nur für verdünnte Lösungen festgestellt werden. Außerdem gilt das Gesetz nur für monochromatisches Licht.

Die Verunreinigung der Nukleinsäurelösung durch Proteine lässt sich mithilfe des Absorptionsmaximums von Proteinen bei einer Wellenlänge von 280 nm feststellen. Die Reinheit der Probe kontrolliert man, indem man das Verhältnis $OD_{260\,nm}/OD_{280\,nm}$ bestimmt. Liegt eine weitgehend proteinfreie DNA- oder RNA-Lösung vor, so beträgt dieses 1,8–2,0. In der Praxis ist die Konzentrationsmessung mit dem Photometer unkompliziert und einfach: Man verdünnt die Nukleinsäurelösung und gibt im Photometer ein, ob es sich um RNA, DNA oder Oligonukleotide handelt, sowie welche Verdünnung man vorgenommen hat. Nach dem Einsetzen der Küvette mit der verdünnten Probe erhält man dann die Konzentration und das Verhältnis $OD_{260\,nm}/OD_{280\,nm}$. Auch wenn es sensitivere Möglichkeiten gibt (s. u.), ist die photometrische Konzentrationsbestimmung eine häufig eingesetzte Standardmethode.

Fluorometrie

Für geringe Nukleinsäurekonzentrationen eignet sich die Konzentrationsbestimmung mit fluoreszierenden Farbstoffen besser, da sie sensitiver ist. Hierbei bindet der Farbstoff proportional zur Menge der Nukleinsäuremoleküle, sodass die jeweilige Intensität der Fluoreszenz ein Maß ist für die Konzentration der Probe darstellt.

Jeder Farbstoff absorbiert Licht einer bestimmten Wellenlänge, wodurch Elektronen in einen höheren Energiezustand gehoben werden. Beim Rückgang der Elektronen auf ihr Grundniveau wird ein Photon frei, das Licht einer charakteristischen Wellenlänge emittiert. Diese Emission von Licht bezeichnet man als Fluoreszenz, die in der Fluorometrie erfasst werden kann. Gängige Fluoreszenzfarbstoffe, die zur Detektion von Nukleinsäuren verwendet werden, sind u. a. Ethidiumbromid (s. S. 52/54), SYBR-Green oder der Bis-Benzimidin-Farbstoff Hoechst 33258, das trotz seines Namens von verschiedenen Herstellern angeboten wird.

> Alle Farbstoffe, die Nukleinsäuren anfärben, interagieren mit dieser und sind daher potenziell mutagen und karzinogen. Daher ist ein besonders umsichtiger Umgang mit diesen Stoffen nötig. Es sollten Nitrilhandschuhe getragen werden, da sie dichter sind, und der entsprechende Abfall muss speziell entsorgt werden. Aktuelle Details sind den jeweiligen Herstellerinformationen zu entnehmen.

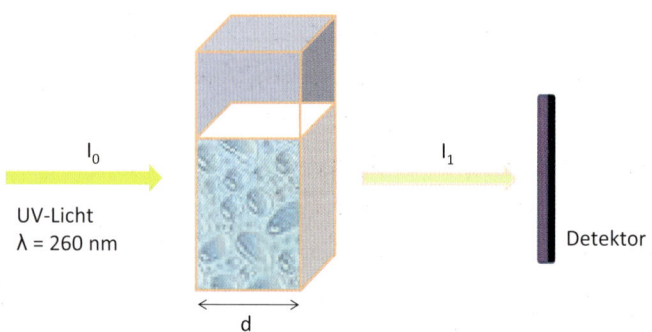

∎ Abb. 1: Prinzip der Absorptionsspektrometrie. [1]

SM 200 100 50 25 12,5 6 µg/ml ? ?

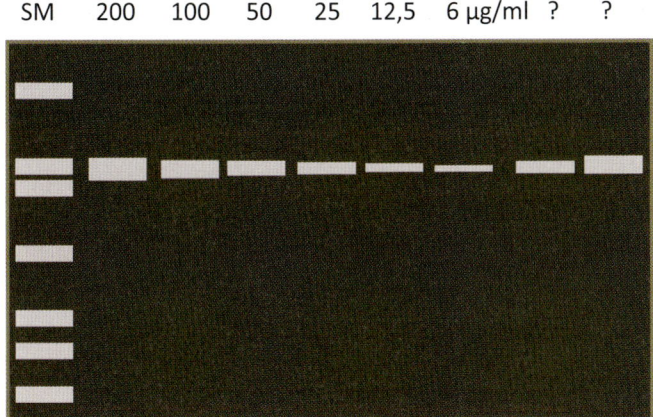

Abb. 2: Konzentrationsbestimmung von DNA mittels Ethidiumbromid und Elektrophorese im Agarosegel. SM = Standardmarker. [1]

Mithilfe eines **Fluorometers** kann die Konzentration der Nukleinsäuren direkt bestimmt werden. Die Lösung wird dazu in eine spezielle Fluorometer-küvette gegeben, und die Fluoreszenz wird gemessen.

Auch mithilfe der Gelelektrophorese kann die Fluoreszenz von Nukleinsäu-ren erfasst werden (s. S. 52/53). Hier werden die zu bestimmende Probe sowie Nukleinsäurelösungen bekannter Konzentration mit dem Fluoreszenzfarb-stoff, meist Ethidiumbromid, auf ein Agarose-Gel aufgetragen und in einem elektrischen Feld aufgetrennt. Nach der Belichtung mit UV-Licht der entspre-chenden Wellenlänge kann man durch Vergleich der Bandenstärke auf die Kon-zentration der Probe schließen (Abb. 2).

Will man diese Technik abkürzen und nur eine orientierende Aussage über den Gehalt der DNA oder RNA machen, so kann man ein Agarosegel mit der Pro-be und den entsprechenden bekannten Lösungen beladen und anschließend belichten, ohne eine elektrophoretische Trennung durchgeführt zu haben. Man spricht hier auch von der **Dot-Quanti-fizierung,** da man sich damit begnügt, die Intensität der Tröpfchen aus den Nukleinsäurelösungen zu vergleichen. Allerdings ist diese Methode sehr unge-nau.

Enzymatischer Nachweis

Bei der enzymatischen Quantifizierung von DNA bedient man sich des Enzyms **Luciferase,** das aus dem Leuchtkäfer (*engl.* Firefly) stammt. Dieses Enzym setzt ATP mithilfe von Luciferol in Licht um, das man dann mit einem Lumino-meter quantitativ detektieren kann: Bei der Konzentrationsmessung von DNA erfolgt zunächst die Pyrophosphorylie-rung der Nukleinsäure durch die T4-DNA-Polymerase. Dabei werden u. a. Nukleosidtriphosphate frei, die in Ge-genwart der Nukleosiddiphosphatkinase (NDPK) in ATP umgebaut werden. Dieses ist proportional zur jeweiligen DNA-Menge und wird durch Luciferase in Licht umgesetzt, das dann lumino-metrisch gemessen wird (Abb. 3). Eine weitere Methode zur Quantifizie-rung von Nukleinsäuren besteht in der quantitativen PCR (s. S. 58–61).

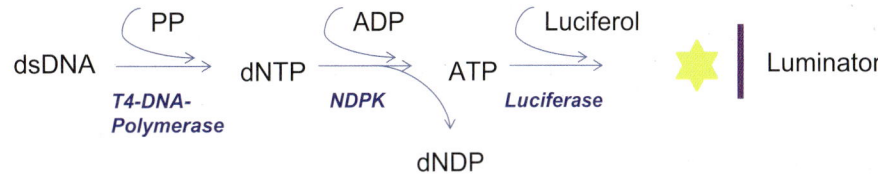

Abb. 3: Prinzip der luminometrischen DNA-Konzentrationsmessung. [1]

Zusammenfassung

✖ Die Absorptionsspektrometrie nutzt für die Konzentrationsmessung die spezifische Schwächung eines Lichtstrahls durch die Nukleinsäureprobe.

✖ Mit Fluoreszenzfarbstoffen können auch geringere DNA- oder RNA-Kon-zentrationen erfasst werden, indem man die Probe mit Massenstandards vergleicht oder direkt mit einem Fluorometer erfasst.

✖ Die höchste Sensitivität besitzt ein enzymatischer Test, der sich des Enzyms Luciferase bedient.

Gelelektrophorese

Definition

Bei der Gelelektrophorese handelt es sich um eine Methode zur Trennung verschiedener Moleküle (Proteine, Nukleinsäuren). Sie kommt z.B. beim Western-Blot (s. S. 78/79) oder bei der PCR (s. S. 58–61) sowie beim Southern- und Northern-Blot zum Einsatz.

Die Moleküle, die getrennt werden sollen, wandern dabei durch ein Gel, das sich in einem elektrischen Feld befindet und in einer ionischen Pufferlösung liegt. Je nach Ladung, Konformation und Größe der Moleküle bewegen sich diese mit unterschiedlicher Geschwindigkeit durch das Gel und werden so getrennt.

Methodik

Die Gelkammer ist mit einer positiv geladenen Elektrode, der Anode, und mit einer negativ geladenen Elektrode, der Kathode, ausgestattet. Das Gel befindet sich mit einer ionischen Pufferlösung in einem elektrischen Feld, und negativ geladene Moleküle (Anionen) wandern zur Anode, während sich positiv geladene Teilchen (Kationen) zur Kathode hin bewegen. Dabei entscheiden Nettoladung, molekulare Masse und Konformation eines Moleküls über seine Wanderungsgeschwindigkeit im elektrischen Feld. DNA wird beispielsweise Richtung Anode bewegt, da sie negativ geladen ist. Die Geschwindigkeit ist dabei von der Länge und Form der DNA abhängig. Dementsprechend finden sich am Ende des Versuchs die kürzesten DNA-Fragmente am nächsten bei der Anode. Zudem wandern linearisierte Plasmide schneller als zirkuläre.

Zusammensetzung des Gels

Das Gel bildet für die wandernden Moleküle ein Netz, das in seiner Zusammensetzung mehr oder weniger engmaschig ist und dementsprechend die Teilchen bei ihrer Bewegung im elektrischen Feld aufhält. Man wählt daher den Vernetzungsgrad des Gels je nach Größe der zu trennenden Moleküle aus.

Agarose-Gele besitzen relativ große Poren und werden daher v. a. bei der Trennung von DNA und RNA sowie seltener bei großen Proteinen eingesetzt. Die Porengröße des Gels kann durch die Agarosekonzentration variiert werden.

Polyacrylamid-Gele sind engmaschiger und werden meistens zur Trennung kleiner Proteine verwendet.

Versuchsaufbau

Zuerst werden die zu trennenden Moleküle, beispielsweise die Produkte einer PCR (s. S. 58–61), mit einem entsprechenden Puffer vermischt und in die Taschen eines Gels pipettiert.

Das Gel wird je nach Design der Gelkammer vertikal oder horizontal positioniert. Die Taschen befinden sich auf einer Seite des Gels und sind der Startpunkt für die Wanderung der Moleküle. Mehrere Proben können parallel nebeneinander aufgetragen werden und durch dasselbe Gel laufen (▮ Abb. 1).

Ist die Größe einiger Moleküle bekannt, kann man durch Vergleich die Größe der anderen abschätzen. Ansonsten lässt man kommerziell erhältliche Marker mitlaufen, die die jeweilige Position bestimmter Molekülmassen anzeigen. Die Elektrophorese beginnt, sobald Spannung an die Gelkammer angelegt wird. Um eine optimale Auftrennung der Moleküle zu erzielen, wird sie erst beendet, wenn die kleinsten Moleküle das Ende des Gels erreicht haben, was sich am Marker erkennen lässt.

Detektion

Während oder nach Beendigung der Elektrophorese werden die jeweiligen Moleküle angefärbt, um sie sichtbar zu machen. Dafür gibt es verschiedene Möglichkeiten: Die Moleküle können beispielsweise mit **radioaktiven** Isotopen markiert und mithilfe eines Strahlungsdetektors detektiert werden. Der

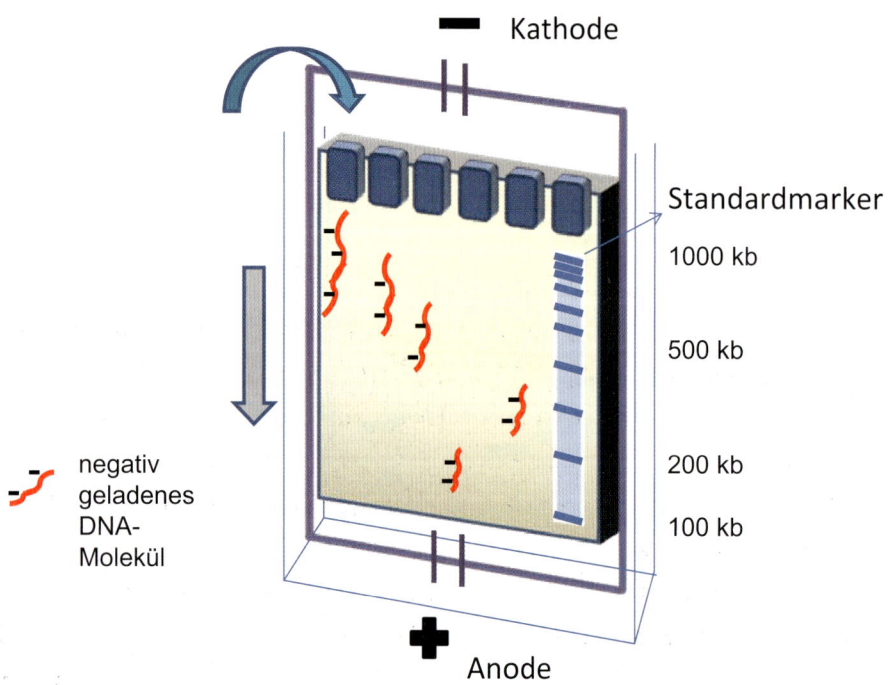

▮ Abb. 1: Prinzip der Gelelektrophorese. Die Molekülmassen der unbekannten Proben, die hier mit Fragezeichen gekennzeichnet sind, können anhand der Banden mit bekannter Masse abgeschätzt werden. [1]

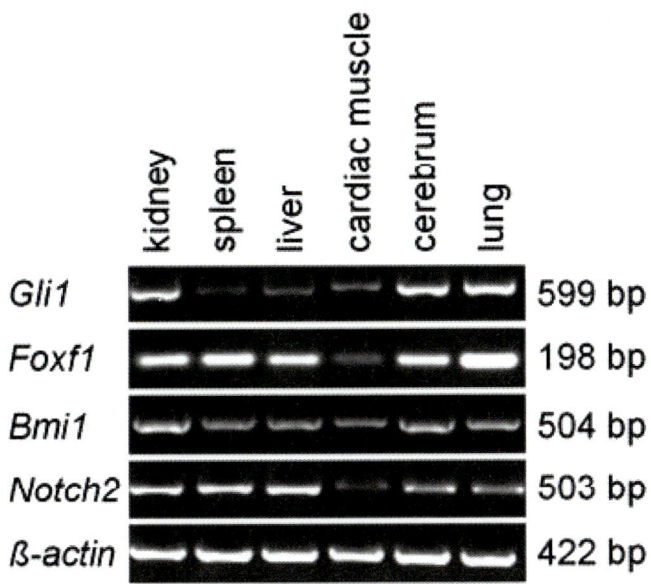

Abb. 2: Darstellung unterschiedlicher Genexpressionen mithilfe von Ethidiumbromid. Je heller die Bande zu sehen ist, umso größer ist die Menge der entsprechenden Nukleinsäuren in der jeweiligen Probe. [1]

Nachteil dieser Methode besteht darin, dass die Isotope zuerst in das zu markierende Molekül (z. B. rekombinante Proteine oder Enzyme) eingeschleust werden müssen.

Eine weitere Möglichkeit, die v. a. zur Darstellung von Nukleinsäuren verwendet wird, ist die Anfärbung mit dem Farbstoff **Ethidiumbromid.** Dabei interkalieren Ethidiumbromid-Moleküle mit der DNA und lagern sich zwischen den Basenpaaren ein. Hierdurch wird das Absorptionsspektrum von Ethidiumbromid verändert und seine Fluoreszenz bei Anregung mit ultraviolettem Licht verstärkt, sodass die DNA- bzw. RNA-Fragmente hell leuchten, während das übrige Gel dunkel bleibt. Die Lichtintensität ist dabei proportional zur vorliegenden Menge der Nukleinsäuren (▌ Abb. 2).

> Da Ethidiumbromid mit DNA interagiert, wurde der Farbstoff als karzinogen und mutagen eingestuft und darf nur unter der Verwendung von Nitril-haltigen Handschuhen eingesetzt werden.

Eine Alternative für das karzinogene Ethidiumbromid ist beispielsweise der Cyaninfarbstoff SYBR Green I (s. S. 58–61), wobei auch hier eine mutagene Wirkung nicht ausgeschlossen werden kann.

Des Weiteren ist auch eine Quantifizierung der aufgetrennten Proteine oder Nukleinsäuren möglich, indem nach der Färbung des Gels eine densitrometrische Auswertung erfolgt (s. S. 74/75).

Zusammenfassung

✖ Die Gelelektrophorese dient der Auftrennung von Molekülgemischen, insbesondere von Proteinen und Nukleinsäuren.

✖ Je nach Wahl des Gels können Moleküle entweder nur nach ihrer Masse oder auch entsprechend ihrer Ladung und Konformation getrennt werden.

✖ Die Auftrennung geschieht durch die Wanderung der geladenen Moleküle in einem elektrischen Feld.

✖ Um eine Auswertung zu ermöglichen, können die Moleküle mit unterschiedlichen Methoden angefärbt werden.

RNA-Techniken I

Beim Umgang mit RNA (s. S. 14/15) muss, im Gegensatz zur Arbeit mit DNA (s. S. 46–49), auf die Eigenschaften der RNAsen geachtet werden. Diese Enzyme sind für die Aufspaltung der RNA verantwortlich und problematisch, da sie ubiquitär vorkommen: Sie werden von allen Organismen ausgeschieden und befinden sich daher auch an den Händen jedes Forschers. Zudem benötigen sie für die Hydrolyse der Phosphodiesterasebindungen der RNA kein Magnesium als Cofaktor und zeigen eine hohe Stabilität, sodass sie nur schwer inaktiviert werden können. Um den Abbau der RNA zu verhindern, muss daher der Kontakt der RNA-Probe mit RNAsen vermieden werden.

> Wesentlich bei der Arbeit mit RNA ist das Tragen von Einmalhandschuhen, um zu verhindern, dass RNAsen in die Proben gelangen. Außerdem sollte man speziell behandeltes und gekennzeichnetes RNAse-freies Wasser verwenden sowie einen eigens gekennzeichneten Satz an Pipetten und Eppendorf-Tubes, der ebenfalls nur mit Handschuhen benutzt werden darf.

Isolierung von RNA

Die Isolierung von RNA dient oft der Untersuchung der Genexpression in einer Zelle oder einem Gewebe. Dabei macht die mRNA, die an Translation und Synthese der Proteine beteiligt ist, nur einen kleinen Anteil (ca. 2 %) der RNA aus, während rRNA und tRNA andere Funktionen in der Zelle übernehmen (s. S. 14/15 und S. 18/19). Dennoch genügt meist die Isolierung der Gesamt-RNA, beispielsweise für die weitere Anwendung mittels RT-PCR oder Northern-Blot. Allerdings ist bei schwach exprimierten Genen und zur Generierung von Gensonden (s. S. 64/65) auch eine gezielte Isolierung der mRNA möglich.

Methodik
Zur RNA-Isolierung werden die entsprechenden Zellen oder Gewebe lysiert sowie die RNAsen inaktiviert. Anschließend werden andere Zellbestandteile entfernt, sodass man zuletzt reine RNA erhält. Dann wird die Konzentration photometrisch bestimmt und eine eventuelle Verunreinigung durch Proteine gemessen (s. S. 50/51). Meist wird zudem noch die Reinigung von kontaminierender DNA mithilfe von DNAse

durchgeführt. Interessanterweise ist die Ernte von RNA je nach Gewebe unterschiedlich groß: Haut liefert z. B. bei gleicher Gewebsmenge deutlich weniger RNA als Leber.
Die Lagerung der RNA erfolgt meist bei −80 °C, um eine Kontamination mit RNAsen zu vermeiden. Zum Schutz vor diesen Enzymen kann die RNA nach der Isolierung auch in Formamid gelöst werden. Vor der Weiterverarbeitung (z. B. vor der Transkription zu cDNA) muss dann jedoch eine Präzipitation mit Alkohol durchgeführt werden.

Single-Step-Methode nach Chomczynski und Sacchi
Diese Methode wurde 1979 von Chirgwin und Kollegen entwickelt und 1987 von Chomczynski und Sacchi modifiziert. Hierbei werden bereits während der Homogenisierung DNA-Fragmente und kleine Proteine durch Zugabe von Guanidiniumthiocyanat und saurem Phenol denaturiert und gelöst, um Gewebe und Zellen aufzuspalten. Der Zusatz von Chloroform sowie anschließende Zentrifugationsschritte führen dann zur Trennung in drei Phasen: Die oberste wässrige Phase enthält RNA, in der Interphase befindet sich DNA, und die untere Phenolphase beinhaltet Proteine. Die RNA im wässrigen Überstand wird von den anderen beiden Phasen abgetrennt und mit Isopropanol oder Ethanol ausgefällt. Zuletzt wird sie getrocknet, um den Alkohol zu entfernen, und in RNAse-freiem Wasser gelöst.
Alternativ gibt es noch andere Methoden (z. B. die Lyse mit Nonidet P-40) und kommerziell erhältliche Kits. Die Single-Step-Methode ist jedoch die gebräuchlichste Technik.

Isolierung von mRNA
Zur Isolierung von mRNA werden die Poly-A-Schwänze der mRNA (s. S. 18/19) vorübergehend bis zur Entfernung der übrigen Nukleinsäuren an kurze Oligo-dT-Nukleotide gebunden. Diese wiederum sind an Cellulose oder an magnetische Kügelchen, sog. Dynabeads, gekoppelt.
Nach der Isolierung der Gesamt-RNA wird diese mit der Nukleotid-beladenen Cellulose versetzt, sodass es unter Zugabe von hochkonzentrierter Salzlösung zur Hybridisierung der Oligo-dT-Sequenzen mit den komplementären Poly-A-Sequenzen der mRNA kommt. Die restlichen RNA-Moleküle sowie die DNA können dann ausgewaschen werden. Anschließend werden durch Waschvorgänge mit salzarmem Puffer oder Wasser

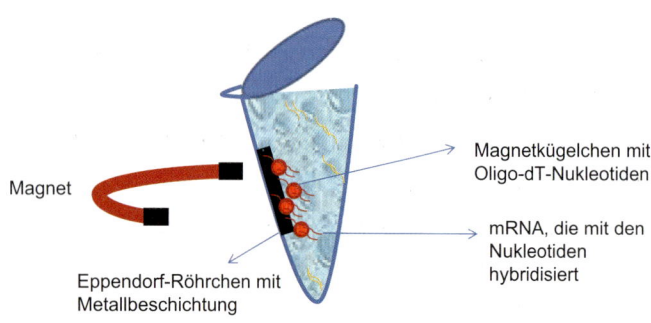

Magnet

Magnetkügelchen mit Oligo-dT-Nukleotiden

mRNA, die mit den Nukleotiden hybridisiert

Eppendorf-Röhrchen mit Metallbeschichtung

Abb. 1: Bei der mRNA-Isolierung werden die eisenoxidhaltigen Kügelchen auf einer Seite des Eppendorf-Röhrchens fixiert, sodass die übrigen Nukleinsäuren entfernt werden können. [1]

die Bindungen der mRNA mit den Oligo-dT-Nukleotiden destabilisiert, und die mRNA wird von der Cellulose freigesetzt.

Alternativ verwendet man magnetische Perlen, die einen Eisenoxid-Kern besitzen und die Oligo-dT-Nukleotide kovalent gebunden haben. Kommt es hier zur Hybridisierung mit den Poly-A-Sequenzen, werden die Kügelchen mit der mRNA durch einen Magneten auf eine metallbeschichtete Seite des Eppendorf-Röhrchens abgelenkt. Die übrigen RNA- und DNA-Moleküle können dann entfernt werden. Anschließend wird die mRNA ebenfalls durch Waschen mit Puffer freigesetzt (■ Abb. 1).

Reverse Transkription

Reverse Transkriptase
Die reverse Transkriptase (RT) wurde 1970 von Howard Temin und David Baltimore erstmals beschrieben, 1975 wurde ihnen dafür der Nobelpreis für Medizin verliehen. Entdeckt wurde das Enzym in Retroviren. Dabei handelt es sich um RNA-Viren (z. B. HIV). Mithilfe der reversen Transkriptase wird das Viren-Genom in DNA umgeschrieben und kann so in die Wirt-DNA integriert werden.

Auch eukaryonte Zellen besitzen eine reverse Transkriptase. Sie ist Teil der Telomerase, die in Stammzellen oder Tumorzellen eine wesentliche Rolle spielt.

Methodik
Bei der reversen Transkription wird durch die RNA-abhängige DNA-Poly-

merase RNA in DNA umgeschrieben. Zuerst wird ein komplementärer DNA-Strang synthetisiert, der mit dem RNA-Strang hybridisiert, anschließend wird der RNA-Strang abgebaut und die DNA zum doppelsträngigen DNA-Molekül ergänzt. Der Vorgang wird als revers bezeichnet, da bei der „klassischen" Transkription in der Zelle die DNA zu RNA umgeschrieben wird (s. S. 14/15 und S. 18/19).

Die DNA, die mithilfe der reversen Transkriptase aus isolierter RNA synthetisiert wird, bezeichnet man als komplementäre DNA bzw. **cDNA.** Diese wird zur Analyse der Genexpression weiter untersucht.

Reverse Transkriptasen
Für die Synthese von cDNA verwendet man die virale AMV (*engl.* Avian myoblastosis virus)-RT oder die MML (*engl.* Moloney murine leukemia)-RT, alternativ gibt es auch modifizierte Versionen der MML-RT. Der wesentliche Unterschied liegt in der optimalen Aktivitätstemperatur. Ist diese höher, so wird die Sekundärstruktur der RNA besser aufgehoben, und es sind längere Transkripte möglich.

RNA
Vor der cDNA-Synthese wird festgelegt, ob Gesamt-RNA oder mRNA verwendet werden soll. Dabei richtet man sich nach dem Verwendungszweck der cDNA: Für die PCR ist Gesamt-RNA ausreichend (s. S. 58–61). Zur Herstellung einer Gensonde sollte man aufgereinigte mRNA einsetzen (s. S. 64/65).

Primer
Hexamerprimer (*engl.* Random hexamers) binden an alle Bereiche der RNA, also nicht nur an mRNA-Regionen, sondern auch an die übrigen, z. B. an nichtcodierende Anteile der RNA. Dadurch sind alle Anteile der mRNA in der cDNA präsentiert. Alternativ kann man auch Oligo-Td-Primer verwenden, die an den Poly-A-Schwanz der mRNA binden. Allerdings ist dann möglicherweise die cDNA nicht lang genug, um auch den proteincodierenden Teil der mRNA abzudecken. Soll nur eine spezielle mRNA in cDNA transkribiert werden, so lassen sich spezifische Primer einsetzen.

Anwendung
Mittels reverser Transkription kann die Expression eines Gens in der PCR nachgewiesen werden. Die entsprechende transkribierte RNA wird zunächst in cDNA umgeschrieben, da die Polymerase, die bei der PCR zum Einsatz kommt, DNA-abhängig ist und daher nur DNA und nicht RNA direkt amplifizieren kann.

Reverse Transkription wird auch bei der Klonierung (s. S. 62/63) und Sequenzierung (s. S. 66/67), zur Anfertigung von Gensonden im Rahmen von Microarrays (s. S. 94–97), Southern- und Northern-Blots (s. S. 64/65) sowie in der Rechtsmedizin zur Erstellung von DNA-Profilen eingesetzt.

In der Klinik können mit cDNA-Synthese und PCR Leukämien und Lymphome diagnostiziert werden oder auch Keime, z. B. Mykobakterien, nachgewiesen werden, die sich nur schwer kultivieren lassen.

Zusammenfassung

✖ Um die Transkription bestimmter Gene nachzuweisen, muss RNA analysiert werden.

✖ Die wesentliche Schwierigkeit beim Umgang mit RNA liegt darin, dass RNAsen ubiquitär vorkommen und schwer zu inaktivieren sind.

✖ Für die Anwendung ist die Isolierung von Gesamt-RNA ausreichend. Es ist aber auch möglich, gezielt mRNA zu gewinnen.

✖ Um RNA weiter untersuchen zu können, ist meist eine Transkription in cDNA nötig.

RNA-Techniken II

RNA-Interferenz (RNAi)

RNA-Interferenz ist ein Mechanismus zur Stummschaltung von Genen (*engl.* Gene silencing), die bei fast allen Organismen durch die Anwesenheit von doppelsträngiger RNA in Zellen ausgelöst wird. Dabei führt die Bildung von Doppelstrang-RNA nicht nur zu ihrem eigenen Abbau, sondern auch zu dem von Doppelstrang- und Einzelstrang-RNA-Molekülen, die eine Sequenz besitzen, die homolog zu der doppelsträngigen RNA sind, welche die Interferenz ausgelöst hat.

Der Ursprung der RNA-Interferenz ist vermutlich im Schutzmechanismus gegen eine Infektion mit RNA-Viren zu sehen. Wesentlich für den Ablauf des Mechanismus sind die **Short interfering RNAs (siRNA)** und die **Mikro-RNAs (miRNA),** die beide zur Gruppe der kleinen oder **Small nuclear RNA (snRNA)** gehören. Diese Gruppe kurzer RNA-Moleküle mit einer Länge von 21–23 Nukleotiden wird nicht translatiert, spielt aber bei der Regulation der Genexpression eine Rolle.

Short interfering RNA (siRNA)

Doppelstrang-RNA, die länger als 21–23 Nukleotide ist, wird in der Zelle vom Enzym **Dicer** in entsprechend kurze Fragmente gespalten. Diese kurzen doppelsträngigen RNA-Fragmente bezeichnet man als Short, Small oder Silencing RNA (siRNA). Sie werden an die Proteine eines Nuklease- und Helikase-haltigen Komplexes (*engl.* **R**NA-**i**nduced **s**ilencing com-

plex, **RISC**) gebunden. Dort dient einer der beiden RNA-Stränge des Doppelstrangs als Matrize, wobei der Mechanismus, nach dem der jeweilige Strang bestimmt wird, noch nicht vollständig untersucht ist. Die siRNA in RISC bindet komplementär an die entsprechende Ziel-RNA, und RISC bewirkt ein enzymatisches Entwinden und einen Abbau dieser Ziel-RNA (∎ Abb. 2). Auf diese Weise können sowohl Fremd-RNA-Moleküle abgebaut werden, die beispielsweise von Viren stammen, als auch die eigene mRNA, wodurch die Genexpression reguliert wird. Dabei ist noch nicht geklärt, wie RISC die mRNA findet.

In der Molekularbiologie spielt die RNA-Interferenz mittlerweile eine große Rolle, da durch die Transfektion von Zellen mit synthetischer siRNA die Expression von bestimmten Genen gezielt supprimiert werden kann. Man spricht hier von einem Gen-Knockdown (s. u.).

Mikro-RNA (miRNA)

Die Mikro-RNA (miRNA), ebenfalls aus der Gruppe der snRNA, besitzt nach posttranskriptionaler Modifizierung eine Stamm-Schleifen-Struktur (Hairpin-Struktur). Ihr „Stamm" ist dann auch, wie bei der siRNA, doppelsträngig (∎ Abb. 3). Nach einer Spaltung durch Dicer wird der doppelsträngige Anteil der Hairpin-Struktur ebenfalls in RISC integriert. Die miRNA reguliert die Genexpression, indem sie an die mRNA bindet und auf diese Weise die Translation verhindert. Die mRNA wird dabei jedoch nicht abgebaut. Die Mikro-RNA

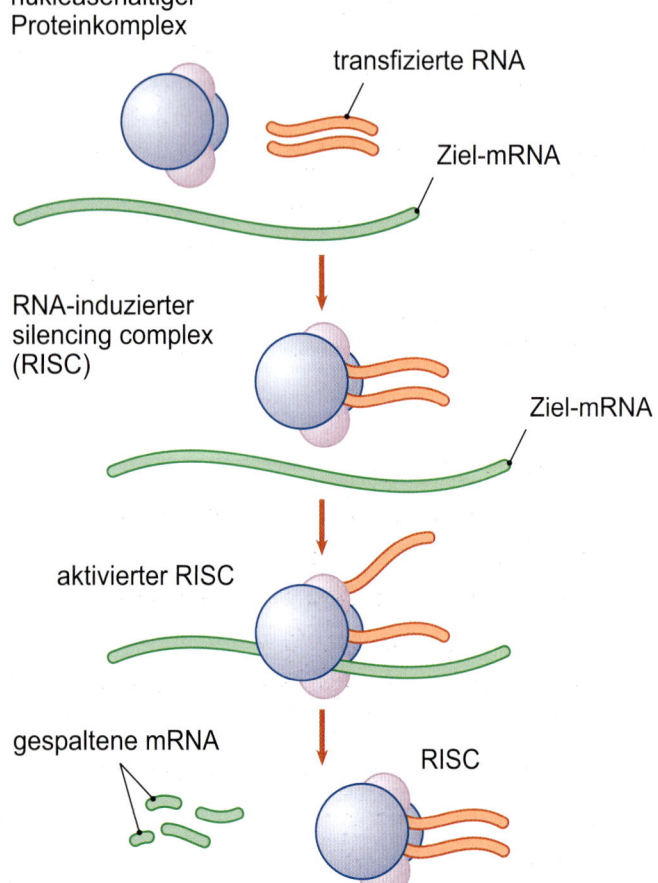

∎ Abb. 2: Die doppelsträngige siRNA wird in RISC integriert und bindet mit einem Strang der siRNA an die Ziel-RNA, die dann durch den Komplex abgebaut wird. [10]

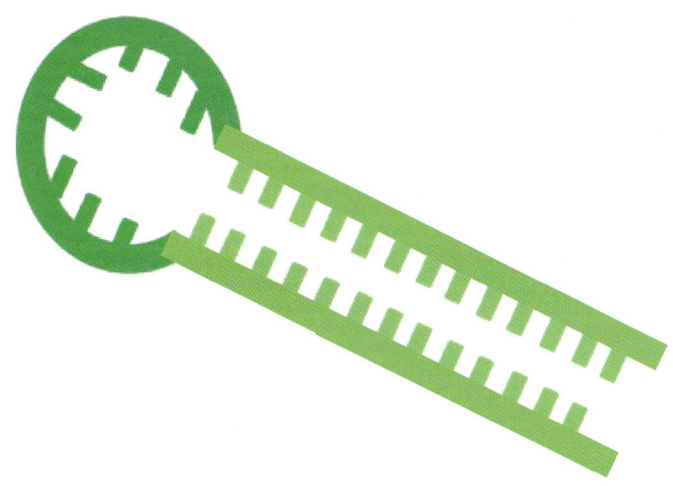

Abb. 3: Stamm-Schleifen-Struktur bzw. Hairpin-Struktur der miRNA. [1]

steuert dadurch wesentliche Vorgänge in der Zelle und spielt eine wichtige Rolle bei der Entwicklung, insbesondere bei der Morphogenese, aber auch bei der Tumorentstehung. Interessanterweise codieren nur 2 % der menschlichen DNA Proteine. Die Introns (s. S. 14/15), die mehr als 90 % der DNA ausmachen, wurden zunächst nur für Platzhalter zwischen den Genen gehalten. Inzwischen nimmt man an, dass sie codierende Sequenzen über die miRNA enthalten.

Methodik

Erzeugung und Applikation von dsRNA

Um einen Gen-Knockdown durchzuführen, gibt es mehrere Möglichkeiten, die Formation der entsprechende Doppelstrang-RNA in der Zelle zu erzielen.

Doppelstrang-RNA (dsRNA) mit einer Länge von 21–23 Nukleotiden kann synthetisch hergestellt und in die Zelle injiziert oder transfiziert werden, sodass sie bereits als siRNA ankommt. Werden längere dsRNA-Moleküle in die Zelle eingebracht, so werden diese zwar von Dicer gespalten, lösen aber in Säugetier-Zellen eine Interferon-Antwort aus, die zum unspezifischen Abbau von mRNA führt. Eine weitere Möglichkeit besteht darin, eine komplementäre Antisense-Einzelstrang-RNA einzuführen, die in der Zelle an den Sense-RNA-Strang bindet und dann dementsprechend auch als Doppelstrang vorliegt.

Einen größeren Effekt verspricht man sich allerdings von Methoden, bei denen die dsRNA erst in der Zelle synthetisiert wird. Hierbei transfiziert man DNA-Konstrukte, bei denen Promotoren gezielt so positioniert werden, dass bei der Transkription RNA-Moleküle mit Doppelstrangstruktur oder Stamm-Schleifen-Struktur entstehen, die direkt oder nach der Spaltung durch Dicer als siRNA fungieren.

Off-target-Effekt

Besitzt die eingesetzte RNA eine Sequenz, die nicht nur komplementär zu einem Abschnitt des Ziel-Gens ist, sondern auch zu anderen Genen, so kann es zum Off-target-Effekt kommen. Dies bedeutet, dass auch ggf. mehrere andere Gene stumm geschaltet werden, die wesentlich sind für die Funktion der Zelle. Es werden mittlerweile statistische Programme

eingesetzt, um dieses Problem zu vermeiden. Dennoch sind einige Therapiemöglichkeiten mittels RNA-Interferenz durch Off-target-Effekte eingeschränkt.

> Die geschätzte Rate von Off-target-Ereignissen beim Einsatz von siRNA beträgt ca. 10 %.

Anwendung

In der Forschung nutzt man die RNA-Interferenz v. a. beim Einsatz des o. g. **Gen-Knockdowns** zur Erforschung von Genfunktionen. Dabei wird doppelsträngige RNA in eine Zelle eingeführt, die eine Sequenz besitzt, die komplementär ist zu dem Zielgen, dessen Funktion analysiert werden soll. Die doppelsträngige RNA führt dann zur RNA-Interferenz und dadurch zur Herabregulierung des jeweiligen Zielgens. Da das Gen durch die RNA-Interferenz nicht ganz ausgeschaltet wird, spricht man von einem **Knockdown** und distanziert die Methode dadurch vom Gen-Knock-out (s. S. 102/103). Es gibt Bestrebungen, die Methode der RNA-Interferenz in Zukunft klinisch anzuwenden, beispielsweise bei der Therapie von viralen Erkrankungen, wie HIV- oder Hepatitis-B-Infektion. Aber auch bei der Krebstherapie bieten hochregulierte Gene in Tumoren Ansatzpunkte für die RNA-Interferenz.

Zusammenfassung

✖ Die RNA-Interferenz beruht auf der Anwesenheit von doppelsträngiger RNA in der Zelle.

✖ Die siRNA führt im RNA-induced silencing complex (RISC) zum Abbau von mRNA.

✖ Die miRNA verhindert die Translation durch Blockade der mRNA.

✖ In der Forschung wird der Mechanismus der RNA-Interferenz zur Durchführung von RNA-Knockdowns genutzt.

Polymerase-Kettenreaktion (PCR) I

Die Polymerase-Kettenreaktion (**PCR** von *engl.* „Polymerase chain reaction") ist die wohl wichtigste moderne Methode der Molekularbiologie. Durch die Entwicklung dieser fundamentalen Technologie ist es möglich geworden, bereits kleinste Mengen an DNA in vitro nach Belieben sehr stark zu vervielfältigen, sodass man die DNA sehr einfach nachweisen, untersuchen und sequenzieren (Feststellung der genauen Abfolge der einzelnen Bausteine) kann. Die PCR dient so beispielsweise dem Nachweis von Ursache und Verlauf von genetisch bedingten Erkrankungen. Sie spielt außerdem eine wichtige Rolle in der Gerichtsmedizin, z.B. beim Erstellen eines genetischen Fingerabdrucks. Wohl kaum eine Methode hat die moderne Wissenschaft so maßgeblich verändert wie die Polymerase-Kettenreaktion.

Für die Entwicklung der PCR erhielt der US-amerikanische Biochemiker **Kary Mullis,** nur zehn Jahre nach seiner Erfindung, im Jahre 1993 den Nobelpreis für Chemie.

Methodik
Das Prinzip der PCR ist recht einfach. Aus einem DNA-Molekül werden, wie der Name Kettenreaktion schon sagt, zunächst zwei, daraus vier, daraus acht Moleküle etc. (❙ Abb. 1). Diese Vervielfältigung wird durch ein Enzym ermöglicht: die **DNA-Polymerase,** welche die einzelnen Bestandteile der DNA zu langen Molekülsträngen verbindet. Dazu benötigt sie diese einzelnen Bausteine der DNA, die **Nukleotide** Adenin, Guanin, Cytosin und Thyrosin. Des Weiteren ist ein **kurzes Stück DNA (Primer)** erforderlich, an das die Nukleotide angebaut werden sollen und ein längeres DNA-Molekül **(Template),** das als Vorlage für den Aufbau des neuen Strangs dient.

Dabei genügt es, wenn nur ein kleines Stück der zu kopierenden DNA bekannt ist, nach dessen Vorlage die Primer ausgewählt werden. Der Primer bindet an die entsprechende Stelle der DNA und mithilfe der DNA-Polymerase wird daraus ein langer Molekülstrang. Dadurch können bislang völlig unbekannte DNA-Sequenzen vervielfältigt werden – die wichtigste Eigenschaft der PCR.

Soll ein Stück RNA kopiert werden, muss diese zunächst mithilfe des Enzyms reverse Transkriptase in DNA umgeschrieben werden. Man nennt diese Art der Polymerase-Kettenreaktion „RT-PCR" (Reverse transcription PCR).

Die PCR besteht aus einem Zyklus mit drei Teilschritten, der immer wieder wiederholt wird (❙ Abb. 2):

Denaturierung
Die Denaturierung läuft bei **95 °C** ab und führt zu einer **Auftrennung** (Denaturierung) der beiden DNA-Stränge. Da die Hitze den anderen Komponenten der PCR, z.B. der DNA-Polymerase, erheblich schaden kann, wird die Zeit des Denaturierungsprozesses möglichst kurz gehalten. Wenige Minuten reichen meist aus, um die beiden DNA-Stränge vollständig voneinander zu trennen.

Annealing (Hybridisierung)
Die Annealingtemperatur richtet sich überwiegend nach der **Länge der Primer** (GC-Gehalt), die verwendet werden. Wird eine zu niedrige Temperatur gewählt, binden die Primer u.U. an Sequenzen, die nicht zu 100 % komplementär sind. Dies führt zu sehr unspezifischen Ergebnissen. Ist die Temperatur allerdings zu hoch, können die Primer nicht richtig anheften, sodass es zu keiner Produktbildung kommt. Der Prozess der Hybridisierung benötigt i.d.R. nur 30 s.

Elongation (Verlängerung)
Für die Elongation wird die Temperatur anschließend auf **72 °C** (Taq-Polymerase) erhöht – die optimale Arbeitstemperatur der Polymerasen. Die Polymerase beginnt am **3'-Ende** des Primers und füllt die fehlenden Nukleotide auf, sodass ein langer DNA-Molekülstrang entsteht. Der Primer steht somit am Anfang des neuen Einzelstrangs. Die Zeit ist entscheidend für ein erfolgreiches Ergebnis. Ist sie zu kurz, kann die Polymerase den Molekülstrang nicht vollständig bilden. Ist die Zeit jedoch zu lang, ist die Wahrscheinlichkeit, dass Fehler entstehen, groß. Die optimale Elongationszeit sollte an die Länge des gewünschten Produkts angepasst sein. Normalerweise rechnet man mit 0,5 – 1 min für je 500 – 1000 Basenpaare.

Durch Zugabe des Enzyms Pyrophosphatase kann die Ausbeute der PCR gesteigert werden. Das Enzym katalysiert den Abbau einer der Reaktionsprodukte, das Pyrophosphat (PPi).

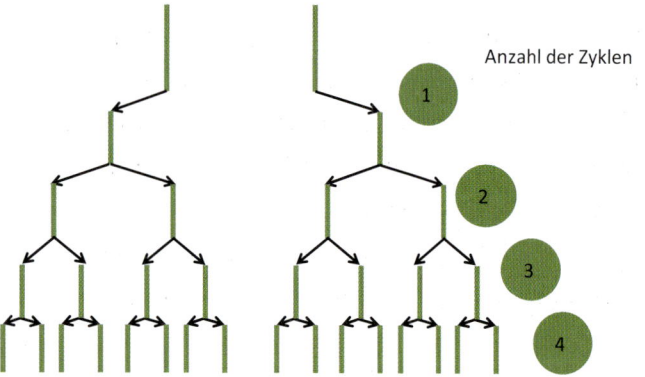

Anzahl der Zyklen

❙ Abb. 1: Schematische Darstellung der DNA-Amplifikation. [2]

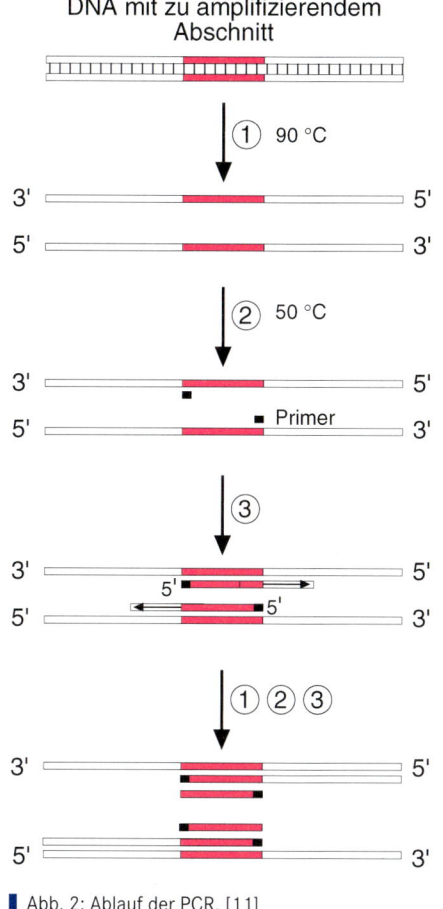

DNA mit zu amplifizierendem Abschnitt

① 90 °C

3'   5'
5'   3'

② 50 °C

3'   5'
5'   Primer   3'

③

3'   5'
5'   3'

① ② ③

3'   5'

5'   3'

■ Abb. 2: Ablauf der PCR. [11]

Reaktionskomponenten
Thermostabile DNA-Polymerase

Die DNA-Polymerasen arbeiten wie alle Enzyme des menschlichen Körpers am besten bei einer Temperatur von 37 °C. Da die Denaturierung jedoch bei 95 °C abläuft, werden die DNA-Polymerasen aus den meisten Organismen endgültig zerstört. Das war einer der Gründe, warum während der ersten Polymerase-Kettenreaktionen die Polymerase nach jedem Zyklus neu hinzugefügt werden musste.

Mit der Entdeckung von Mikroorganismen, die in sehr heißen Quellen bei Temperaturen von bis über 100 °C leben, fanden sich DNA-Polymerasen, die an extreme Temperaturen angepasst sind. Die heute fast überall verwendete **Taq-Polymerase** konnte aus dem Mikroorganismus **Thermus aquaticus** gewonnen werden.

Die PCR läuft in einem **Thermocycler** (■ Abb. 3) ab. Dieser erhitzt und kühlt die Reaktionsgefäße exakt auf die Temperatur, die für die einzelnen Teilschritte der PCR benötigt wird. Moderne Thermocycler sind in der Lage, die Temperatur um 4 °C pro Sekunde zu verändern. Die Dauer einer PCR (1–5 h) ist abhängig vom Amplifikat und der verwendeten Polymerase.

Puffer

Da die Taq-Polymerase ein Aktivitätsmaximum bei einem pH-Wert von 8 hat, benötigt der Reaktionsansatz die Zugabe eines geeigneten Puffers. Meistens wird ein **Tris-HCl** Puffer verwendet, obwohl dieser denkbar ungünstig ist, da sein pH-Wert stark von der Temperatur abhängt (pH-Wert bei 20 °C: 8,3; pH-Wert während der PCR zum Teil 7,8–6,8). Deshalb wird häufig ein Tris-Puffer mit einem pH-Wert von 8,55 oder gar 9,0 eingesetzt.

Magnesium

Die Polymerase benötigt für ihre Aktivität freie Magnesium-Ionen. Zudem beeinflusst Magnesium die Auftrennung der DNA-Stränge während der Denaturierung und die Primerhybridisierung. In den meisten Fällen wird dem Reaktionsansatz eine Konzentration von 2 mM Magnesium hinzugegeben, um einen erfolgreichen Ablauf der PCR zu garantieren.

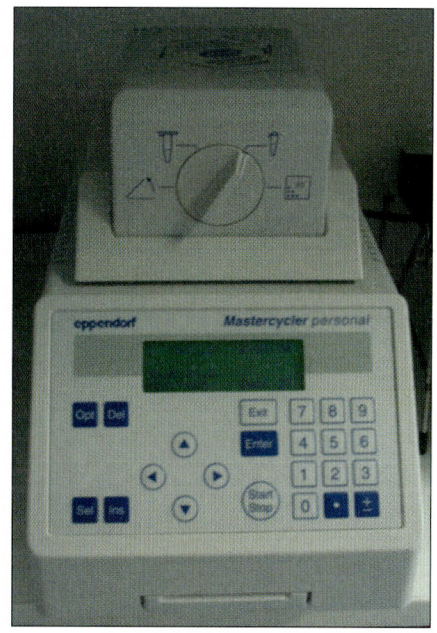

■ Abb. 3: Thermocycler. [2]

Zusammenfassung

✖ Die Polymerase-Kettenreaktion ermöglicht die Amplifikation von DNA in vitro. Sie ist wohl die bedeutendste Methode der modernen Molekularbiologie.

✖ Die PCR besteht aus einem immer wiederkehrenden Zyklus aus drei Teilschritten: Denaturierung bei 95 °C, Annealing und Elongation bei 72 °C.

✖ Die thermostabile Polymerase des Mikroorganismus „Thermus aquaticus" ist heute die Standardpolymerase (Taq-Polymerase) für die PCR, da sie optimal an hohe Temperaturen angepasst ist.

✖ Die Zugabe von Tris-Puffer und Magnesium ist erforderlich, um der Polymerase optimale Aktivitätsbedingungen zu schaffen und eine geeignete chemische Umgebung zu sichern.

Polymerase-Kettenreaktion (PCR) II

Quantitative PCR

Für viele Methoden und Untersuchungen ist es wichtig, die ursprüngliche Menge an DNA in einer Probe zu bestimmen. Diese lässt sich direkt nach Durchführung einer quantitativen PCR errechnen, da nach jedem Zyklus genau doppelt so viel DNA vorliegen sollte. Allerdings muss man beachten, dass die Arbeitsbedingungen der DNA-Polymerase zu Beginn und am Ende einer PCR nicht optimal sind. Am Anfang ist die geringe Menge des Templates Ursache für eine begrenzte Enzymaktivität, gegen Ende sind die Nukleotide weitgehend aufgebraucht und die ständig wechselnden Temperaturschwankungen führen zur eingeschränkten Polymerase-Aktivität.

Kompetitive PCR
Die kompetitive PCR beruht auf Zugabe einer ganz bestimmten Menge einer zweiten **DNA-Matrize,** die sich nur minimal vom Template unterscheidet. Damit werden beide DNA-Stränge unter den gleichen Voraussetzungen amplifiziert. Durch einen anschließenden Vergleich der neu gebildeten Menge an Template und zweiter DNA-Vorlage lässt sich die Ausgangsmenge des Templates einschätzen. Da es heute weitaus genauere Methoden gibt, wird die kompetitive PCR kaum noch verwendet.

Real-time quantitative PCR
Durch die Real-time quantitative PCR kann bestimmt werden, ob und in welcher Menge ein bestimmter DNA-Abschnitt in einer Probe vorliegt. Da hierbei nach jedem einzelnen Zyklus die Anzahl der neu gebildeten DNA-Moleküle erfasst werden kann, spricht man von einer Echtzeit-PCR (*engl.* Real-time).

Interkalierende Farbstoffe
Farbstoffe (wie **Ethidiumbromid** und **SYBR Green**) fluoreszieren, wenn sie in doppelsträngige DNA interkalieren und anschließend mit Licht angeregt werden. Die Zunahme der Fluoreszenz von Zyklus zu Zyklus ist also direkt proportional zur Zunahme der zu amplifizierenden DNA. Am Ende eines jeden Zyklus wird die Fluoreszenz gemessen. Spezielle Light cycler vereinfachen den Prozess, da sie die Temperaturregelung, das Anregen der interkalierenden Farbstoffe und das ständige Messen der Fluoreszenz übernehmen.

FRET-Sonden
Eine weitere Möglichkeit, die DNA-Menge quantitativ zu bestimmen, ist der **Fluoescence resonance energy transfer** (FRET). Man versteht darunter einen physikalischen Prozess, bei dem Energie eines Farbstoffs (Donor) auf einen zweiten Farbstoff (Akzeptor) übertragen wird.

TaqMan-Sonden
TaqMan-Sonden eignen sich hervorragend für den Nachweis von DNA-Produkten. TaqMan-Sonden sind kurze DNA-Stücke, die an einen Bereich in der Mitte der Template-DNA binden. Sie besitzen an einem Ende einen **Reporterfarbstoff (R)** und am anderen Ende einen **Quencher (Q)** (*engl.* to quench = löschen) (◼ Abb. 4). Die Quencher fangen Signale

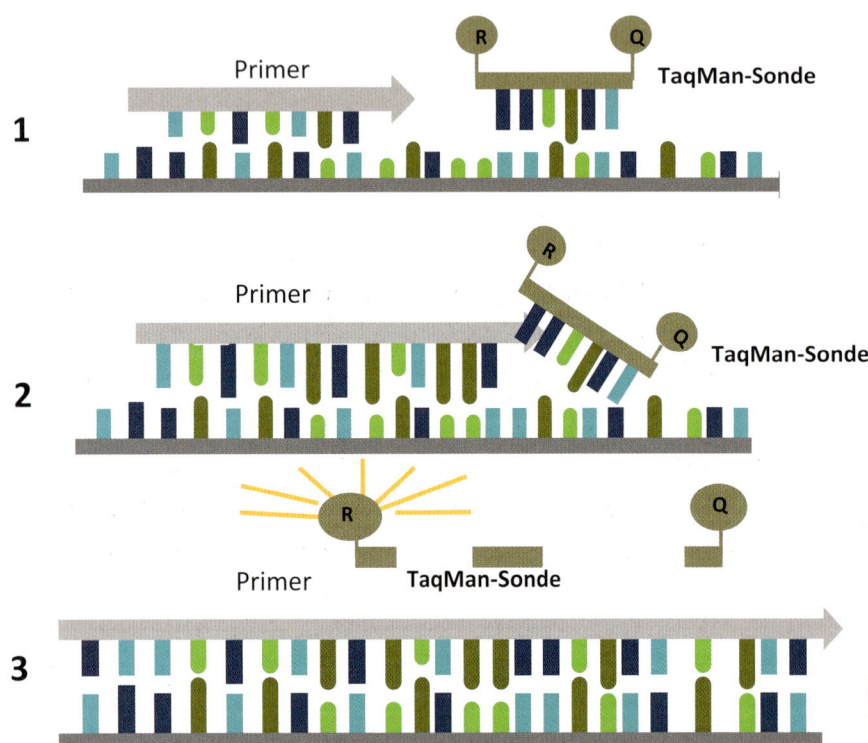

◼ Abb. 4: Schematischer Ablauf der PCR unter Zuhilfenahme einer TaqMan-Sonde mit Reporterfarbstoff (R) und Quencher (Q). [2]

von fluoreszierenden Farbstoffen in ihrer Umgebung ab. Bindet die Polymerase im Verlauf der PCR an das Template, baut sie aufgrund der **5'-3'-Exonuklease-Aktivität** die TaqMan-Sonde ab. Dadurch wird zunächst der Reporterfarbstoff freigesetzt, der somit aus der Umgebung des Quenchers verschwindet und nicht mehr in seiner Fluoreszenz gehemmt wird. Diese kann also nur dann gemessen werden, wenn die DNA-Polymerase den gewünschten DNA-Strang amplifiziert hat. Mit TaqMan-Sonden kann so die Menge der gebildeten DNA zu jedem Zeitpunkt bestimmt werden.

Light-Cycler-Sonden
Die Quantifizierung wird zudem durch den Einsatz von Light-Cycler-Sonden, kurze Oligonukleotide, ermöglicht. Ähnlich wie die TaqMan-Sonden werden diese mit einem **Donor-Fluorchrom** (entspricht dem Reporterfarbstoff) und einem **Akzeptor-Fluorchrom** (entspricht dem Quencher) markiert. Der Donor gibt einen Teil seiner Energie an den Akzeptor ab, sofern sich dieser in unmittelbarer Nähe befindet. Nimmt der Abstand zwischen Donor und Akzeptor zu, wird das Fluoreszenzsignal des Donors zunehmend stärker, während das des Akzeptors kontinuierlich abnimmt. Während der PCR binden die Sonden an den DNA-Strang und ermöglichen damit eine Fluoreszenz des Akzeptors. Diese wird gemessen und ist direkt proportional zur Menge der gebildeten DNA.

Methylierungsspezifische quantitative PCR
Die methylierungsspezifische PCR (MSP, s. S. 68/69) ist eine moderne PCR-Methode, die v. a. in der Krebsforschung ange-

wandt wird. Vielen Tumoren liegt keine genetische Mutation zugrunde, sondern eine Art Stilllegung wichtiger Gene, die den Zellzyklus kontrollieren. Diese Stilllegung führt dazu, dass sich die Tumorzellen unkontrolliert teilen können – ein Charakteristikum maligner Zellen. Hervorgerufen wird sie durch eine Promotor-Methylierung: Im Promotorbereich der DNA, also der Bereich, der die Startinformation für die dahinterliegende Gensequenz enthält, werden Methylgruppen an die Base Cytosin angehängt. Dadurch kann die DNA-Polymerase nicht mehr an den Promotor binden – das nachfolgende Gen wird nicht mehr exprimiert; es bleibt stumm (**Silenced gene).**
Die Detektion dieser Regionen ist für die Aussage der Malignität von Tumoren von großer Bedeutung. Des Weiteren sind die methylierten Promoterregionen Ansatzpunkte vieler neuer Medikamente gegen Tumoren.
Eine sehr einfache Methode, diese methylierten Promoterregionen zu detektieren, ist die methylierungsspezifische PCR: Dafür behandelt man die zu untersuchende DNA zunächst mit Natriumbisulfit. Dadurch werden die unmethylierten Cytosine in den RNA-Bestandteil Uracil umgewandelt. Die methylierten Cytosine bleiben davon unbeeinflusst. Je nach Methylierungszustand entstehen also unterschiedliche DNA-Produkte. Diese werden dann im Rahmen einer PCR-Reaktion durch Zugabe von spezifischen Primern amplifiziert. Auf diese Weise kann man erkennen, ob die Template-DNA ursprünglich methyliert vorlag oder nicht.

Zusammenfassung
- ✖ Die quantitative PCR dient nicht nur dem Nachweis von DNA in einer Probe, sondern auch der Bestimmung der genauen DNA-Menge.
- ✖ Man spricht von Real-time quantitativer PCR (also Echtzeit quantitativer PCR), weil die amplifizierte DNA-Menge nach jedem Zyklus bestimmt wird.
- ✖ Interkalierende Farbstoffe, wie Ethidiumbromid oder SYBR Green, binden an DNA und fluoreszieren, wenn sie mit Licht angeregt werden. Die Zunahme der Fluoreszenz nach jedem Zyklus ist proportional zur amplifizierten DNA.
- ✖ TaqMan-Sonden und Light-Cycler-Sonden, die zur quantitativen PCR eingesetzt werden, beruhen auf dem Prinzip des Fluorescence resonance energy transfer (FRET).
- ✖ Durch methylierungsspezifische PCR kann der Nachweis stillgelegter Gene erfolgen. Dies ist v. a. für die Krebsforschung von enormer Bedeutung.

Klonierung von DNA-Fragmenten

Definition

Die Klonierung ist eine molekularbiologische Technik, bei der ein DNA-Fragment (z.B. ein bestimmtes **Gen**) in ein Transportvehikel **(Vektor)** integriert und mit dessen Hilfe in einen **Wirtsorganismus** (z.B. Bakterien- oder Hefezellen) eingeschleust wird.

Ziel einer Klonierung ist dabei die Vermehrung, also die Herstellung identischer Kopien des Vektors.

Grundlagen

Der Erfolg einer Klonierung hängt insbesondere von der Wahl eines geeigneten Klonierungsvektors ab. So ist z.B. die **Aufnahmekapazität** eines Vektors begrenzt. Das bedeutet, dass das DNA-Fragment, das in den Vektor integriert werden soll, nicht beliebig groß sein darf. Unterschiedliche Vektoren besitzen z.T. sehr unterschiedliche Aufnahmekapazitäten (❚ Tab. 1). Zudem sind Vektoren selbst unterschiedlich groß und lassen sich nur in bestimmte Wirtszellen einschleusen. Gemeinsam ist allen Vektoren u.a ihre Fähigkeit zur Integration fremder DNA. Zudem können sie sich (und somit auch die Fremd-DNA) im Wirtsorganismus **autonom** vermehren.

> Ein Klonierungsvektor ist ein Transportvehikel zur Einschleusung fremder DNA in eine Wirtszelle.

Eine häufig verwendete Vektor-Wirtsorganismus-Kombination ist die von Plasmid und **Escherichia coli.** Plasmide sind doppelsträngige DNA-Moleküle, die eine ringförmige Struktur besitzen und sich in Bakterienzellen unabhängig vom Kerngenom (autonom) vervielfältigen können.

> Werden DNA-Moleküle, die in der Natur nicht zusammen vorkommen, durch Restriktion und Ligation zu einem Molekül verbunden, bezeichnet man das entstandene Molekül als rekombinante DNA.

Plasmide, die als Klonierungsvektor verwendet werden, besitzen einige charakteristische Merkmale (❚ Abb. 1):

▶ **Replikationsstart** (oriC, von *engl.* Origin of replication): DNA-Abschnitt, an dem die (autonome) Replikation eines Plasmids beginnt. Nach Art des Replikationsstarts unterscheidet man **Low-copy-Plasmide** (Bakterienzelle enthält nur

Vektor	Maximale Aufnahmekapazität
Plasmid	≤ 10 kb
Phagemid	≤ 15 kb
λ-Phage	≤ 20 kb
Cosmid	≤ 50 kb
BAC (*engl.* **B**acterial **a**rtificial **c**hromosomes)	≤ 300 kb
PAC (*engl.* **P**hage P1-based **a**rtificial **c**hromosomes)	≤ 300 kb
YAC (*engl.* **Y**east **a**rtificial **c**hromosomes)	≤ 1000 kb

❚ Tab. 1: Häufig verwendete Klonierungsvektoren.

wenige Plasmide) von **High-copy-Plasmiden** (Bakterienzelle enthält viele Plasmidkopien).

▶ Selektionsmarker: meist **Resistenzgene gegen bestimmte Antibiotika** (z.B. Ampicillin, Kanamycin oder Chloramphenicol). Sie ermöglichen eine Selektion der Bakterienzellen, die ein Plasmid durch Transformation aufgenommen haben (durch Kultivierung der Bakterien in Antibiotika-haltigem Medium).

▶ **multiple Klonierungsstelle** (MCS, von *engl.* **M**ultiple **c**loning **s**ite) oder Polylinker: DNA-Sequenz, die eine Vielzahl verschiedener Restriktionsschnittstellen enthält, die im restlichen Vektor nicht noch einmal vorkommen. Die multiple Klonierungsstelle ermöglicht die Öffnung des Vektors und die die Integration fremder DNA-Sequenzen (s.u.).

Methodik

Eine Standard-Klonierung, unter Verwendung eines Plasmids als Vektor und E. coli als Wirt, verläuft in mehreren Schritten (❚ Abb. 2).

Restriktion

Bevor ein DNA-Fragment in ein ringförmiges Plasmid integriert werden kann, muss dieses zunächst innerhalb seiner multiplen Klonierungsstelle (s.o.) aufgeschnitten werden. Hierbei macht man sich die Fähigkeit von **Restriktionsenzymen** zunutze, die spezifische DNA-Sequenzen **(Restriktionsschnittstellen)** erkennen und schneiden können (❚ Abb. 3). Werden die Einzelstränge der DNA, z.B. durch EcoRI, versetzt geschnitten, entstehen überhängende oder **klebrige Enden** (Sticky ends, ❚ Abb. 3a). Schneidet das Restriktionsenzym (z.B. SmaI) hingegen beide Einzelstränge an der gleichen Stelle, entstehen **glatte Enden** (Blunt ends, ❚ Abb. 3b).

> Restriktionsenzyme (Restriktionsendonukleasen) sind Enzyme, die bestimmte DNA-Sequenzen von nur wenigen Nukleotiden (Restriktionsenzym-Erkennungssequenzen) erkennen und dort beide DNA-Stränge schneiden.

Damit das zu klonierende DNA-Fragment mit dem geöffneten Plasmid verbunden werden kann, muss es die gleichen (kompatiblen) Enden wie dieses besitzen. Dies kann u.a. dadurch erreicht werden, dass man die DNA mit dem gleichen Res-

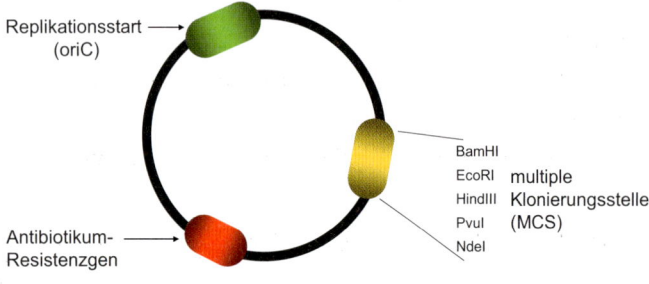

❚ Abb. 1: Kennzeichen eines Plasmids. [5]

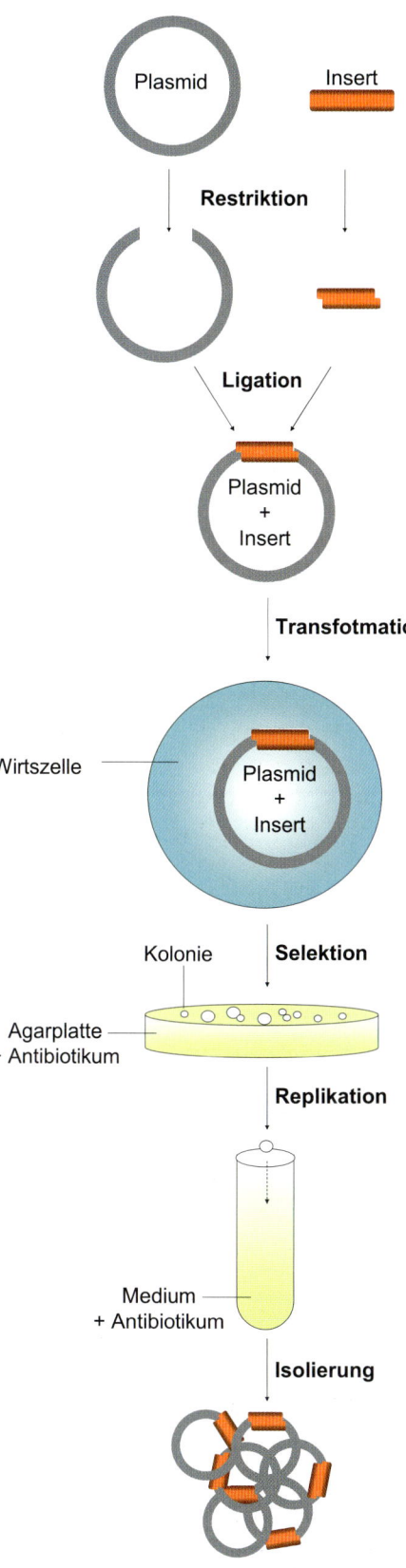

triktionsenzym schneidet, mit dem man auch das Plasmid geschnitten hat. Alternativ kann man das zu klonierende DNA-Fragment mittels PCR amplifizieren und hierzu Primer verwenden, die in ihren 5'-Enden die gewünschten Restriktionsschnittstellen bereits enthalten.

Ligation

Besitzen das verwendete Plasmid und das zu klonierendes DNA-Fragment die gleichen Enden, werden diese im zweiten Schritt der Klonierung miteinander verbunden. Diese Ligation wird durch **Ligasen** (z. B. T4 DNA-Ligasen) katalysiert. Ligationszeit und -temperatur hängen dabei u. a. davon ab, ob glatte oder klebrige Enden ligiert werden sollen. Die Verbindung von Sticky ends ist einfacher als die von Blunt ends und wird standardmäßig bei 14–20 °C für ca. 10 min durchgeführt. Zur Ligation glatter Enden eignet sich häufig eine Inkubation bei 4 °C für 1 h.

Transformation

Um die rekombinante DNA zu vermehren, wird sie im dritten Schritt in Bakterienzellen eingeschleust. Für diesen, als Transformation bezeichneten Vorgang, müssen die Bakterien zunächst durch physikalische und/oder chemische Behandlung (z. B. Calciumchlorid-Methode oder Elektroporation) kompetent gemacht werden. **Kompetente Bakte-**

rien sind dann in der Lage, freie DNA aus dem Medium aufzunehmen.

Selektion

Da normalerweise nicht alle transformierten Bakterienzellen ein Plasmid aufnehmen, muss im Anschluss an die Transformation die Selektion der transformierten Bakterien erfolgen. Dafür macht man sich das im Plasmid enthaltene Resistenzgen gegen ein bestimmtes Antibiotikum zunutze. Kultiviert man die transformierten Bakterien auf **Agarplatten,** die das entsprechende Antibiotikum enthalten, bilden nur die Bakterienzellen Kolonien, die ein Plasmid aufgenommen haben.

Durch das Anlegen einer **Flüssigkultur** (Animpfen von Medium mit einer Bakterienkolonie) lässt sich das Plasmid im Anschluss an die Klonierung weiter vermehren. Um die Plasmid-DNA für spätere Versuche verwenden zu können, muss diese isoliert und gereinigt werden (s. S. 46–49).

Anwendung

Mithilfe von **Expressionsvektoren** werden eine Reihe medizinisch relevanter Genprodukte, z. B. Humaninsulin oder Impfstoffe, hergestellt. Expressionsvektoren besitzen hierzu einen **regulierbaren Promotor,** der für den Start der Transkription benötigt wird.

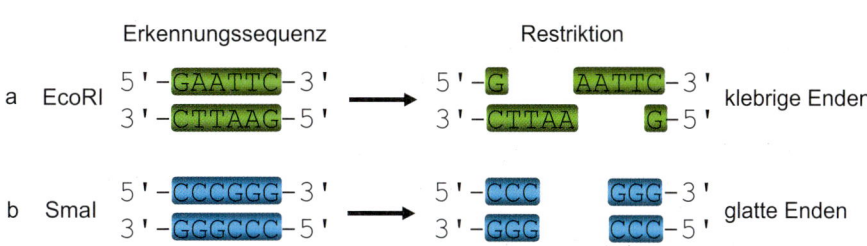

Abb. 3: Restriktionsenzyme EcoRI und Smal. [5]

Zusammenfassung

✖ Die Klonierung ist eine molekularbiologische Methode zur Vervielfältigung bestimmter DNA-Sequenzen.

✖ Restriktion, Ligation, Transformation und Selektion sind wichtige Schritte einer Klonierung.

✖ Restriktionsendonukleasen und Ligasen katalysieren die Restriktion bzw. Ligation.

Southern- und Northern-Blot

Definition

Den **Transfer** von Biopolymeren (DNA, RNA oder Protein) auf eine Membran bezeichnet man als Blotten (von *engl.* to blot = klecksen) oder Blotting. Das Blotten von DNA wird – in Anlehnung an seinen Erfinder Edwin Southern – als Southern-Blot bezeichnet. Den Transfer von RNA auf eine Membran bezeichnet man hingegen als Northern-Blot und das Blotten von Proteinen wiederum als Western-Blot (s. S. 78/79).

Das Ziel eines Transfers von Nukleinsäuren (DNA oder RNA) auf eine Membran ist der **Nachweis spezifischer DNA-** bzw. **RNA-Sequenzen** in einem Gemisch von DNA- bzw. RNA-Fragmenten.

Methodik

Die Durchführung von Southern- und Northern-Blots erfolgt nach dem gleichen Schema (❚ Abb. 1). Beide Methoden unterscheiden sich lediglich darin, dass das zu untersuchende Material beim Southern-Blot DNA (meist **genomische DNA**) und im Fall eines Northern-Blots **mRNA** ist. Das Blotting-Verfahren für Nukleinsäuren besteht prinzipiell aus den folgenden fünf Schritten:

Isolierung

Ein Southern- bzw. Northern-Blot-Experiment beginnt üblicherweise mit der Isolierung und Aufreinigung der DNA bzw. mRNA aus dem Probenmaterial (z. B. Zellen oder Gewebe). Methoden hierfür sind auf den Seiten 46 – 49 und 54 – 57 beschrieben. Es sei an dieser Stelle noch einmal darauf hingewiesen, dass das Arbeiten mit RNA eine besondere Sorgfalt erfordert, da **RNAsen** allgegenwärtig sind.

> Ribonukleasen (RNAsen) sind Enzyme, die die Spaltung von Ribonukleinsäuren katalysieren.

Damit die gewonnenen Nukleinsäuren anschließend mittels Gelelektrophorese aufgetrennt werden können, werden sie mithilfe eines oder mehrerer **Restriktionsenzyme** in kleinere Fragmente gespalten.

Gelelektrophorese

Die **Auftrennung** des Nukleinsäure-Gemischs erfolgt im zweiten Schritt des Experiments durch Gelelektrophorese (s. S. 52/53). Hierbei werden die Nukleinsäurefragmente in einem elektrischen Feld entsprechend ihrer Größe voneinander getrennt, wobei kleinere Fragmente schneller durch das Gel wandern als größere. Zusätzlich zu den Proben wird ein DNA- bzw. RNA-Größenstandard mit aufgetragen. Dieser ermöglicht später die Ermittlung der Molekülmassen aller detektierten Fragmente. Um die Bildung von Sekundärstrukturen zu vermeiden, wird die Gelelektrophorese der einzelsträngigen mRNA unter denaturierenden Bedingungen durchgeführt.

Zur Erhöhung der **Transfereffizienz** findet im Anschluss an die Elektrophorese eine Vorbehandlung der Gele statt. Die

DNA wird hierbei meist partiell depuriniert und zudem in ihre Einzelstränge aufgetrennt (denaturiert). Für den Transfer großer RNA-Fragmente empfiehlt sich u. a. eine partielle Hydrolisierung der RNA durch Inkubation des Gels in Natronlauge. Sowohl DNA- als auch RNA-Gele müssen vor dem Transfer im Blottpuffer wieder neutralisiert werden.

Transfer

Für das eigentliche Blotten, also die Übertragung und Fixierung der DNA bzw. RNA auf eine Nitrocellulose- oder Nylonmembran, gibt es verschiedene Möglichkeiten. Die wohl am weitesten verbreitete Methode ist das **Kapillar-Blotting** (❚ Abb. 2). Hierbei wandert ein salzhaltiger oder alkalischer Puffer unter Ausnutzung des Kapillareffekts durch Gel und

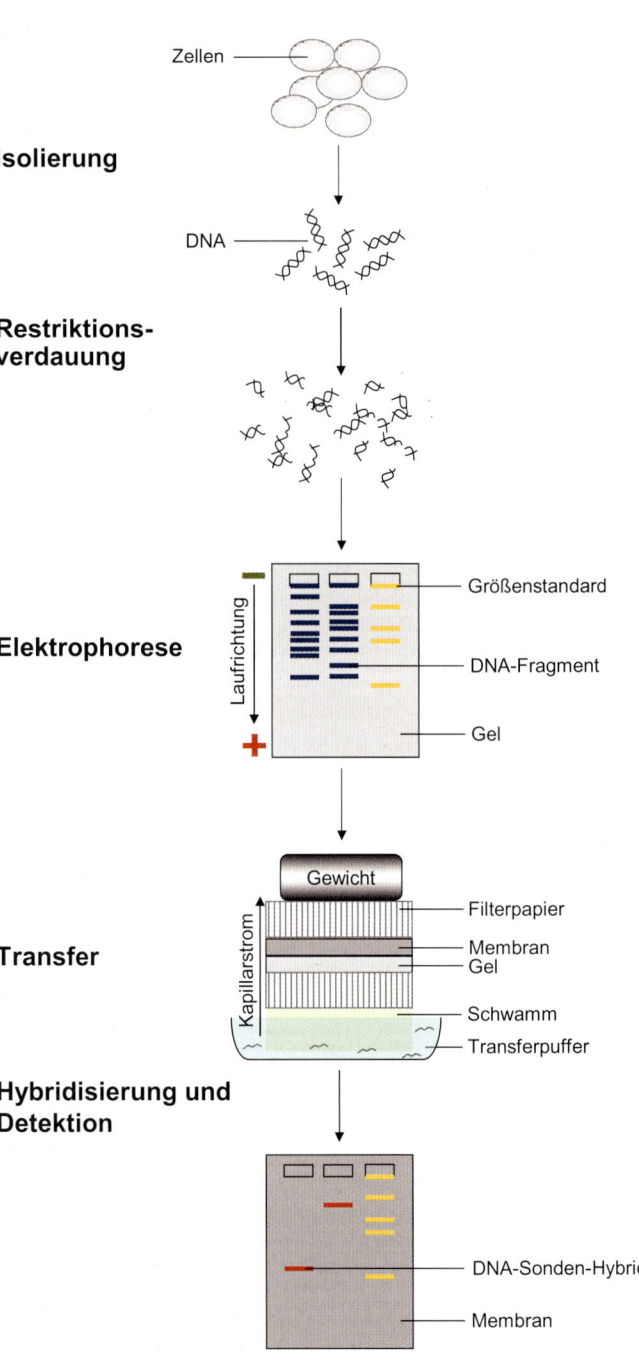

❚ Abb. 1: Prinzip des Nukleinsäure-Blots am Beispiel eines Southern-Blots. [5]

Membran und nimmt dabei DNA bzw. mRNA mit. Beim **Vakuum-Blotten** werden die Nukleinsäuren hingegen durch das Anlegen eines Vakuums mit dem Blotpuffer vom Gel auf die Membran transferiert. Zudem können die negativ geladenen Nukleinsäuren durch Erzeugen eines elektrischen Felds auf die Membran transferiert werden. Diese Methode bezeichnet man auch als **Elektro-Blot.** Soll die Membran mehrfach für verschiedene Hybridisierungen benutzt werden, lohnt sich zudem eine **Fixierung** der geblotteten Nukleinsäuren. Nylonmembranen kann man z. B. für einen Zeitraum von wenigen Minuten bis hin zu mehreren Stunden mit **UV-Licht** bestrahlen.

Als Dot-Blot bezeichnet man ein Blotting-Verfahren, bei dem die zu untersuchenden Nukleinsäuresequenzen direkt (ohne vorherige Elektrophorese) auf eine Membran aufgetragen werden.

Nach dem Transfer und vor der Hybridisierung findet eine Prähybridisierung statt. Hierbei werden die freien Bindungsstellen auf der Membran blockiert, um eine unspezifische Bindung der Sonden zu verhindern.

Hybridisierung und Detektion
Der eigentliche Nachweis spezifischer DNA- oder mRNA-Sequenzen in der Membran erfolgt mithilfe von **DNA-** bzw. **RNA-Sonden.** Hierbei handelt es sich um i. d. R. künstlich hergestellte Nukleotidketten, deren Basensequenzen komplementär zu den gesuchten Zielsequenzen sind. Die Detektion einer Hybridisierung zwischen Sonde und RNA- oder DNA-Sequenz erfolgt durch **Markermoleküle,** die an die Sonden gebunden sind. Als Markermoleküle werden z. B. **Fluoreszenzfarbstoffe, radioaktive Isotope** oder Enzyme, wie Peroxidase oder alkalische Phosphatase, eingesetzt. Sowohl Fluoreszenzfarbstoffe als auch radioaktive Isotope ermöglichen einen direkten Nachweis der Hybridisierung. Der Nachweis durch Enzyme erfolgt dagegen indirekt durch Zugabe eines Substrats und einer daraus resultierenden detektierbaren **Enzym-Substrat-Reaktion** (s. S. 78/79).

Die Anlagerung eines DNA- oder RNA-Einzelstrangs an einen komplementären DNA- bzw. RNA-Einzelstrang bezeichnet man als Hybridisierung.

Zur Hybridisierung werden Membran und Sonde zusammen in Hybridisierungspuffer inkubiert. Sonden, die während der Inkubation nicht an die Membran binden, stören die Detektion und werden daher in einem oder mehreren Waschschritten entfernt.

Stripping
Will man verschiedene DNA- oder RNA-Sequenzen auf einer Membran nachweisen, kann man die Bindung zwischen Sonde und der komplementären Basensequenz auf der Membran wieder lösen und die Sonden anschließend durch Waschen entfernen. Dieser Vorgang wird auch als Stripping bezeichnet.

Anwendung
In Nukleinsäure-Blots können spezifische DNA- oder RNA-Sequenzen unter

Millionen weiterer Sequenzen nachgewiesen werden. Verwendung finden diese Techniken nicht nur in der Grundlagenforschung, sondern vielfach auch in der Diagnostik.

Mit der Southern-Blot-Technik kann u. a. untersucht werden, wie viele Kopien eines bestimmten Gens im gesamten Genom vorhanden sind. Eine Veränderung der Zahl der Genkopien ist z. B. für einige Tumorerkrankungen charakteristisch. Ein Southern-Blot ermöglicht hier eine eindeutige Diagnose. Zudem trägt er dazu bei, die Tumorgenese im Allgemeinen zu verstehen. Anwendung findet die Technik auch bei der Untersuchung von **Gen-Rearrangements,** die zu einem Positionswechsel von DNA-Sequenzen im Genom führen.

Das Northern-Blotting wird u. a. benutzt, um den **Expressionsstatus** bestimmter Gene zu bestimmen. Ein Northern-Blot liefert z. B. Aussagen darüber, in welchen Geweben oder in welchen Entwicklungsstadien eines Organismus ein bestimmtes Gen exprimiert wird.

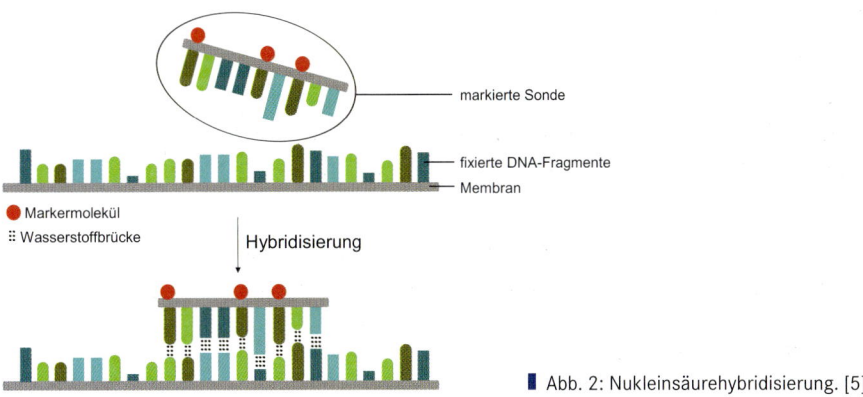

Markermolekül
Wasserstoffbrücke
markierte Sonde
fixierte DNA-Fragmente
Membran
Hybridisierung

■ Abb. 2: Nukleinsäurehybridisierung. [5]

Zusammenfassung

✖ Den Transfer von DNA, RNA oder Proteinen auf eine Membran bezeichnet man als Blotten.

✖ Ein Nukleinsäure-Blot besteht aus fünf Einzelschritten: Isolierung, Gelelektrophorese, Transfer, Hybridisierung und Detektion.

✖ Bei der Hybridisierung binden DNA- oder RNA-Sonden an komplementäre Nukleotidsequenzen auf der Membran.

✖ Die Detektion kann entweder direkt oder indirekt über Markermoleküle (z. B. Fluoreszenzfarbstoffe) erfolgen, die an die Sonde gebunden sind.

✖ Southern- und Northern-Blots werden u. a. in der Pathologie eingesetzt.

Sequenzierung von DNA

Definition

Die DNA-Sequenzierung ist eine molekularbiologische Methode, mit der die Abfolge der Basen **(Basensequenz)** von DNA-Fragmenten oder kompletten Genomen bestimmt wird.

Grundlagen

Die Desoxyribonukleinsäure (DNA) ist ein, aus den Nukleotiden **Adenin, Thymin, Guanin** und **Cytosin** aufgebautes, Makromolekül. Die Basensequenz codiert die genetische Information des Menschen (s. S. 14/15). Durch den Prozess der Transkription wird die DNA in Ribonukleinsäure umgeschrieben (RNA), RNA wiederum wird durch Translation in Proteine übersetzt (s. S. 18/19).

Die Möglichkeit, die Nukleotidsequenz beliebiger DNA (DNA-Fragmente oder komplette Genome) bestimmen zu können, revolutionierte die biowissenschaftliche Forschung in den 1970er-Jahren. Das wohl bisher bekannteste Großprojekt, das die DNA-Sequenzierung ermöglichte, ist das Humangenomprojekt. Dessen Ziel, die komplette Sequenzierung der Basensequenzen aller Chromosomen des Menschen, gilt seit 2003 als erreicht und ermöglicht aktuell wiederum z. B. die Erforschung von Erbkrankheiten oder die Entstehung von Krebs.

Methodik

Zur DNA-Sequenzierung stehen heute verschiedene Techniken zur Verfügung. Hierzu zählen u. a. die **Sequenzierung nach Maxam und Gilbert,** die **Sequenzierung nach Sanger** oder die **Pyrosequenzierung.** Die Durchführung einer Sequenzierung kann entweder manuell oder mithilfe von DNA-Sequenzierungsgeräten erfolgen.

Für die Entwicklung ihrer Methoden wurde sowohl Frederick Sanger als auch Walter Gilbert 1980 mit dem Nobelpreis für Chemie ausgezeichnet. Standardmäßig werden aktuell Techniken eingesetzt, die auf dem Prinzip der Sequenzierung nach Sanger beruhen.

Sequenzierung nach Sanger (Kettenabbruch-Methode)

Sangers Methode basiert auf dem Einsatz von **2',3'-Didesoxyribonukleotidtriphosphaten** (ddNTP), Didesoxyadenintriphosphat (ddATP), Didesoxythymintriphosphat (ddTTP), Didesoxycytosintriphosphat (ddCTP, ∎ Abb. 1) und Didesoxyguanintriphosphat (ddGTP). Hierbei handelt es sich um künstlich hergestellte Nukleotide, die am 3'-Ende ein Wasserstoffatom (H) anstelle einer Hydroxylguppe (OH) besitzen (∎ Abb. 1). Der Einbau eines solchen, modifizierten Nukleotids bedingt während der Synthese eines DNA-Einzelstrangs einen **Kettenabbruch,** weshalb man die Technik auch als Kettenabbruch-Methode bezeichnet. Im Detail kann die Polymerase ddNTPs (im Gegensatz zu dNTPs) wegen der fehlenden OH-Gruppe nicht über eine Phosphodiesterbindung mit dem nachfolgenden Nukleotid verknüpfen.

Der Ablauf einer Sequenzierung nach Sanger ist in ∎ Abbildung 2 schematisch dargestellt. Zu Beginn wird der DNA-Doppelstrang des zu sequenzierenden DNA-Fragments durch **Denaturierung** in seine beiden Einzelstränge aufgetrennt.

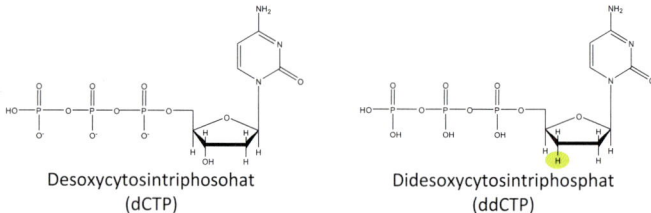

∎ Abb. 1: Desoxycytosintriphosphat (dCTP) und Didesoxycytosintriphosphat (ddCTP). [5]

Nachfolgend werden vier separate Ansätze pipettiert. Alle Ansätze beinhalten (die gleiche) einzelsträngige DNA, eine DNA-Polymerase, einen Primer sowie die Desoxynukleotidtriphosphate dATP, dTTP, dCTP und dGTP. Zusätzlich wird zu jedem Ansatz jeweils eine geringe Menge von einem der vier Didesoxynukleotidtriphosphate ddATP (Ansatz 1), ddTTP (Ansatz 2), ddCTP (Ansatz 3) und ddGTP (Ansatz 4) zugegeben.

Nukleotidtriphosphate, die komplementär zur einzelsträngigen DNA sind, lagern sich an den DNA-Strang an und werden durch die DNA-Polymerase miteinander verknüpft. Die

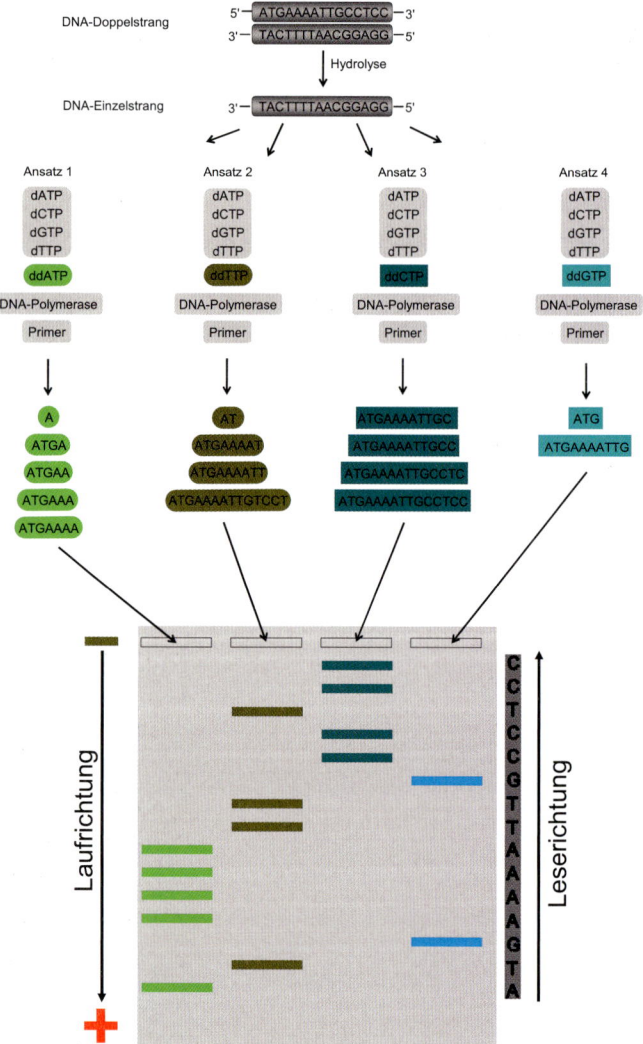

∎ Abb. 2: Prinzip der DNA-Sequenzierung nach Sanger. [5]

Synthese des neuen DNA-Strangs wird abgebrochen, sobald ein ddNTP eingebaut wird, da mit diesem kein weiteres Nukleotid verknüpft werden kann. Der Einbau eines ddNTP geschieht dabei zufällig, sodass in jedem der vier Ansätze mehrere unterschiedlich lange DNA-Fragmente synthetisiert werden. Alle Einzelstränge, die in einem Ansatz entstehen, enden mit dem gleichen Nukleotid. In Ansatz 2 entstehen z. B. vier unterschiedlich lange DNA-Einzelstränge mit einem Thymin am Ende, in Ansatz 4 wiederum zwei unterschiedlich lange DNA-Einzelstränge mit der Base Guanin am Ende. Nachfolgend werden die synthetisierten DNA-Fragmente aller vier Ansätze in einer denaturierenden Polyacrylamid-Gelelektrophorese entsprechend ihrer Größe aufgetrennt. Dabei gilt: Je kürzer das DNA-Fragment, desto schneller wandert es und desto weiter unten ist es daher nach der Elektrophorese im Gel zu finden. Da die vier Ansätze in separaten Gelspuren aufgetragen werden, weiß man immer, mit welchen Nukleotiden die jeweiligen DNA-Fragmente enden (in Spur 1 enden sie z. B. mit der Base Adenin, ▮ Abb. 2). In ▮ Abbildung 2 findet man z. B. das kürzeste Fragment in Spur 1, die hier gesuchte Sequenz beginnt somit mit einem A. Das nächstlängere Fragment befindet sich in Spur 2, die nächste Base der Sequenz ist folglich ein G. Auf diese Weise kann man allen Banden im Gel eine Base und eine Position in der gesuchten DNA-Sequenz zuordnen. Zur Visualisierung der Banden im Poly-

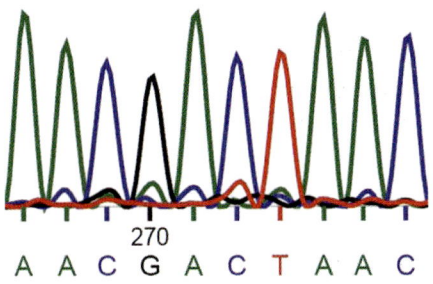

▮ Abb. 3: Ausschnitt eines Chromatogramms einer DNA-Sequenzierung. [5]

acrylamid-Gel wurden bis Anfang der Neunzigerjahre meist **radioaktiv markierte Isotope** (z. B. ^{35}S oder ^{32}P) verwendet. Mit diesen markierte man entweder die Primer an ihrem 5'-Ende, die Desoxynukleotide oder die Didesoxynukleotide. Die unterschiedlichen PCR-Produkte konnten so im Anschluss an die Elektrophorese durch Autoradiographie sichtbar gemacht werden.

Heute werden für eine nichtradioaktive DNA-Sequenzierung i. d. R. **Fluoreszenz-markierte Didesoxynukleotide** und automatische Sequenzierer eingesetzt. Durch die Verwendung von vier unterschiedlichen Fluoreszenzfarbstoffen zur Markierung der vier verschiedenen ddNTPs ermöglicht diese Technik sogar einen parallelen Ablauf aller vier Reaktionen in einem Ansatz. Die unterschiedlichen Fluoreszenzfarbstoffe werden über einen Detektor erkannt, und aus der Abfolge der verschiedenen Fluoreszenzsignale wird letztlich die Basenfolge der sequenzierten DNA ermittelt. Das Ergebnis ist dann nicht, wie bei der radioaktiven Sequenzierung, ein Ban-

denmuster in einem Gel, sondern ein vierfarbiger Ausdruck (▮ Abb. 3).

Da zur Sequenzierung lediglich DNA-Fragmente von weniger als 1000 bp verwendet werden können, zerlegt man größere DNA-Abschnitte in kleinere Fragmente und sequenziert diese in separaten Ansätzen. Im Anschluss müssen dann die einzelnen Sequenzen zu einer einzigen zusammengesetzt werden. Sequenziert man beispielsweise ganze Genome von vielen tausend Basenpaaren, ist dies keine einfache Aufgabe.

Anwendung

Mithilfe der DNA-Sequenzierung konnten bereits Mutationen (Veränderungen der DNA-Sequenz, s. S. 22/23) im menschlichen Genom identifiziert werden, die Ursache bestimmter **Erbkrankheiten** sind. Hierzu wurden die Sequenzen von DNA-Abschnitten Gesunder und Kranker bestimmt und anschließend auf Unterschiede und Gemeinsamkeiten untersucht. Auf der Basis dieser bis dato identifizierten Mutationen kann man heute präzise Diagnosen stellen und spezifische Therapien entwickeln.

Zusammenfassung

✖ Die DNA-Sequenzierung ist eine Methode zur Bestimmung der Basensequenz eines DNA-Fragments. Heute werden standardmäßig Techniken eingesetzt, die auf der von Frederick Sanger entwickelten Methode der Kettenabbruch-Synthese basieren.

✖ Bei der Sequenzierung nach Sanger werden Didesoxynukleotidtriphosphate (ddNTPs) eingesetzt. Diese künstlich hergestellten Nukleotide führen nach ihrem Einbau in einen DNA-Strang zum Abbruch der Strang-Synthese.

✖ Anwendung findet die DNA-Sequenzierung u. a. bei der Suche nach Mutationen (Mutationsanalyse).

Untersuchung der DNA-Methylierung

Definition
Die DNA-Methylierung ist eine chemische Modifikation der DNA, bei der Enzyme **Methylgruppen** ($-CH_3$) auf Basen übertragen.

Grundlagen
DNA-Methylierungen spielen, ebenso wie Histonmodifikationen, eine wichtige Rolle bei der Regulation der Genexpression (s. S. 20/21). Das Forschungsgebiet, das sich mit diesen Regulationsmechanismen befasst, heißt **Epigenetik.** Epigenetische DNA-Modifikationen sind sowohl vererbbar als auch reversibel und verändern, im Gegensatz zu Mutationen, die Abfolge der Basen in der DNA (Basensequenz) nicht.

Für den Mensch sind v. a. Methylierungen der Base Cytosin am C5-Atom zu **5-Methylcytosin** von großer Bedeutung. Eine Methylierung von Cytosin erfolgt jedoch nur, wenn die Base in der DNA-Sequenz auf Guanin folgt. Ein Cytosin-Guanin-Dinukleotid bezeichnet man auch als CpG (**C**ytosin-**p**hosphatidyl-**G**uanin), DNA-Bereiche mit vielen CpGs wiederum als **CpG-Inseln.** Mehr als die Hälfte aller menschlichen Gene besitzt eine solche CpG-Insel in der Promotorregion (DNA-Bereich, der den Start der Transkription vermittelt). Methylierungen dieser Bereiche führen dabei zu einer (epigenetischen) Inaktivierung des nachfolgenden Gens. Ursache dieser Inaktivierung ist vermutlich eine schlechtere Zugänglichkeit des Promotors für Transkriptionsfaktoren. Unmethylierte Promotorregionen ermöglichen hingegen eine ungehinderte Genexpression. Es ist bekannt, dass Promotorregionen menschlicher Gene i. d. R. unmethyliert vorliegen.

Die Übertragung von Methylgruppen auf Cytosine wird durch verschiedene Enzyme vermittelt. Das Einfügen neuer Methylierungen in einen DNA-Strang **(De-novo-Methylierung)** wird durch die DNA-Methyltransferasen 3A und 3B katalysiert, die Methylierung hemimethylierter DNA (von zwei Strängen eines DNA-Doppelstrangs ist nur einer methyliert) durch die DNA-Methyltransferase 1. Der letztgenannte Vorgang wird auch als **Erhaltungs-Methylierung** bezeichnet.

Medizinische Bedeutung
Die DNA-Methylierung spielt u. a. bei der Entstehung von Krebs eine wichtige Rolle (❚ Abb. 1).

Eine **„epigenetische Therapie"** erfolgt heute bereits mit 5-Azacytidin (Vidaza®). Diese Substanz führt, durch Hemmung der DNA-Methyltransferase 1, zu einer Demethylierung der DNA und ist u. a. für die Behandlung des myelodysplastischen Syndroms zugelassen. Vor dem Hintergrund, dass DNA-Methylierungen nicht nur bei der Krebsentstehung, sondern auch bei der Zellentwicklung und -alterung eine wichtige Rolle spielen, ist die Untersuchung von Methylierungszuständen Gegenstand der aktuellen Forschung.

Methodik
Zur Untersuchung der DNA-Methylierung gibt es verschiedene Methoden, von denen nachfolgend ein Teil näher beschrieben wird.

Modifikation methylierter Basen mit Bisulfit
Eine relativ einfache und zugleich sehr effektive Methode zur Untersuchung der DNA-Methylierung ist die, in den 1990er-Jahren entwickelte, **Bisulfittechnik.** Diese Methode beruht darauf, dass Bisulfit (HSO_3^-) in DNA-Einzelsträngen die Umwandlung (Deaminierung) von Cytosin (C) in Uracil (U) katalysiert. Diese erfolgt allerdings nur **bei unmethyliertem Cytosin,** methyliertes Cytosin (^{5m}C) bleibt nach Reaktion mit Bisulfit weiterhin als Cytosin erhalten. Auf diese Weise lassen sich unmethylierte und methylierte Cytosine einer DNA-Sequenz voneinander unterscheiden. Der Nachweis kann im Anschluss an die Bisulfitkonvertierung u. a. durch Sequenzierung, methylierungsspezifische PCR oder Restriktionsanalyse erfolgen.

Sequenzierung bisulfitbehandelter DNA
Durch DNA-Sequenzierung ist es möglich, die Nukleotid-Abfolge eines DNA-Moleküls zu bestimmen (s. S. 66/67). Um diese Technik für die Untersuchung der DNA-Methylierung nutzen zu können, muss die bisulfitbehandelte DNA zunächst mittels Polymerase-Kettenreaktion (PCR, s. S. 58–61) amplifiziert und ggf. durch Klonierung (s. S. 62/63) weiter vermehrt werden. Bei der anschließenden Sequenzierung erscheint dann **unmethyliertes Cytosin** der ursprünglich zu untersuchenden DNA **als Thymin** und **methyliertes Cytosin** weiterhin **als Cytosin** (❚ Abb. 2).

Methylierungsspezifische PCR (MSP)
Auch mit dieser Methode kann methylierte DNA nach Bisulfit-Behandlung nachgewiesen werden. Hierbei werden für das zu untersuchende DNA-Fragment **zwei verschiedene Primerpaare** verwendet, ein Primerpaar für methylierte und eines für unmethylierte DNA. Die Primer selbst sollten dabei

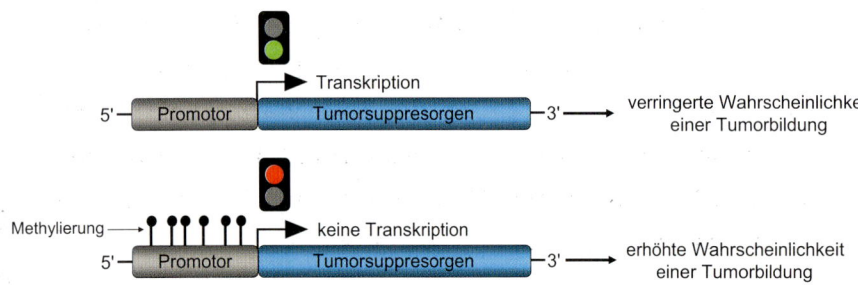

❚ Abb. 1: DNA-Methylierung und Karzinogenese. [5]

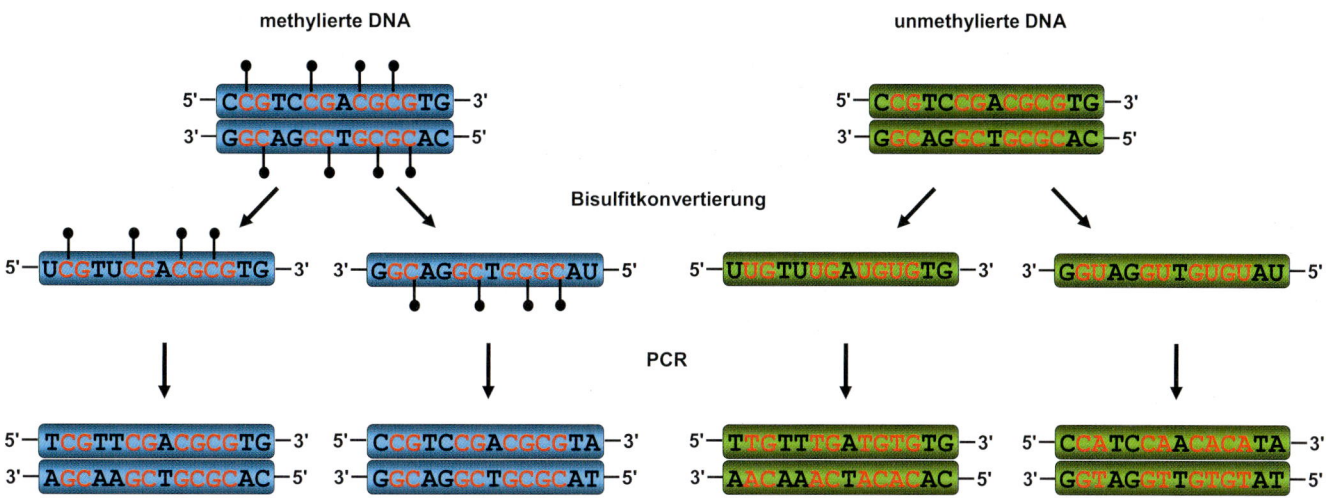

Abb. 2: Bisulfitkonvertierung. [5]

3–4 CpGs enthalten. Amplifiziert man die zu untersuchende DNA in zwei unterschiedlichen Ansätzen mit jeweils einem der beiden Primerpaare und trennt die Proben mittels Agarose-Gelektrophorese auf (s. S. 52/53), lässt sich anhand der erhaltenen PCR-Produkte eine Aussage über den Methylierungszustand der DNA machen. Erhält man ein PCR-Produkt mit dem Primerpaar für methylierte DNA und zudem kein PCR-Produkt mit dem anderen Primerpaar, so sind die untersuchten CpGs methyliert. Im umgekehrten Fall sind sie unmethyliert. Bei partiell methylierter DNA bekommt man mit beiden Primerpaaren ein PCR-Produkt (Abb. 3).

Im Gegensatz zur Sequenzierung bisulfitbehandelter DNA lässt sich mithilfe der MSP nur eine Aussage über den Methylierungszustand weniger CpGs machen. Vorteile der MSP gegenüber der Sequenzierung sind der geringere Arbeitsaufwand sowie die niedrigeren Kosten.

Eine Analyse der DNA-Methylierung kann auch nach Modifikation der DNA mit **Hydrazin** oder **Permanganat** erfolgen.

Methylierungsspezifische Restriktionsenzyme

Einige Restriktionsenzyme schneiden methylierte, andere nur unmethylierte Erkennungssequenzen. Eine weitere Gruppe von Restriktionsenzymen bindet an beide Erkennungssequenzen.

Die Enzyme HpaII und MspI erkennen beispielsweise beide die Sequenz CCGG. Während HpaII nur dann schneidet,

wenn das zweite Cytosin nicht methyliert ist, prozessiert MspI sowohl die unmethylierte als auch die methylierte Sequenz.

Zur Untersuchung des Methylierungsstatus eines CpG-Dinukleotids führt man zunächst in zwei separaten Ansätzen einen Restriktionsverdau mit je einem der beiden Enzyme durch. Anschließend amplifiziert man die DNA mit Primern, welche die zu untersuchende DNA-Sequenz flankieren. Ist das untersuchte Dinukleotid methyliert, erhält man nach Restriktionsverdau mit HpaII ein PCR-Produkt, das durch Gelelektrophorese aufgetrennt werden kann. Nach Restriktionsverdau mit MspI entsteht hingegen kein PCR-Produkt, da das Enzym die DNA zuvor geschnitten hat. Ist die untersuchte DNA hingegen unmethyliert, bekommt man weder nach Restriktion mit HpaII noch mit MspI ein PCR-Produkt.

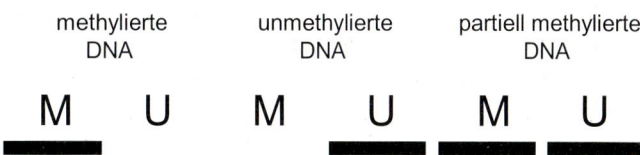

Abb. 3: Analyse von PCR-Produkten nach MSP (Schema). M = methylierungsspezifischer Primer, U = unmethylierungsspezifischer Primer. [5]

Zusammenfassung

✱ Methylierungen der Base Cytosin in Promotorregionen führen zur epigenetischen Inaktivierung von Genen. Ist von der Inaktivierung ein Tumorsuppressorgen betroffen, kann dies die Entstehung von Tumoren begünstigen.

✱ DNA-Methylierungen werden u. a. durch Bisulfitmodifikation mit anschließender methylierungsspezifer PCR oder mithilfe methylierungsspezifischer Restriktionsenzyme analysiert.

Isolierung, Reinigung und Konzentrierung von Proteinen I

Grundlagen

Zur Isolierung, Reinigung und Konzentrierung von Proteinen können folgende charakteristische Eigenschaften der Proteine ausgenutzt werden:

▶ relative Molekülmasse
▶ Ladung
▶ spezifische Bindungsaffinitäten
▶ Löslichkeit.

Diese ergeben sich aufgrund der spezifischen Aminsäuresequenz eines Proteins sowie seiner Sekundär-, Tertiär- und Quartärstruktur (s. S. 16/17).

Methodik

Ein entscheidender Schritt bei der Aufreinigung eines Proteins ist seine primäre Isolierung aus dem Probenmaterial (z. B. Zellen oder Gewebe). Hierfür werden in einem ersten Prozess, den man auch als **Homogenisierung** bezeichnet, Zellverbände zerstört und Zellmembranen aufgebrochen. Aus dem erhaltenen Gemisch (Homogenisat) müssen die zu analysierenden Proteine (zumeist in einer, mehrere Stufen umfassenden, Prozedur) aufgereinigt werden.

Zum Aufschluss von Zellen können sowohl mechanische als auch nichtmechanische Verfahren eingesetzt werden. In beiden Fällen ist u. a. darauf zu achten, dass durch den Zusatz von Proteinasen ein Abbau der Zellproteine verhindert wird.

Fällung (Präzipitation)

Die Überführung von gelösten Proteinen in eine unlösliche Form durch den Zusatz bestimmter Agenzien zur Proteinlösung bezeichnet man als Fällung.

Diese Technik wird nicht nur zur Entfernung von Ionen oder anderer Agenzien eingesetzt, sondern auch zur Konzentrierung einer Proteinlösung.

Man unterscheidet native und denaturierende Präzipitation. Während das Protein bei der nativen Fällung in seiner gefalteten (biologisch aktiven) Form erhalten bleibt, wird die Proteinstruktur bei der denaturierenden Fällung irreversibel verändert. Man sollte sich somit schon vor der Fällung überlegen, wozu man das gefällte Protein weiter verwenden möchte.

Die Präzipitation von Proteinen kann u. a. durch den Zusatz von Salzen (z. B. **Ammoniumsulfat**) oder von organischen Lösungsmitteln (z. B. Ethanol oder Aceton) zur Proteinlösung erfolgen. Die **Chloroform-Methanolfällung** ist ein Klassiker unter den Präzipitations-Techniken.

Zentrifugation

Es gibt eine Vielzahl verschiedener Zentrifugationstechniken. Diese eignen sich nicht nur zur Abtrennung von Verunreinigungen, sondern auch zur Auftrennung verschiedener Proteine eines Proteingemischs sowie zum Konzentrieren von Proteinlösungen.

Die Bestandteile einer Proteinlösung können bei der Zentrifugation, durch Ausnutzung der Zentripetalbeschleunigung, entsprechend ihrer Größe und Dichte getrennt werden.

> Wichtig: Bei der Verwendung von Zentrifugen ist auf eine gleichmäßige Verteilung des Gewichts der Proben zu achten! Man spricht hier auch vom Austarieren der Proben.

Die Geschwindigkeit einer Zentrifuge lässt sich i. d. R. durch die Einstellung der Drehzahl (Umdrehung pro Minute, rpm, von *engl.* Rounds per minute) oder der relativen Zentrifugalbeschleunigung (rcf, von *engl.* Relative centrifugal force) festlegen. Über den Rotordurchmesser der Zentrifuge kann dabei jeweils eine Angabe in die andere umgerechnet werden.

SpeedVac In dieser speziellen Zentrifuge sind die Proben während der Zentrifugation einem hohen Vakuum ausgesetzt. Es bewirkt ein Absinken der Siedetemperatur der zentrifugierten Lösung. Infolgedessen beginnt die Probenlösung bereits bei Raumtemperatur zu kochen. Das Lösungsmittel verdampft und die gelösten Bestandteile (die Proteine, aber z. B. auch Salze) werden durch die Zentripetalbeschleunigung am Boden des Probengefäßes pelletiert.

Dichtegradientenzentrifugation

Diese Zentrifugationstechnik wird u. a. zur Trennung verschiedener Proteine einer Proteinmischung verwendet. Die Trennung der Proteine erfolgt dabei entsprechend der unterschiedlichen Dichten.

Für die Dichtegradientenzentrifugation werden **Ultrazentrifugen** verwendet. Sie sind gekennzeichnet durch extrem hohe Zentrifugationsgeschwindigkeiten (bis zu 500 000 Umdrehungen pro Minute!) sowie durch die Erzeugung eines Vakuums während der Zentrifugation. Zur Auftrennung von Proteinen durch Dichtegradientenzentrifugation wird die zu analysierende Probe auf die Oberfläche eines Gradienten mit von oben

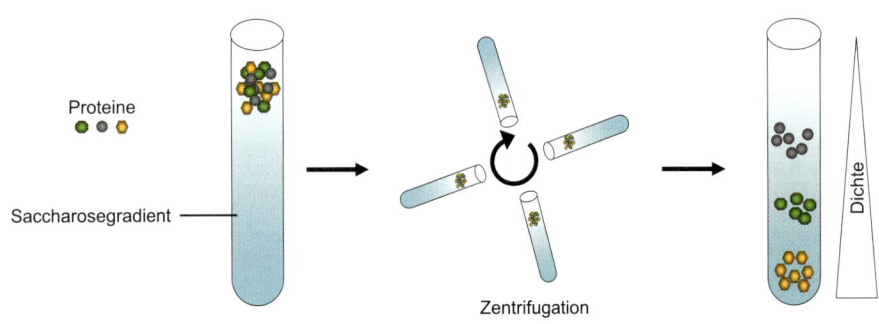

Proteine

Saccharosegradient

Zentrifugation

Dichte

▌ Abb. 1: Prinzip der Dichtegradientenzentrifugation. [5]

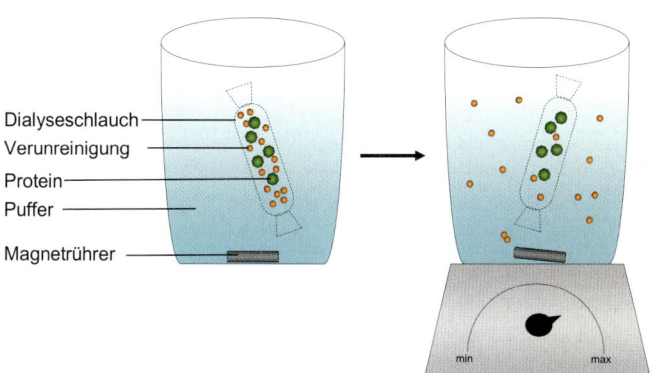

Dialyseschlauch
Verunreinigung
Protein
Puffer
Magnetrührer

■ Abb. 2: Prinzip der Dialyse von Proteinlösungen. [5]

nach unten steigender Dichte pipettiert, der sich in einem Zentrifugenröhrchen befindet. Zur Herstellung des Gradienten eignen sich u. a. **Saccharose-** oder **Caesiumchlorid-Lösungen.** Während der oft mehrstündigen Zentrifugation sedimentieren die Probenmoleküle in das Lösungsmittel. Die **Sedimentationsgeschwindigkeit** ist dabei v. a. von der Dichte der Moleküle abhängig. Moleküle mit einer hohen Dichte wandern schneller und finden sich nach der Zentrifugation weiter unten im Dichtegradienten als solche mit geringerer Dichte. Moleküle, die im Dichtegradienten eine Position erreichen, an dem ihre eigene Dichte der des Dichtegradienten entspricht, verändern ihre Position nicht weiter (■ Abb. 1).

Dialyse

Die Dialyse ist ein physikalisches Verfahren, das auf der Diffusion gelöster Teilchen durch eine **selektivpermeable Membran** beruht. Während kleine Teilchen, wie Ionen oder andere niedermolekulare Stoffe, die Membranporen ungehindert passieren können, werden größere Moleküle von der Membran zurückgehalten.
Bei der Dialyse von Proteinlösungen nutzt man die selektivpermeablen Eigenschaften einer Membran u. a. zum **Entsalzen** oder Konzentrieren von Proteinlösungen sowie zur Abtrennung kleiner Verunreinigungen (■ Abb. 2). Zudem ermöglicht die Dialyse von Proteinlösungen einen Austausch des Lösungsmittels, in dem die Proteine gelöst sind.
Für die Dialyse von Proteinen werden **Dialyseschläuche** verwendet. Hierbei handelt es sich um selektivpermeable Membranen, z. B. aus Cellulose, die mit einer Proteinlösung befüllt

und verschlossen werden. Zur Entfernung von Schwermetallen wird der Schlauch vor der Dialyse einige Minuten in destilliertem Wasser ausgekocht. Anschließend erfolgt eine mehrmalige Spülung mit destilliertem Wasser, bevor das Dialysat eingefüllt wird. Die Enden des Dialyseschlauchs werden verschlossen und er wird in ein mit Dialysepuffer befülltes Becherglas gegeben. Die Durchführung der Dialyse erfolgt i. d. R. unter ständigem Rühren in einem Kühlraum, der Puffer sollte dabei in regelmäßigen Abständen ausgetauscht werden.
Bei der Dialyse einer konzentrierten Proteinlösung gegen einen Puffer diffundieren z. B. Ionen oder andere kleinere Teilchen aus dem Schlauch durch die Membranporen in den **Dialysepuffer** (■ Abb. 2). Da die Proteine selbst die Membran aufgrund ihrer Größe nicht überwinden können, findet auf diese Weise eine Entfernung niedermolekularer Verunreinigungen aus der Proteinlösung statt.
Zur Konzentrierung von Proteinlösungen mithilfe der Dialyse werden u. a. konzentrierte **Polyvinylpyrrolidon (PEG)-Lösungen** anstelle des Dialysepuffers verwendet. Dies wiederum führt insbesondere zur Diffusion von Wassermolekülen aus dem Dialyseschlauch durch die Membran in die PEG-Lösung.
Die Dialyse besonders kleiner Proteinvolumina ($< 500\ \mu l$) erfolgt standardmäßig nicht in Dialyseschläuchen, sondern in kommerziell erwerblichen Probenkammern.

Bei Patienten mit eingeschränkter oder fehlender Nierenfunktion hilft die Dialyse, Schadstoffe sowie überschüssige Salz- und Wasseranteile aus dem Blut zu entfernen.

Isolierung, Reinigung und Konzentrierung von Proteinen II

Methodik (Fortsetzung)

Chromatographische Techniken

Es gibt eine große Vielfalt chromatographischer Methoden zur Trennung von Proteinen. Alle Methoden haben ein gemeinsames Grundprinzip: Die Auftrennung der Proteinmischung erfolgt durch eine unterschiedliche Verteilung der einzelnen Proteine in zwei verschiedenen Phasen. Die eine Phase bezeichnet man als stationäre und die andere als mobile Phase. Bei den nachfolgend beschriebenen chromatographischen Trennverfahren handelt es sich um **säulenchromatographische** Methoden. Die stationäre Phase befindet sich dabei in einer hohlen Röhre, die nach oben offen ist und an ihrer unteren Seite einen verschließbaren Auslass besitzt (∎ Abb. 3 und 4). Die mobile Phase wiederum ist das Lösungsmittel, in dem die zu untersuchenden Proteine gelöst sind. Zur Auftrennung der Proteine wird das Lösungsmittel auf die zuvor equilibrierte Säule gegeben. Nachfolgend bewegt sich die mobile Phase mit den gelösten Proteinen von oben nach unten durch die stationäre Phase. Je nachdem, welche Eigenschaften das Säulenmaterial besitzt, kommt es zu unterschiedlichen Wechselwirkungen zwischen stationärer Phase und Proteinen in der mobilen Phase. Einige Proteine verlassen die Säule relativ schnell und ungehindert durch den Auslass, andere bewegen sich eher langsam von oben nach unten durch die stationäre Phase. Wieder andere werden vom Säulenmaterial zunächst gebunden. Die Interaktionen zwischen dem Säulenmaterial und den einzelnen Proteinen der Proteinmischung bestimmen somit den Zeitpunkt, an dem die Proteine die Säule verlassen. Durch die Fraktionierung der aus der Säule herauslaufenden Lösung (die Lösung wird in einer Reihe separater Gefäße gesammelt) erhält man chromatographisch voneinander getrennte Proteine.

Größenausschlusschromatographie (GPC) In der Größenausschlusschromatographie (Gelfiltrationschromatographie) werden die auf die Säule aufgetragenen Proteine nach ihrer Größe getrennt (∎ Abb. 3). Große Proteine wandern dabei prinzipiell schneller als kleine durch das Säulenmaterial und verlassen die Säule zuerst. Der Grund hierfür sind unterschiedlich starke Wechselwirkungen der Proteine mit dem Säulematerial, das aus **porösen Kügelchen** besteht. Während es zwischen großen Proteinen und diesen Kügelchen kaum zu Interaktionen kommt, dringen kleinere Proteine immer wieder in die Matrix der Kügelchen ein. Große Proteine wandern daher im Lösungsmittel relativ schnell und ungehindert durch die stationäre Phase. Im Gegensatz dazu werden kleine Proteine von der stationären Phase „aufgehalten" und brauchen für den Weg durch die Säule länger.

Affinitätschromatographie Bei der Affinitätschromatographie erfolgt die Auftrennung des Probenmaterials aufgrund der reversiblen Bindung bestimmter Proteine an **spezifische Bindungspartner,** die in die stationäre Phase der Säule eingebettet sind (∎ Abb. 4). Nach dem **Schlüssel-Schloss-Prinzip** werden nur solche Proteine an die Membran gebunden, die zu dem verwendeten Bindungspartner eine hohe Affinität besitzen. Alle übrigen Proteine verlassen die Säule am Auslass zusammen mit dem Lösungsmittel. Ist die komplette Probenlösung aufgetragen, wäscht man die Säule mehrmals mit Lösungsmittel, um ungebundene Proteine von der Säule zu entfernen. Danach löst man die Bindung zwischen Protein und Bindungspartner durch die Zugabe eines Elutionspuffers und fängt die Proteine am Säulenausgang auf.

Man unterscheidet monospezifische von gruppenspezifischen Bindungspartnern. Ein Antikörper ist z. B. ein **monospezifischer Bindungspartner,** da es nur eine einzige Antigen-Art gibt, die an ihn binden kann. Zu den **gruppenspezifischen Bindungspartnern** zählen u. a. die Lektine. Hierbei handelt es sich um Proteine, die generell alle Vertreter der Gruppe der Glykoproteine binden können.

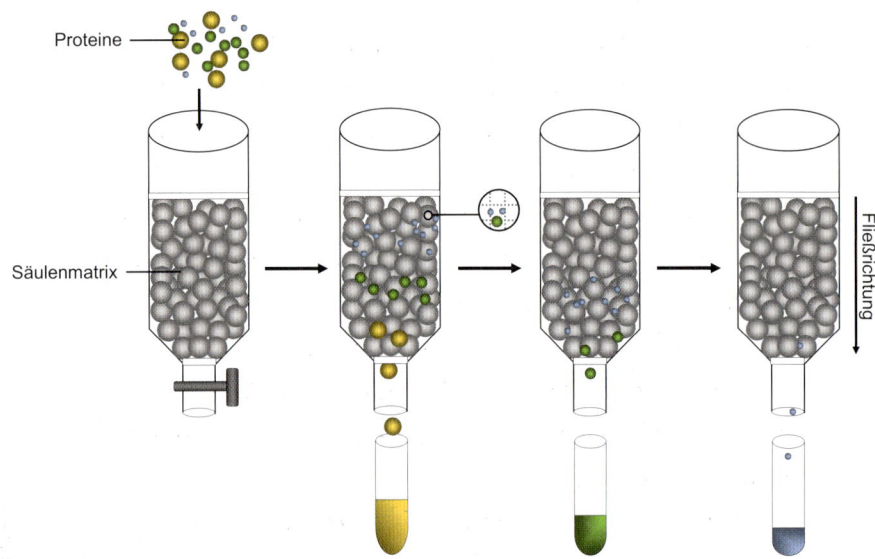

∎ Abb. 3: Prinzip der Größenausschlusschromatographie. [5]

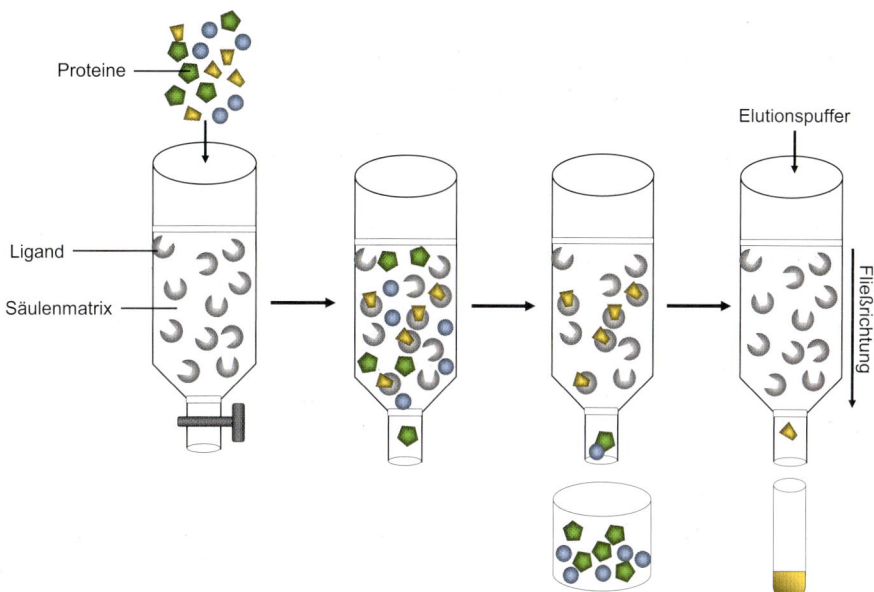

Abb. 4: Prinzip der Affinitätschromatographie. [5]

Ionenaustauscherchromatographie (IC) Mithilfe der Ionenaustauscherchromatographie kann man Proteine anhand ihrer pH-Wert-abhängigen **Gesamtladung** voneinander trennen. Hierfür sind in das Säulematerial geladene funktionelle Gruppen eingebettet. Anionenaustauscher besitzen grundsätzlich positiv geladene und Kationenaustauscher negativ geladene funktionelle Gruppen.
Die Bindung der Proteine an die Säule kann zudem über den pH-Wert des Puffers, in dem die Proteine gelöst sind, beeinflusst werden. Durch die schrittweise Veränderung des pH-Werts kann ein Protein im ersten Schritt an die Säule gebunden und im nächsten Schritt eluiert werden.

Anwendung
Die Reinigung von Proteinen spielt in der Medizin eine wichtige Rolle. So werden z. B. in der Therapie (z. B. **Insulin**) oder Diagnostik aufgereinigte Proteine eingesetzt.

Zusammenfassung

✖ Die Homogenisierung ist der erste Schritt bei der Aufreinigung von Proteinen. Der Aufschluss der Zellen kann sowohl mechanisch als auch nicht-mechanisch erfolgen.

✖ Fällung, Zentrifugation und Dialyse sind Methoden, die standardmäßig zur Reinigung und Konzentrierung von Proteinen eingesetzt werden.

✖ Die Dialyse spielt bei der Behandlung von Menschen mit Nierenerkrankungen eine große Rolle.

✖ Chomatographische Verfahren zur Auftrennung von Proteinen basieren auf einer unterschiedlichen Verteilung von Proteinen in zwei verschiedenen Phasen (einer mobilen Phase und einer stationären Phase).

✖ Zu den säulenchromatographischen Techniken gehören u. a.:
  – Ionenaustauscherchromatographie (Trennung nach Ladung)
  – Affinitätschromatographie (Trennung nach Affinität zu spezifischen Bindungspartnern)
  – Größenausschlusschromatographie (Trennung nach Größe).

Quantifizierung von Proteinen

Definition
Die **Bestimmung der Proteinkonzentration** einer Lösung bezeichnet man als Proteinbestimmung (Quantifizierung von Proteinen).

Grundlagen
Proteine sind komplexe Makromoleküle, ihre Grundbausteine sind die 21 proteinogenen Aminosäuren (s. S. 16/17). Verschiedene Proteine bestehen nicht nur aus unterschiedlichen Aminosäure-Kombinationen, auch die Gesamtanzahl der Aminosäuren eines Proteins ist sehr variabel.

Die heterogene Zusammensetzung der Proteine führte zur Entwicklung verschiedener Methoden zur Proteinbestimmung. Diese nutzen z. T. unterschiedliche Eigenschaften der Proteine aus. Einige Techniken basieren z. B. auf den mannigfachen Eigenschaften der Proteinseitenketten (geladen, ungeladen, aromatisch etc.). Andere Methoden nutzen die reduzierenden Eigenschaften der Peptidbindungen in Proteinen aus. Nicht jede Methode ist daher für jede zu quantifizierende Proteinlösung bzw. jedes zu quantifizierende Protein gleich gut geeignet. Zudem ist zu beachten, dass es für jede Technik eine Liste von Substanzen (u. a. Detergenzien, Nukleinsäuren, Salze) gibt, die das Ergebnis der Proteinbestimmung verfälschen können (❚ Tab. 1). Standardmäßig werden in vielen Laboren der Bradford-Test oder die Biuret-Reaktionen (s. u.) verwendet.

Methodik
Für alle Methoden gilt: Um eine möglichst genaue Proteinkonzentration zu erhalten, sollte eine **Mehrfachbestimmung** (Zweifach- oder Dreifachbestimmung) durchgeführt werden. Das bedeutet, dass sowohl die Proteinkonzentrationen der zu untersuchenden Proben als auch die des Proteinstandards (s. u.) mehrfach aus unterschiedlichen Aliquots bestimmt werden.

Bradford-Test
Beim Bradford-Test erfolgt der quantitative Nachweis der Proteine mithilfe des Farbstoffs **Coomassie-Brilliantblau G-250.** Dieser lagert sich v. a. an basische und unpolare Seitenketten von Proteinen an, wobei insbesondere Wechselwirkungen mit der Aminosäure Arginin von Bedeutung sind. Im sauren Millieu führt diese Komplexbildung zwischen Protein und Farbstoff zur Verschiebung des Absorptionsmaximums des Farbstoffs. Während ungebundenes Coomassie-Brilliantblau G-250 ein Absorptionsmaximum von 465 nm aufweist, besitzt der Protein-Farbstoff-Komplex ein Absorptionsmaximum von 595 nm. Die Zunahme der Absorption bei 595 nm korreliert wiederum mit der Proteinkonzentration der zu untersuchenden Lösung und kann photometrisch bestimmt werden.

Um die im Photometer gemessene Absorption (optische Dichte, OD) der zu untersuchenden Lösung einer bestimmten Proteinkonzentration zuordnen zu können, muss zunächst eine **Eichgerade** mit einem Standardprotein (z. B. Chymotrypsin oder Rinderserumalbumin, BSA) erstellt werden. Hierzu werden die Absorptionen definierter Konzentrationen photometrisch bestimmt und gegen die eingesetzte Proteinkonzentration in einem Diagramm aufgetragen (❚ Abb. 1). Über die Geradengleichung der Ausgleichsgeraden können anschließend aus den gemessenen Absorptionen unbekannter Lösungen ihre Proteinkonzentrationen berechnet werden. Voraussetzung hierfür ist, dass die gemessenen Absorptionen der unbekannten Proteinlösung im linearen Bereich der Eichgerade liegen.

Neben dem Bradford-Test gibt es eine Reihe weiterer Methoden zur Proteinbestimmung, die auf einer Färbereaktion beruhen. Dazu zählen die **Biuret-Reaktion,** der **Bicinchoninsäure-(BCA-)** und der **Lowry-Test.** Alle verwenden Reagenzien, die mit Proteinen oder Ionen farbige Komplexe ausbilden können. Der Proteinnachweis erfolgt somit **kolorimetrisch.** Dabei gilt: Je höher die Proteinkonzentration einer Lösung, desto mehr Farbkomplexe können gebildet werden, und desto höher ist wiederum die Intensität des Farbstoffs. Die in einem Photometer gemessene Absorption ist bei diesen Methoden daher ein Maß für den Proteingehalt der zu untersuchenden Lösung. Während beim Bradford-Test ein farbiger Protein-Farbstoff-Komplex gebildet wird, sind es bei der Biuret-Reaktion Farbkomplexe aus Biuretmolekülen, Kupferionen (Cu^{2+}) und Proteinen. BCA- und Lowry-Test wiederum basieren auf der Biuret-Reaktion. Die zweiwertigen Kupferionen des Protein-Cu^{2+}-Komplexes werden zu Cu^+ reduziert. Die Cu^+-Ionen bilden ihrerseits farbige Komplexe mit Bicinchoninsäure (BCA-Test) bzw. mit dem Folin-Ciocalteau-Reagenz (Lowry-Test).

Messung der UV-Absorption
Auch über eine Messung der Absorption einer (möglichst reinen) Proteinlösung

	Bestimmungsgrenze (µg Protein/ml Lösung)	Auswahl störender Substanzen	Methode
Bradford-Test	0,05 – 0,5	SDS, Triton-X-100	Kolorimetrisch
Biuretreaktion	1 – 10	Glucose, Ammoniumsulfat	Kolorimetrisch
BCA-Test	0,1 – 1	Glucose, EDTA, Penicillin, DTT	Kolorimetrisch
Lowry-Test	0,1 – 1	EDTA, Triton-X-100, SDS, TRIS, Ammoniumsulfat	Kolorimetrisch
UV-Absorption bei 280 nm	20 – 3000	Pigmente, Triton-X-100	Spektroskopisch

❚ Tab. 1: Kennzeichen verschiedener Methoden zur Proteinbestimmung.

	OD_{595}		
	1. Messung	2. Messung	Mittelwert
0	0,3296	0,3308	0,3302
200	0,4872	0,4872	0,4872
400	0,6012	0,6160	0,6086
600	0,7220	0,7088	0,7154
800	0,8186	0,8200	0,8193
1000	0,8945	0,8866	0,8906
1200	0,9541	0,9302	0,9422
unbekannte Probe	0,7781	0,7702	0,7742

(BSA-Konzentration [mg/ml])

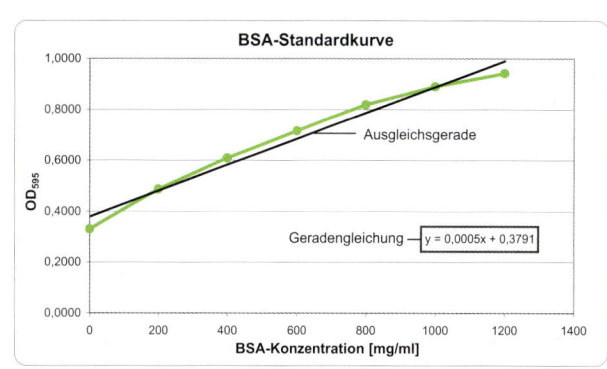

$y = mx + t \rightleftharpoons x = (y-t) / m$
$m = 0,0005$
$t = 0,3917$
$y = 0,7742$
$\rightarrow x = (0,7742-0,3917) / 0,0005 = 765$
$\rightarrow$ Die unbekannte Probe hat eine Proteinkonzentration von 765 µg/ml.

■ Abb. 1: Proteinbestimmung mit dem Bradford-Test. Als Standardprotein wurde BSA eingesetzt. Je zwei Aliquots der unbekannten Lösung und der verschiedenen BSA-Eichlösungen wurden mit einem Reagenz versetzt, das Coomassie-Brilliantblau G-250 enthält. Nach einer Inkubation von 10 min erfolgte die Messung der Absorption bei einer Wellenlänge von 595 nm. Die Absorptionen der BSA-Eichlösung wurden gegen den Proteingehalt der jeweiligen Lösung aufgetragen und die Proteinkonzentration der unbekannten Lösung über die Geradegleichung ermittelt. [5]

bei einer Wellenlänge von 280 nm kann deren Proteinkonzentration bestimmt werden. Grund hierfür ist eine charakteristische UV-Absorption der aromatischen Aminosäuren Tryptophan, Tyrosin und Phenylalanin bei dieser Wellenlänge.

Anwendung

Die Proteinbestimmung wird u. a. zum Nachweis von Eiweiß im Urin bei der Diagnostik von Nierenerkrankungen eingesetzt. Die Gesamtproteinkonzentration im Harn wird z. B. in der Biuret-Reaktion bestimmt.

Das Prinzip von Urinteststreifen basiert auf dem Nachweis einer durch Proteine hervorgerufenen pH-Änderung, die durch eine Farbreaktion visualisiert wird. Im Gegensatz zur Biuretreaktion kann mit Urinteststreifen lediglich eine semiquantitative Bestimmung der Proteinkonzentration (insbesondere von Albumin) erfolgen.

Die Ausscheidung von Eiweiß über den Urin bezeichnet man als Albuminurie (Proteinurie). Eine Ausscheidung von unter 150 mg Protein pro Tag über den Urin wird als physiologisch angesehen. Nierenerkrankungen, die zu einer erhöhten Eiweißausscheidung führen, sind z. B. die Glomerulonephritis und die Nephrosklerose.

Zusammenfassung

✖ Zur Bestimmung der Proteinkonzentration einer Lösung gibt es verschiedene Methoden: Bradford-Methode, Biuret-Reaktion, Lowry- und BCA-Test, Messung der UV-Absorption etc. Nicht alle Methoden sind für alle Proteine bzw. Proteinlösungen gleich gut geeignet.

✖ Die kolorimetrische Proteinbestimmung basiert auf der Bildung farbiger Komplexe. Die Farbintensität ist dabei abhängig von der Proteinkonzentration und lässt sich photometrisch bestimmen.

✖ Die Proteinbestimmung wird u. a. bei der Diagnostik von Nierenkrankungen eingesetzt.

Gelelektrophorese von Proteinen

Definition

Die Wanderung geladener und gelöster Teilchen in einem elektrischen Feld bezeichnet man als Elektrophorese. Findet die Wanderung der Teilchen in einem Gel statt, das sich in einer Pufferlösung (**Laufpuffer**) befindet, spricht man von einer Gelelektrophorese.

Diese kann prinzipiell sowohl für DNA als auch für Proteine eingesetzt werden. Detaillierte Informationen zur Elektrophorese von DNA-Molekülen finden sich auf den Seiten 52/53.

Das primäre Ziel einer Protein-Gelelektrophorese ist die Auftrennung der einzelnen Bestandteile einer Proteinmischung. Im Anschluss findet häufig ein Nachweis bestimmter Proteine z. B. durch Proteinfärbung (s. u.) statt.

Historie

Entwickelt wurde die Technik der Elektrophorese bereits in den 30er-Jahren des 20. Jahrhunderts vom schwedischen Chemiker **Arne Tiselius.** Er war der erste, der menschliches Serum in einem elektrophoretischen Verfahren in die Komponenten α-, β- und γ-Globulin sowie Albumin auftrennen konnte. 1948 erhielt Tiselius u. a. für seine Forschung zur Elektrophorese den Nobelpreis für Chemie.

Seit seiner Erfindung wurde das Verfahren der Elektrophorese in verschiedene Richtungen weiterentwickelt. Dazu zählen u. a. die **Kapillarelektrophorese** sowie eine Vielzahl gelelektrophoretischer Trennverfahren, z. B. die **SDS-PAGE** (s. u.), die **2D-Gelelektrophorese** (s. S. 80/81) oder die **Agarose-Gelelektrophorese** (s. S. 52/53).

Grundlagen

Proteine sind, wie bereits beschrieben, aus Aminosäuren aufgebaute Makromoleküle (s. S. 16/17). Art und Anzahl der Aminosäuren eines Proteins bestimmen sowohl seine Ladung als auch seine relative Molekülmasse. Die unterschiedlichen Ladungen und Größen verschiedener Proteine werden in der Gelelektrophorese für die Auftrennung eines Proteingemischs ausgenutzt. Sie bestimmen die Geschwindigkeit, mit der ein Protein im elektrischen Feld durch das Gel wandert. Kleine Proteine wandern prinzipiell schneller als größere, negativ geladene wandern zur Anode (**Plus-Pol**) und positiv geladene in Richtung Kathode (**Negativ-Pol**).

> Die relative Molekülmasse (molekulare Masse, früher Molekulargewicht) eines Proteins wird in Dalton (Da) angegeben. 1000 Da entsprechen 1 Kilodalton (1 kDa), 1 000 000 Da sind 1 Megadalton (1 MDa).

Das Gelmedium, in dem die Proteine während der Elektrophorese aufgetrennt werden, bezeichnet man als **Trägermaterial.** Für die gelelektrophoretische Trennung von Proteinen können u. a. Polyacrylamid, Agarose, Stärke oder auch Celluloseacetat als Träger verwendet werden. Das Trägermaterial selbst wirkt bei der Elektrophorese wie ein Molekularsieb, seine Porengröße beeinflusst die Wanderungsgeschwindigkeit der Proteine. Zudem limitiert die Porengröße des Gels die Größe der Proteine, die maximal aufgetrennt werden können. Die Gelelektrophorese erfolgt grundsätzlich entweder in mit Puffer gefüllten, vertikalen oder horizontalen Kammern. In den meisten Fällen werden Vertikalkammern benutzt.

Methodik

Zunächst werden die Proteine aus dem zu untersuchenden Material (Zellen, Gewebe, Blut etc.) isoliert, gereinigt, ggf. aufkonzentriert und in Lösung gebracht. Geeignete Techniken hierzu sind ab Seite 70/71 beschrieben. Die Auswahl einer bestimmten Gelelektrophoresemethode ist u. a. von der relativen Molekülmasse der aufzutrennenden Proteine abhängig. Agarosegele besitzen z. B. im Vergleich zu Polyacrylamidgelen wesentlich größere Poren und eignen sich daher lediglich zur Trennung hochmolekularer Proteine. Auch die Zielsetzung des Experiments beeinflusst die Methodenwahl. So können z. B. Aktivitätsmessungen nur durchgeführt werden, wenn die Proteine nach der Auftrennung, wie bei der Nativ-Gelelektrophorese nativ, also gefaltet, vorliegen.

SDS-PAGE (Natriumdodecylsulfat-Polyacrylamid-Gelelektrophorese)

Die SDS-PAGE (*engl.* **S**odium **d**odecyl **s**ulfate **p**oly**a**crylamide **g**el **e**lectrophoresis) basiert auf der Verwendung von **Polyacrylamid** und **SDS.** Polyacrylamid ist ein Acrylamid-Polymer und fungiert als Trägermaterial, wobei die Porengröße des Gels durch den prozentualen Acrylamid-Anteil bestimmt wird. Das **anionische Detergenz** Natriumdodecylsulfat (SDS, ▌ Abb. 1) hat zwei Aufgaben: Es denaturiert die Proteine und verleiht ihnen durch Komplexbildung zudem eine negative Gesamtladung. Die Auftrennung einer Proteinmischung durch SDS-PAGE erfolgt daher unabhängig von der Eigenladung der Proteine. Die Geschwindigkeit, mit der die Proteine durch das elektrische Feld zur Anode wandern, ist ausschließlich von der relativen Molekülmasse der Proteine abhängig (▌ Abb. 2b). Wird zusätzlich ein **Größenstandard,** der aus Proteinen bekannter Größe besteht, aufgetragen, können die Größen der aufgetrennten Proteine abgeschätzt werden.

▌ Abb. 1: Strukturformel von Natriumdodecylsulfat (SDS). [5]

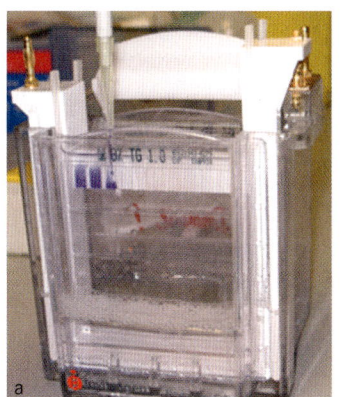
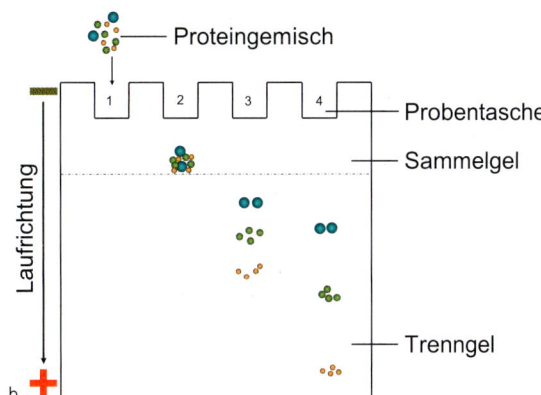

Proteingemisch

Probentasche

Sammelgel

Trenngel

Laufrichtung

■ Abb. 2: Diskontinuierliche SDS-PAGE. [5]
a) Probenbeladung eines Gels.
b) Trennprinzip der diskontinuierlichen Gelektrophorese. Die Spuren 1 – 4 des Gels zeigen vier unterschiedliche Zeitpunkte der Gelelektrophorese: Spur 1 die Beladung des Gels mit dem Proteingemisch, Spur 2 die Konzentrierung der Proteine im Sammelgel, Spur 3 die Auftrennung der Proteine im Trenngel und Spur 4 das fertig aufgetrennte Proteingemisch.

Zur Analyse von Proteinmischungen wird heute standardmäßig eine Variante der SDS-PAGE, die diskontinuierliche SDS-PAGE nach Lämmli (mit Tris-Glycin-Puffern), eingesetzt. Diese Technik bietet eine deutlich bessere Auflösung und verhindert zugleich die Bildung von Aggregaten beim Eintritt der Proteine ins Gel.
Charakteristisch für das Lämmli-System ist die Zweiteilung des Gels in ein Sammel- und ein Trenngel. Die in die Probentasche pipettierten Proteinlösungen (■ Abb. 2a) werden im Bereich des Sammelgels zunächst fokussiert (■ Abb. 2b, Spur 2), bevor sie im Trenngel entsprechend ihre relativen Molekülmassen aufgetrennt werden (■ Abb. 2b, Spuren 3 und 4). Im Anschluss können die Proteinbanden im Gel direkt gefärbt oder aber auf eine Membran transferiert (s. S. 78/79) und immunologisch nachgewiesen werden. Die Proteinfärbung setzt

eine **Fixierung** der Proteine im Gel voraus, die entweder vor oder mit der Proteinfärbung durchgeführt werden kann. Zur **Färbung** können u. a. Silber, (kolloidales) Coomassie sowie verschiedene Fluoreszenzfarbstoffe eingesetzt werden. Weitere gelelektrophoretische Techniken sind die z. B. die **isoelektrische Fokussierung** (s. S. 80/81) und die **Nativ-Gelelektrophorese.** Die letztgenannte bietet den Vorteil, dass die Proteine nicht, wie bei der SDS-PAGE, denaturiert werden, sondern in ihrer nativen Form erhalten bleiben. Dies ermöglicht u. a. den Nachweis von Proteinkomplexen.

Anwendung
Als Bestandteil eines Western-Blots findet die SDS-PAGE vielfach Anwendung in der medizinischen Forschung und Diagnostik (s. S. 78/79).

Zusammenfassung
✖ Bei der Elektrophorese wandern geladene Teilchen in einem elektrischen Feld. Wird ein Gel als Trägermaterial verwendet, bezeichnet man die Technik als Gelelektrophorese.
✖ Die Gelelektrophorese wird zur Auftrennung von Proteinen eingesetzt. Die Trennung erfolgt dabei in Abhängigkeit von Größe und/oder Ladung.
✖ Zur Analyse von Proteinmischungen wird heute standardmäßig ein diskontinuierliches Lämmli-System verwendet. Die hier verwendeten Gele bestehen aus einem Sammel- und einem Trenngel.
✖ Proteine können im Anschluss an die Elektrophorese im Gel gefärbt oder auf eine Membran geblottet werden.

Western-Blot

Definition

Das Blotten (Blotting) ist eine Methode zur Übertragung von Molekülen (DNA, RNA oder Proteine) auf eine Membran. Findet beim Blotten ein Transfer von Proteinen auf eine Membran statt, bezeichnet man diesen Vorgang als Western-Blot (Immuno- oder Protein-Blot). Dieser wird insbesondere zur Identifizierung und Quantifizierung von Proteinen eingesetzt. Der eigentliche Nachweis von Proteinen auf einer Membran erfolgt dabei meist im Anschluss an den Transfer durch spezifische Antikörper (s. u.).

Historie

Als Erfinder der Blotting-Technik gilt der britische Molekularbiologe **Sir Edwin Mellor Southern.** Er entwickelte in den 70er-Jahren des vergangenen Jahrhunderts eine Technik zur Übertragung von DNA-Molekülen auf eine Membran, die man als Southern-Blot bezeichnet (s. S. 64/65).

Der Transfer elektrophoretisch aufgetrennter Proteine auf eine Membran wurde erst einige Jahre später (1979) von **J. Renart** et al. und **H. Towbin** et al. eingeführt. In Anlehnung an die von Southern entwickelte Methode gab man der neuen Technik den Namen Western-Blot.

Methodik

Ein Western-Blot-Experiment umfasst grundsätzlich eine Vielzahl von Einzelschritten, die nacheinander durchgeführt werden müssen (▌ Abb. 1): Proteine werden aus dem zu untersuchenden Material isoliert und anschließend gelelektrophoretisch aufgetrennt. Nach dem Transfer der Proteine vom Gel auf die Membran erfolgt der Nachweis aller oder ausgewählter Proteine, z. B. durch spezifische Antikörper.

Proteinisolierung

Im ersten Schritt werden die Proteine aus dem zu untersuchenden Probenmaterial (Gewebe, Blut, Zellen etc.) isoliert, gereinigt und in Lösung gebracht. Geeignete Methoden hierfür sind auf den Seiten 70–73 detailliert beschrieben. Nach der Probengewinnung wird die Proteinkonzentration bestimmt

(s. S. 74/75), um bei der Gelelektrophorese definierte Proteinmengen einsetzen zu können. Ist z. B. die auf das Gel aufgetragene Menge zu gering, können keine Proteine detektiert werden. Zudem lassen sich unterschiedliche Proben nur dann miteinander vergleichen, wenn gleiche Mengen an Gesamtprotein eingesetzt werden, da die Signalintensität der Detektion von der eingesetzten Proteinmenge abhängt. Dies spielt beispielsweise bei der Untersuchung verschiedener Gewebe eine Rolle, die unterschiedliche Konzentrationen eines bestimmten Proteins enthalten.

Gelelektrophorese

Die aus dem Probenmaterial isolierten Proteinmischungen werden im zweiten Schritt durch Gelelektrophorese aufgetrennt (s. S. 76/77). Die Auftrennung

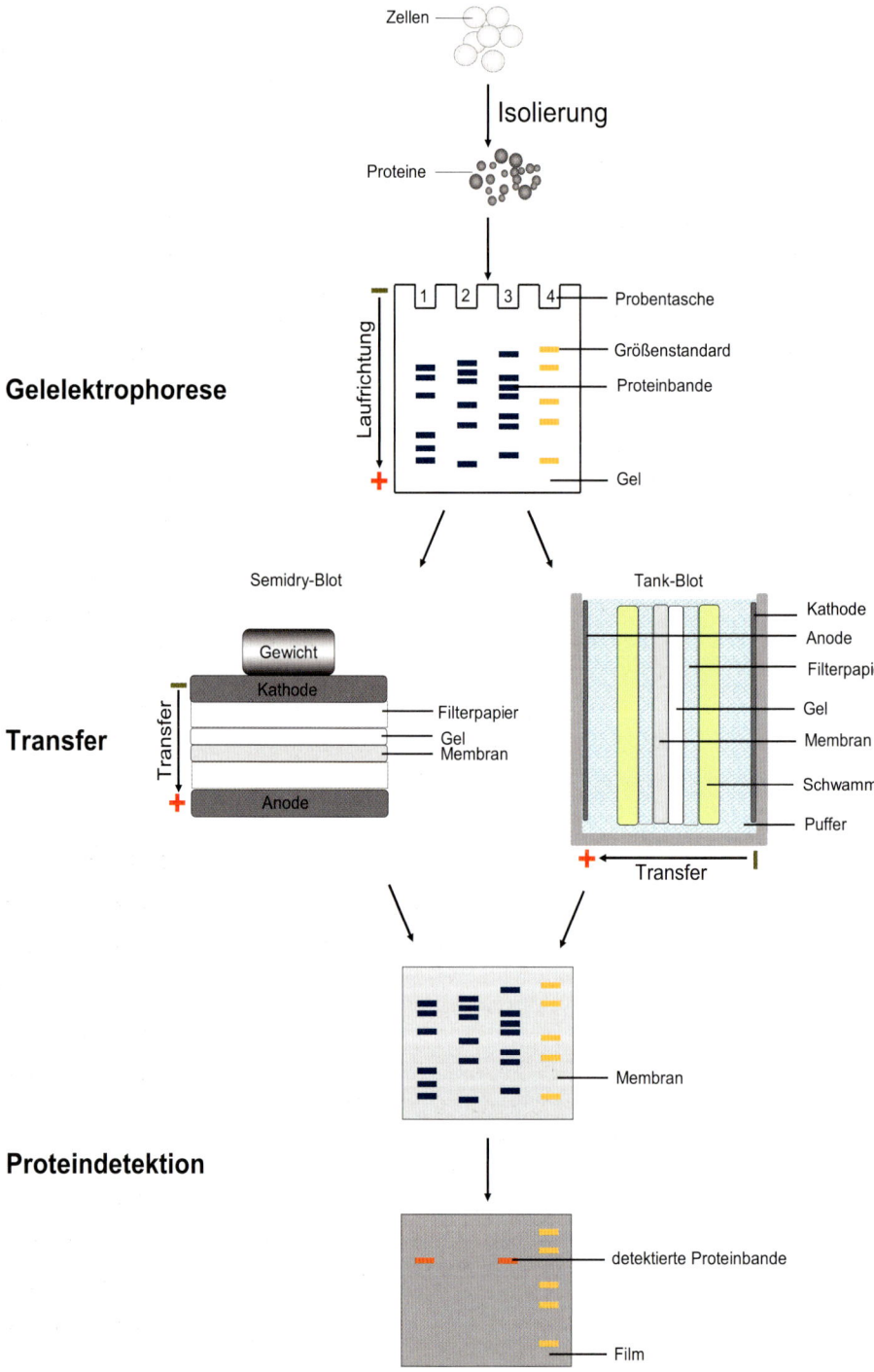

▌ Abb. 1: Typischer Ablauf eines Western-Blot-Experiments. [5]

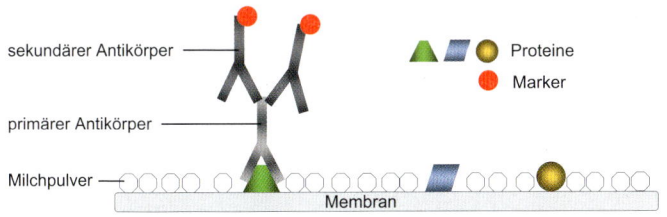

sekundärer Antikörper

Proteine
Marker

primärer Antikörper

Milchpulver

Membran

Abb. 2: Proteinnachweis durch spezifische Antikörper. [5]

erfolgt dabei in Abhängigkeit von Größe und/oder Ladung der einzelnen Proteine. Standardmäßig verwendete Gelelektrophorese-Techniken sind die **SDS-PAGE** und die **Nativ-PAGE.**

Transfer

Im Anschluss folgt der Transfer der im Gel aufgetrennten Proteine auf eine Membran. Hierfür stehen prinzipiell zwei Verfahren zu Verfügung: das **Semidry-Blotting** und das **Tank- oder Wet-Blotting** (▮ Abb. 1). Beide funktionieren nach dem gleichen Prinzip: Durch das Anlegen einer Spannung wandern die Proteine im elektrischen Feld in Richtung Anode (Plus-Pol) und werden dabei vom Gel auf die Membran transferiert. Dieser Vorgang wird auch als Elektro-Blot bezeichnet. Beim Wet-Blot findet im Gegensatz zum Semidry-Blot, bedingt durch die Anordnung, ein vertikaler Transfer statt. Zudem befindet sich die Blotkassette (bestehend aus Schwamm, Filterpapier, Membran und Gel) beim Wet-Blot in einer mit Puffer gefüllten Kammer, während beim Semidry-Blot lediglich die verwendeten Filterpapiere in Puffer getränkt werden. Bei der Verwendung beider Systeme ist darauf zu achten, dass Gel und Membran möglichst luftblasenfrei übereinanderliegen. Unabhängig vom verwendeten System können verschiedene Blot-Membranen benutzt werden. Häufige Verwendung finden insbesondere Membranen aus Polyvinylidendufluorid (PVDF) oder Nitrocellulose.

Nach dem Transfer weist man entweder alle oder nur einzelne Proteine nach. Zur Färbung aller Proteine werden u. a. Ponceaurot, Coomassie oder Kupferiodid eingesetzt. Um bestimmte Proteine nachzuweisen, müssen zunächst die noch freien Bindungsstellen auf der Blotmembran blockiert werden (▮ Abb. 2). Dies verhindert eine unspezifische Bindung von Antikörpern an die Membran. Zum **Blocken** eignen sich u. a. Lösungen mit Milchpulver, Rinderserumalbumin oder Gelatine.

Proteindetektion

Zur Detektion bestimmter Proteine werden i. d. R. zwei verschiedene Antikörper eingesetzt (▮ Abb. 2): ein **Primär-** und ein **Sekundärantikörper.** Der Primärantikörper erkennt und bindet spezifisch an das zu detektierende Protein, der Sekundärantikörper bindet wiederum spezifisch an den Primärantikörper. Die Visualisierung der Proteine erfolgt letztendlich über die Markierung des Sekundärantikörpers. Da mehrere Sekundärantikörper an einen Primärantikörper binden können, führt die Verwendung von zwei Antikörpern zur Signalverstärkung.

Zur Markierung des Sekundärantikörpers werden insbeson-

dere zwei Enzyme eingesetzt: **alkalische Phosphatase** und **Meerrettichperoxidase** (*engl.* **Horse raddish peroxidase, HRP**). Die Proteindetektion mit ersterer erfolgt dabei über eine **Farbreaktion.** Die Meerrettichperoxidase hingegen katalysiert eine **Chemilumineszenz-Reaktion.** Das bei dieser Reaktion emittierte Licht führt zur Belichtung eines Films, der anschließend entwickelt wird.

In der Praxis wird die Blotmembran zunächst mit dem Primärantikörper inkubiert. Es folgt ein Waschschritt, um ungebundenen Antikörper zu entfernen. Dann wird die Blotmembran mit dem Sekundärantikörper inkubiert und anschließend erneut gewaschen. Ist an den Sekundärantikörper ein Enzym gekoppelt, muss die Blotmembran zuletzt mit einem geeigneten Substrat inkubiert werden.

Neben Enzymen können auch **Fluoreszenzfarbstoffe** zur Markierung des Sekundärantikörpers verwendet werden.

Anwendung

In der Medizin wird der Western-Blot insbesondere zur **Diagnostik von Infektionskrankheiten** eingesetzt. Hierfür werden zunächst erregerspezifische Proteine auf einer Membran immobilisiert und die Membran anschließend mit Patientenserum inkubiert. Enthält das Serum Antikörper gegen die aufgetragenen Proteine, binden sie an diese. An Erregerproteine gebundene Antikörper können mit einem Sekundärantikörper sichtbar gemacht werden. So können u. a. Antikörper gegen Hepatitis C, Epstein-Barr- oder humane Immundiffizienz-Viren nachgewiesen werden.

Zusammenfassung

✖ Die Übertragung von Proteinen auf eine Membran bezeichnet man als Western-Blot.

✖ Vor dem Transfer werden die Proteine durch Gelelektrophorese getrennt. Im Anschluss an das Blotten erfolgt die Visualisierung aller oder einzelner Proteine.

✖ Zur Detektion bestimmter Proteine werden häufig Antikörper benutzt. Ein spezifischer Primärantikörper bindet dabei an das Protein und mehrere spezifische markierte Sekundärantikörper wiederum an den primären Antikörper.

✖ Anwendung findet der Western-Blot v. a. in der Diagnostik von Infektionskrankheiten.

Proteomik

Definition
Bei der Proteomik handelt es sich um eine noch relativ junge Wissenschaft, die sich mit der Erforschung des Proteoms befasst. In Analogie zum Genom, das als Gesamtheit der genetischen Information einer Zelle definiert ist (s. S. 14/15), versteht man unter dem **Proteom** die Gesamtheit aller Proteine einer Zelle, eines Gewebes oder auch des gesamten Organismus.

Grundlagen
Die Unterschiede zwischen Genom und Proteom werden besonders deutlich, wenn man z. B. eine Raupe und den aus ihr entstehenden Schmetterling genauer betrachtet. Während nahezu alle Zellen der Raupe und alle Zellen des Schmetterlings ein identisches Genom besitzen, gilt dies für das Proteom offensichtlich nicht.

Das Proteom einer Zelle unterscheidet sich nicht nur von dem einer anderen Zelle, es verändert sich selbst auch laufend. Proteine, die nicht mehr benötigt werden, werden abgebaut und neue synthetisiert. Das Proteom ist im Gegensatz zum Genom also nicht statisch, sondern sehr dynamisch. Die Untersuchung von Proteinmustern muss daher immer unter genau definierten Bedingungen erfolgen.

Vor dem Hintergrund, dass Proteine ein Hauptbestandteil aller Zellen sind und viele Funktionen im menschlichen Organismus haben (s. S. 16/17), ist die Proteomforschung von großer medizinischer Bedeutung (s. u.).

Methodik
Es gibt eine Vielzahl von Methoden, die im Rahmen der Proteomforschung eingesetzt werden. Sie ermöglichen insbesondere folgende Zielsetzungen:

▶ **Isolierung und Identifizierung von Proteinen** aus Proteingemischen
▶ **Strukturaufklärung** sowie die **Funktionsbestimmung** von Proteinen
▶ Untersuchung von **Wechselwirkungen zwischen Proteinen**
▶ Analyse von **Expressionsmustern.**

Von großer Bedeutung für die Proteomforschung sind u. a. die zweidimensionale Gelelektrophorese, die Massenspektrometrie, das Hefe-Zwei-Hybrid-System und die Proteinarrays.

Zweidimensionale Gelelektrophorese (2D-Gelelektrophorese, 2DE)
Die zweidimensionale Gelelektrophorese ist ein spezielles gelelektrophoretisches Verfahren, mit dem viele tausend Proteine einer Proteinmischung zeitgleich aufgetrennt werden können. Das **hohe Auflösungsvermögen** der 2D-Gelelektrophorese wird dabei durch eine Kombination der **isoelektrischen Fokussierung** (IEF) mit der **SDS-Polyacrylamidgelelektrophorese** (SDS-PAGE) erzielt (▮ Abb. 1).

Erste Dimension: isoelektrische Fokussierung (IEF) Die Proteine der zu untersuchenden Proteinmischung werden in diesem Schritt entsprechend ihres spezifischen **isoelektrischen Punkts** im Gel aufgetrennt.

Die Ladungen der einzelnen Aminosäuren eines Proteins sind abhängig vom pH-Wert des Mediums, in dem die Proteine gelöst sind und bestimmen die Gesamtladung des Proteins. Am isoelektrischen Punkt besitzt ein Protein gleich viele positive und negative Ladungen. Die IEF basiert auf diesem Zusammenhang zwischen der Gesamtladung eines Proteins und dem umgebenden pH-Wert.

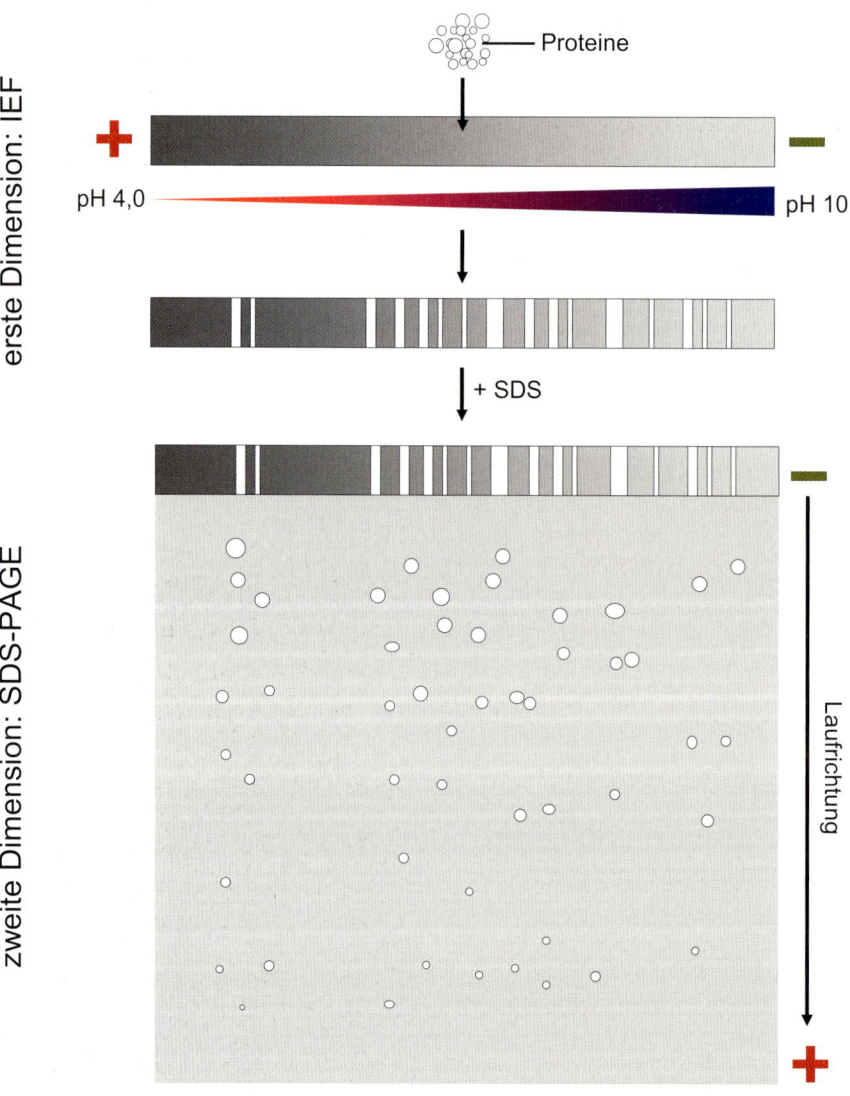

▮ Abb. 1: Prinzip der zweidimensionalen Gelelektrophorese. IEF = isoelektrische Fokussierung, SDS-PAGE = Natriumdodecylsulfat-Polyacrylamidgelelektrophorese. [5]

> Als isoelektrischen Punkt eines Proteins bezeichnet man den pH-Wert, an dem die Gesamtladung des Proteins null ist.

Die isolelektrische Fokussierung wird heute standardmäßig mit **immobilisierten pH-Gradienten** durchgeführt. Diese werden auf einem Gelstreifen aus Polyacrylamid fixiert, der als Trägermaterial für die Elektrophorese dient.

Nach Beladen des Gelstreifens mit der Proteinlösung wird eine Spannung angelegt. Im elektrischen Feld bewegen sich die einzelnen Proteine dann entsprechend ihrer Eigenladung entweder in Richtung Kathode (Minus-Pol) oder Anode (Plus-Pol) über verschiedene Bereiche des pH-Gradienten hinweg. Erreicht ein Protein auf dem Gelstreifen den pH-Wert, der seinem isoelektrischen Punkt entspricht, wird seine Gesamtladung neutral und es „bleibt stehen", da das elektrische Feld auf ungeladene Proteine keine Kraft ausübt. Die Proteine des Gemischs werden so entsprechend ihres isoelektrischen Punkts aufgetrennt.

Zur Vorbereitung auf die zweite Dimension der 2D-Gelelektrophorese belädt man die Proteine im Gelstreifen zunächst mit Natriumdodecylsulfat **(SDS).** Dieses anionische Detergenz bewirkt die Denaturierung der Proteine und verleiht ihnen zudem eine negative Gesamtladung.

Zweite Dimension: SDS-Polyacrylamidgelelektrophorese (SDS-PAGE) In der zweiten Dimension, der SDS-PAGE, werden die Proteine entsprechend ihrer **relativen Molekülmasse** weiter aufgetrennt. Details zum Prinzip der SDS-PAGE finden sich auf dem Seiten 76/77.

Wie in ▌ Abbildung 1 zu sehen ist, wird der Gelstreifen, mit den nach isolektrischem Punkt getrennten Proteinen, auf eine Kante des SDS-Gels gelegt. Durch Anlegen einer Spannung wandern die Proteine daraufhin **(senkrecht zu ersten Dimension)** in Richtung Anode. Kleinere Proteine bewegen sich dabei prinzipiell schneller durch die Gelmatrix als größere.

Die aufgetrennten Proteine werden im Anschluss im Gel fixiert und durch geeignete Färbetechniken visualisiert. Die Färbung kann dabei entweder mit **Adsorptionsfarbstoffen,** wie (kolloidalem) Coomassie-Brilliant-Blau oder Silber, oder mit **Fluoreszenzfarbstoffen** erfolgen.

Die zweidimensionale Gelelektrophorese kann u. a. zum Vergleich der Proteinzusammensetzung verschiedener Proben eingesetzt werden. Einzelne Proteine der aufgetrennten Proteinmischung lassen sich z. B. im Anschluss an die 2D-Gelelektrophorese mithilfe der **Massenspektrometrie** identifizieren.

Anwendung

Vor dem Hintergrund der vielfältigen Aufgaben von Proteinen im menschlichen Organismus (s. S. 16/17) ist es nicht verwunderlich, dass die Erforschung des Proteoms auch für die Medizin von großer Bedeutung ist. Eine Reihe von Krankheiten entsteht, weil bestimmte Proteine im Körper nicht oder auch im Übermaß gebildet werden. Für einige Erkrankungen ist hingegen eine falsche Faltung der Proteine charakteristisch. Dazu zählen u. a. die Creutzfeldt-Jakob-Krankheit, die Sichelzellanämie und die Alzheimerkrankheit.

Zusammenfassung

✖ Mit dem Begriff Proteom bezeichnet man die Gesamtheit aller Proteine einer Zelle, eines Gewebes oder eines gesamten Organismus. Die Wissenschaft, die sich mit der Erforschung des Proteoms befasst, nennt man Proteomik.

✖ Methoden der Proteomforschung sind z. B. die zweidimensionale Gelelektrophorese, die Massenspektrometrie und das Hefe-Zwei-Hybrid-System.

✖ Die 2D-Gelelektrophorese ist eine Kombination aus isoelektrischer Fokussierung und SDS-PAGE. Die isoelektrische Fokussierung trennt Proteine nach ihren unterschiedlichen isoelektrischen Punkten auf. Bei der SDS-PAGE erfolgt eine Auftrennung entsprechend der unterschiedlichen relativen Molekülmassen der Proteine. Zwei Dimensionen der Auftrennung ermöglichen ein sehr hohes Auflösungsvermögen der Technik.

Gewinnung von Antikörpern

Grundlagen

Antikörper sind Proteine, die zur Gruppe der Immunglobuline gehören und als Reaktion auf Antigene von Plasmazellen, die aus B-Lymphozyten differenzieren, gebildet werden. Man unterscheidet fünf Hauptklassen von Immunglobulinen (Ig): Immunglobulin G, M, E, A und D, wobei bei Immunfärbungen und Immunoassays die Klassen IgM und IgG am häufigsten zum Einsatz kommen. Jeder Antikörper besteht aus zwei identischen schweren Ketten (Heavy chains, H) und zwei identischen leichten Ketten (Light chains, L). Durch kovalente Disulfidbrücken sind jeweils eine schwere und eine leichte sowie die beiden schweren Ketten zu einer Y-förmigen Struktur verbunden (Abb. 1). Die schweren Ketten setzen sich dabei aus einer variablen und drei (IgG, IgA) bis vier (IgM, IgE) konstanten Region zusammen, die man mit V_H **bzw.** C_{H1-3} **bzw.** $_4$ bezeichnet.

Die leichten Ketten bestehen jeweils aus einer variablen und einer konstanten Region (V_L **bzw.** C_L). Hierbei bilden die variablen Domänen der leichten und schweren Ketten die Antigenbindungsstelle, während die konstanten Anteile u. a. an der Opsonierung beteiligt sind. Mehrere hypervariable Regionen der Antigenbindungsstelle reagieren mit dem Epitop des Antigens (s. u.; Schlüssel-Schloss-Prinzip). Zur Strukturanalyse von Antikörpern setzte man ursprüng-lich das Enzym **Papain** ein, das zur Spaltung der Immunglobuline in zwei monovalente Antigen-bindende Fragmente (Fab) und ein kristallines Fragment (Fc) führte (Abb. 2).

Als **Hinge region** bezeichnet man die Gelenkregion zwischen C_{H1} und C_{H2}, Unterschiede in diesem Bereich sowie die Art der Leichtketten (**Kappa** und **Lambda**) entscheiden über die Subklassifizierung der Immunglobuline (z. B. IgG1 und IgG2).

Als **Antigene** können Makromoleküle, wie Virus-RNA, wirken oder auch an Partikel gebundene kleinere Moleküle, z. B. Lipopolysaccharide an der Oberfläche von Bakterien. Ein **Epitop (antigene Determinante)** ist die Region des Antigens, gegen die Antikörper gebildet werden. Dabei besitzt ein Antigen verschiedene Epitope, die über spezifische, nichtkovalente Bindung an die antigene Determinante binden.

Bestimmte niedermolekulare Stoffe, die alleine keine Antikörperreaktion hervorrufen können, sondern erst durch die Bindung an ein Trägerprotein eine Immunreaktion auslösen, heißen **Haptene.** Man unterscheidet daher Vollantigene, die als höhermolekulare Substanzen alleine zur Antikörperbildung führen, und Halbantigene.

Bei der Herstellung von Antikörpern muss das entsprechende Antigen zur Verfügung gestellt werden, indem es aus Geweben oder Zellen isoliert oder syn-thetisch produziert wird, oder indem z. B. ein Protein rekombinant von Bakterien synthetisiert wird.

IgG und IgM

Das **Immunglobulin M (IgM)** wird als Erstantwort in der Akutphase einer Erkrankung gegen das entsprechende Antigen gebildet, die Latenzzeit beträgt meist ca. fünf Tage. Es handelt sich hierbei um ein Pentamer aus fünf Untereinheiten, die jeweils zwei schwere und zwei leichte Ketten besitzen, sodass ein IgM-Molekül zehn Antigen-Bindestellen besitzt (s. o.). Die Untereinheiten sind durch das Cystein-reiche Joining peptide verbunden. Das **Immunglobulin G (IgG)** dagegen wird erst in einer verzögerten Abwehrphase nach ca. drei Wochen gebildet und besitzt eine längere Halbwertszeit als das IgM.

Methodik
Polyklonale Antikörper

Polyklonale Antikörper werden von verschiedenen Zellen gebildet und reagieren zudem mit verschiedenen Epitopen eines Antigens. Zu deren Herstellung werden meist Kaninchen eingesetzt, seltener Ziege, Schwein, Schaf, Pferd und Meerschweinchen. Das Antigen wird am häufigsten intradermal oder subkutan injiziert, aber auch intramuskuläre und intraperitoneale Applikationen werden durchgeführt. Die injizierte Menge beträgt je nach Immunogenität zwi-

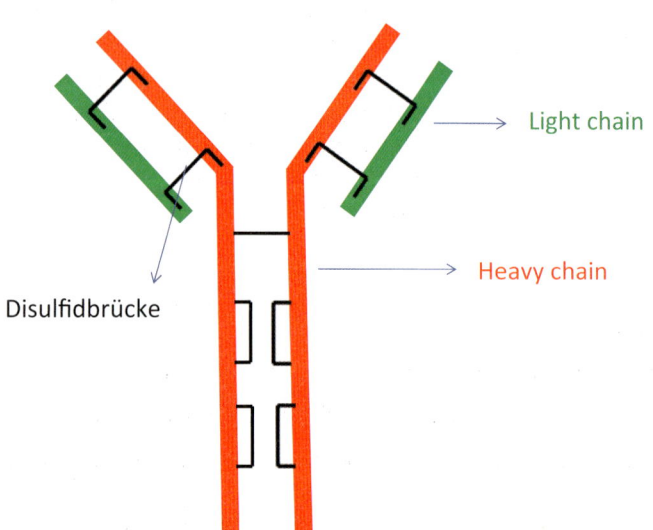

 Abb. 1. Ein Antikörper ist aufgebaut aus zwei schweren (Heavy chain) und zwei leichten (Light chain) Ketten. Durch Disulfidbrücken sind die Ketten untereinander sowie innerhalb der Peptidketten kovalent verbunden. [1]

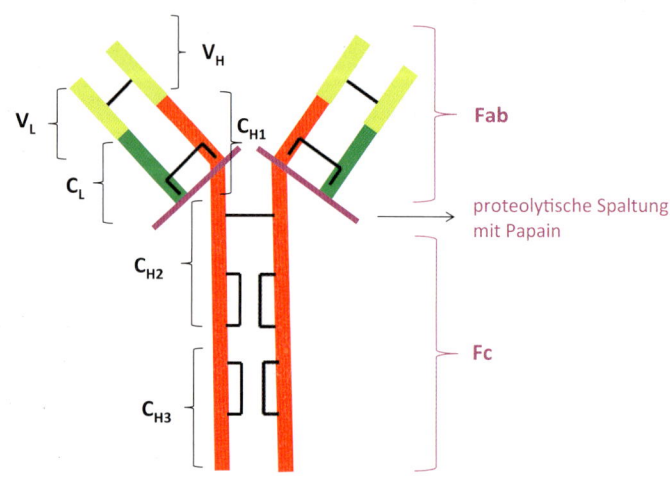

 Abb. 2: Darstellung der Struktur von Antikörpern am Beispiel von IgG. Papain spaltet den Antikörper in zwei monovalente Fab-Fragmente sowie in das kristalline Fc-Fragment. Des Weiteren unterteilt man die Regionen der Immunglobuline in variable und konstante Anteile der schweren und leichten Ketten (V_L, V_H, C_L, C_{H1-3}). [1]

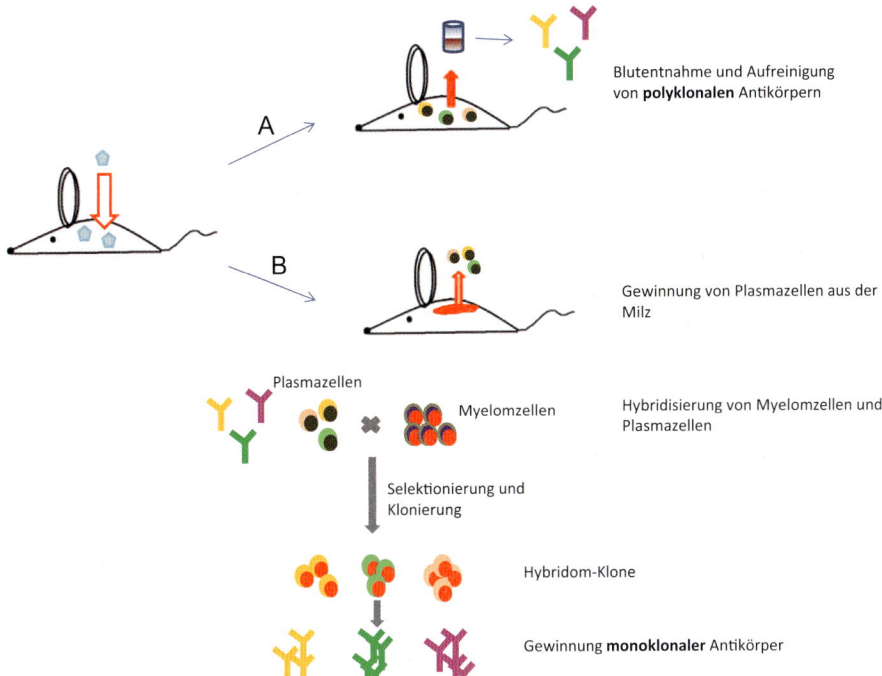

Blutentnahme und Aufreinigung von **polyklonalen** Antikörpern

Gewinnung von Plasmazellen aus der Milz

Plasmazellen

Myelomzellen

Hybridisierung von Myelomzellen und Plasmazellen

Selektionierung und Klonierung

Hybridom-Klone

Gewinnung **monoklonaler** Antikörper

▌ Abb. 3: Prinzip der Herstellung von polyklonalen (A) oder monoklonalen (B) Antikörpern. [1]

schen 20 μg und 1000 μg in einem Volumen von 100–500 μl. Dabei werden die Antigene oft in Adjuvanzien gelöst, um die Immunantwort zu verstärken. Gegebenenfalls wird die Immunisierung mehrfach durch Boosterinjektionen wiederholt, um den Antikörpertiter zu erhalten oder zu erhöhen. Nach entsprechender Latenzzeit erfolgen die Blutentnahme und Gewinnung des Antiserums (▌ Abb. 3). Dieses kann mittels Ionenaustauscherchromatographie oder Affinitätschromatographie aufgereinigt werden (s. S. 72/73).

Monoklonale Antikörper

Monoklonale Antikörper sind genau gegen ein spezifisches Epitop eines Antigens gerichtet und stammen aus einem Klon von Plasmazellen. Zunächst werden die Tiere (meist Mäuse), wie bei der Herstellung polyklonaler Antikörper, im-

munisiert. Anschließend gewinnt man die Plasmazellen aus Milz oder Lymphknoten. Diese werden dann unter bestimmten Bedingungen mit Myelomzellen hybridisiert, um deren Immortalität mit der Fähigkeit der Plasmazellen zur Sezernierung von Antikörpern zu paaren. Diese Hybridome selektioniert und kloniert man dann mithilfe von farbstoffmarkierten Antigenen entsprechend der jeweiligen Spezifität ihrer Antikörper. Die monoklonalen Antikörper können in der Folge aus dem Nährmedium des jeweiligen Klons isoliert werden. Da es sich um identische Kopien derselben Plasmazelle handelt, wird auch derselbe Antikörper produziert (▌ Abb. 3). Der Vorteil von monoklonalen Antikörpern gegenüber polyklonalen besteht daher in ihrer höheren Spezifität.

Rekombinante Antikörper

Rekombinante Antikörper werden gentechnisch hergestellt. Die Antikörperproduktion erfolgt mithilfe von Genbibliotheken durch Klonierung in Expressionsvektoren und Transformation in Wirtszellen, wobei häufig Bakterien (E. coli), Hefen und Pflanzen zum Einsatz kommen.

Anwendung

In der Forschung werden Antikörper zur Markierung bestimmter Antigene eingesetzt. In der Klinik benutzt man Immunglobuline schon seit Langem als passive Impfstoffe. In neuerer Zeit werden monoklonale Antikörper auch in der Onkologie, z. B. bei Leukämien, gezielt gegen Antigene von Lymphozyten, oder in der Rheumatologie beispielsweise gegen den Tumornekrosefaktor α (TNFα) angewandt.

Zusammenfassung

✖ Antikörper bestehen aus zwei schweren und zwei leichten Ketten.

✖ Des Weiteren besitzen sie einen variablen Anteil, der für die Antigenbindung zuständig ist, sowie einen konstanten, der andere Funktionen, wie die Opsonierung, erfüllt.

✖ Monoklonale Antikörper reagieren im Gegensatz zu polyklonalen Antikörpern mit genau einem spezifischen Epitop eines Antigens.

Durchflusszytometrie (FACS)

Definition

FACS steht für *engl.* „Fluorescence activated cell sorting" und ist eine spezielle Form der Durchflusszytometrie zur quantitativen Analyse von Zellen. Der Begriff „FACS" ist eine geschützte Handelsmarke der Firma Becton-Dickinson® und wird oft auch als Synonym für die Fluoreszenz-aktivierte Durchflusszytometrie verwendet. Grundlage ist eine Antigen-Antikörper-Reaktion, die mit Fluoreszenzfarbstoff-markierten Antikörpern durchgeführt wird. Dabei werden die markierten Partikel in einem Flüssigkeitsstrom einzeln an einem gebündelten Laserstrahl geeigneter Wellenlänge vorbeigeleitet und das dabei erzeugte Streu- und Fluoreszenzlicht wird detektiert.

Mithilfe von FACS sollen Zellpopulationen charakterisiert und quantifiziert werden. Des Weiteren lassen sich fluoreszenzmarkierte Zellen nach ausgewählten Kriterien isolieren bzw. sortieren. Dabei kann man z. B. die Expression von Oberflächenmolekülen in bestimmten Zellpopulationen erfassen. Auch die Untersuchung intrazellulärer Moleküle ist möglich. Hohe Zellzahlen können auf diese Weise in kurzer Zeit analysiert werden (bis zu 70 000 Zellen/s).

Historie

Die Grundlagen der Durchflusszytometrie wurden in den 1950er-Jahren von Wallace Coulter mit dem Coulter®-Counter gelegt. Damit konnte zunächst die Leukozytenzählung in der Hämatologie vereinfacht werden. Blut wird verdünnt durch eine kleine Öffnung geschickt, durch welche die Blutzellen gerade hindurchpassen. Beim Durchtritt einer Zelle durch die Messöffnung kommt es zu einer Widerstandsänderung in der Lösung, die proportional ist zum Volumen der Zelle. Weitere Meilensteine hin zur heutigen Durchflusszytometrie waren die Entwicklungen in der Lasertechnik und schon vorher das Prinzip der Fluoreszenzmessung nach Dittrich und Göhde sowie die hydrodynamische Fokussierung nach Van Dilla. Durch diese werden Zellsuspensionen zu einem dünnen Strahl gebündelt, der eine einzige Zelle im Querschnitt des Messbereichs enthält.

Grundlagen

Fluoreszierende Farbstoffe (**Fluorochrome**) absorbieren Lichtenergie einer jeweils charakteristischen Wellenlänge. Dadurch werden die Elektronen auf ein höheres Energieniveau angehoben, die Energie wird dann beim Übergang zum Grundniveau unter Emission eines Photons wieder frei.

Laser sind als Lichtquelle besonders geeignet für die Fluoreszenz-Durchflusszytometrie, da sie Licht aussenden, das monochromatisch mit hoher Energiedichte und konstanter Strahlungsleistung ist. Die Fluorochrome werden je nach Wellenlänge des Lasers gewählt, die jeweils im Absorptionsbereich der entsprechenden Fluoreszenzfarbstoffe liegen muss. In der Durchflusszytometrie findet überwiegend der Argonlaser mit einer Emissionslinie bei 488 nm Verwendung, sodass Fluorochrome mit einem Exzitationsbereich in dieser Wellenlänge geeignet sind. Wird ein Fluorochrom zwar außerhalb seines **Absorptionsmaximums,** aber noch innerhalb seines **Absorptionsspektrums** angeregt, äußert sich das lediglich in einer Intensitätsverminderung, nicht aber in einer Farbänderung der Fluoreszenz.

Methodik

Bei der Fluoreszenz-Durchflusszytometrie werden die zu bestimmenden Moleküle der Zellen (z. B. Oberflächenmarker) durch ihre Bindung an einen entsprechenden, mit einem Fluoreszenzfarbstoff versehenen Antikörper markiert. Anschließend leitet man die Zellen einzeln in einer Kapillare wie an einer Perlenkette (**hydrodynamische Fokussierung**) an einem gebündelten Laserstrahl geeigneter Wellenlänge vorbei und beleuchtet sie. Diese beleuchteten Zellen

strahlen das für das Fluorochrom charakteristische Licht aus (fluoreszieren), das durch einen Photodetektor registriert wird und sich proportional zur Menge der gebundenen Antikörper pro Zelle verhält. Daher sind auch quantitative Aussagen möglich. Hierbei ist eine gleichzeitige Messung mit verschiedenen Fluoreszenzfarbstoffen (**Mehrfarbenfluoreszenzanalyse**) möglich. Messtechnisch kann auf eine Anregung mit zwei oder mehr Wellenlängen verzichtet werden, indem man Fluoreszenzfarbstoffe wählt, die sich bei einer gemeinsamen Wellenlänge anregen lassen, und zugleich über verschiedene, für den jeweiligen Farbstoff charakteristische **Emissionsspektren** (❚ Tab. 1) verfügen, sodass sie von verschiedenen Detektoren erfasst werden können. Bei einem Laser mit einer Anregungswellenlänge von 488 nm könnte man beispielsweise Red 613 und Fluorescein als Farbstoffe verwenden.

Bei der Durchflusszytometrie wird neben der Fluoreszenz auch das Streulicht erfasst. Die durch den Lichtstrahl ziehenden Zellen verursachen eine entsprechende Lichtbeugung und -streuung, die detektiert werden, und so Informationen über Granularität des Zytoplasmas, Größe des Zellkerns sowie Faltung der Membran etc. liefern.

Aufbau des Durchflusszytometers

Ein Durchflusszytometer besteht aus drei Hauptbestandteilen (❚ Abb. 1):

▶ Flüssigkeitssystem: Durch das Prinzip der o. g. hydrodynamischen Fokussierung passieren die Zellen einzeln und nacheinander den Messpunkt an einer definierten Stelle. Am Messpunkt trifft der Laserstrahl auf die Zelle.

Fluoreszenzfarbstoff	Absorptionsmaximum [nm]	Emissionsmaximum [nm]
Fluoresceinisothiozyanat	495	519
PE-Cy5	480, 565, 649	670
Per CP	490	675
Phycoerythrin	480, 565	578
Red 613	480, 565	613

❚ Tab. 1: Fluoreszenzfarbstoffe der Durchflusszytometrie.

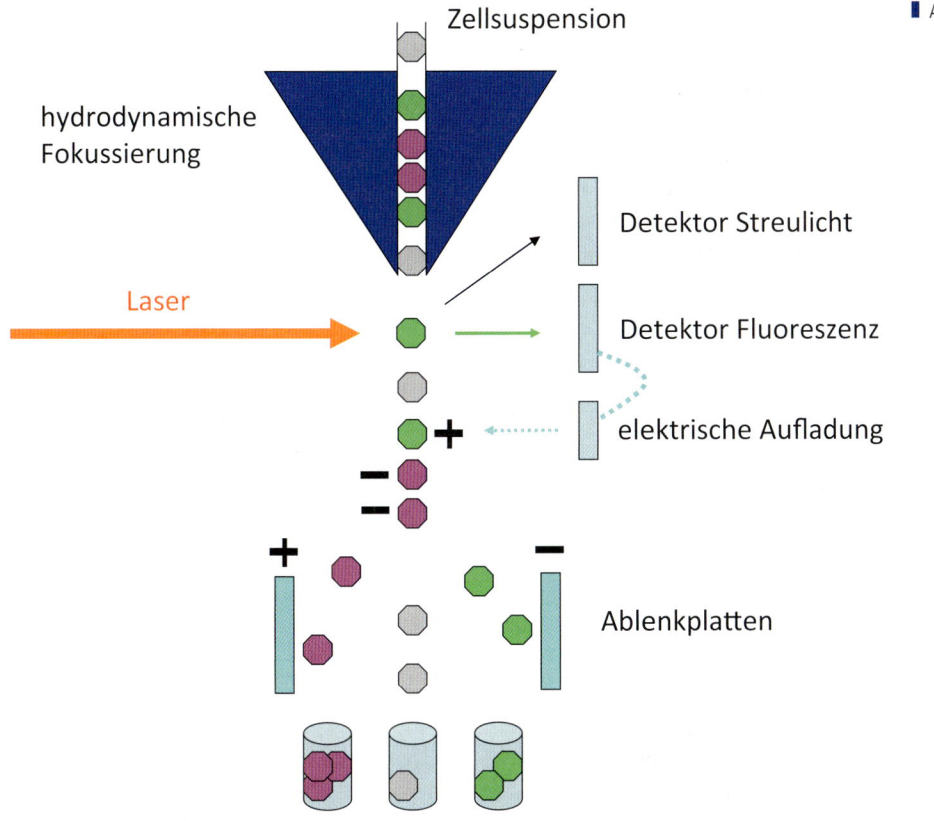

Zellsuspension

hydrodynamische Fokussierung

Laser

Detektor Streulicht

Detektor Fluoreszenz

elektrische Aufladung

Ablenkplatten

Abb. 1: Prinzip der FACS-Analyse. [1]

▶ optisches System:
- **Anregungsteil:** dient der Erzeugung des Laserlichtstrahls
- **Detektionsteil:** besteht aus zwei Untereinheiten, die eine zur Messung des Streulichts, die andere zur Messung der Fluoreszenz.

▶ Signalverarbeitungssystem: Photodetektoren konvertieren die optischen Signale in elektrische Pulse. Hierbei werden die Zellen nach dem Durchgang durch den Laserstrahl in winzige Flüssigkeitstropfen verpackt, die je nach Fluoreszenzsignal mit einer positiven oder negativen Ladung versehen sind oder neutral bleiben, falls kein Antikörper

gebunden hat. Die geladenen Tropfen werden in einem **elektrischen Feld** abgelenkt und dann in entsprechende Auffanggefäße geleitet, sodass eine gewünschte Zellpopulation isoliert werden kann.

> Die Fluoreszenz-Durchflusszytometrie ermöglicht nicht nur eine Charakterisierung und Quantifizierung, sondern auch die Isolierung bzw. Sortierung von Zellen.

Die Darstellung der Ergebnisse der FACS-Analyse erfolgt oft, indem die Zellen je nach Expression der markierten Antigene in einem Blot aufgetragen werden.

Anwendung
Das FACS wird zur Beantwortung von Fragen in der Grundlagenforschung und auch zunehmend in der Klinik eingesetzt. Das ermöglicht z. B. die Zählung von CD4-T-Zellen in der HIV-Diagnostik.

In der Forschung kann mit Fluoreszenzfarbstoffen z. B. die Transfektionseffizienz kontrolliert werden, indem transfizierte Zellen mit Green fluorescent protein (GFP), einem autofluoreszierenden Protein der Tiefseequalle Aequorea victoria, markiert werden.

Zusammenfassung

✖ In der Fluoreszenz-Durchflusszytometrie werden zunächst Antigene auf den zu untersuchenden Zellen mit Fluorochromen markiert.

✖ Die Zellen mit dem Fluoreszenzfarbstoff werden einzeln mit Laserlicht beleuchtet und entsprechend ihrem Fluoreszenzsignal detektiert und sortiert.

✖ FACS dient nicht nur der Quantifizierung von bestimmten Zellen, sondern auch ihrer Isolierung.

Immunoassays I

Grundlagen

Im Immunoassay können Substanzen in geringen Konzentrationen bzw. Mengen nachgewiesen werden. Grundlage der Bestimmungsmethode ist die Antigen-Antikörper-Reaktion. Dabei wird die hohe Spezifität und Bindungsstärke der Bindung zwischen Antigenen und Antikörpern genutzt.

Das zu bestimmende Antigen befindet sich in Lösung, während der Antikörper meist an eine feste Phase gebunden ist. Dabei verwendet man je nach Bedarf v. a. Mikrotiterplatten, Küvetten oder Membranen. Bei den meist genutzten Mikrotiterplatten handelt es sich um Kunststoffplatten mit Vertiefungen (engl. Wells). Häufig kommt die 96-Well-Platte zum Einsatz, beispielsweise beim ELISA (s. S. 88/89).

Man unterscheidet je nach Mechanismus unterschiedliche Arten von Immunoassays.

Methodik
Kompetitiver Immunoassay

Bei der kompetitiven Methode konkurriert das zu bestimmende Antigen (Test-Antigen, **Analyt**) mit einem gleichartigen, jedoch markierten Antigen **(Tracer)** um die Bindungsstelle des Antikörpers und blockiert gegebenenfalls die Bindung des Tracers. Dabei ist der Antikörper meist an eine feste Phase gebunden, während Analyt und Tracer in Lösung vorliegen. Nach der Inkubationszeit werden Analyt- und Tracerlösung entfernt, und die Menge der gebundenen markierten Tracer-Antigene kann detektiert werden.

Je weniger Tracer nachgewiesen wird, umso höher ist die Konzentration des Test-Antigens in der zu messenden Probe (▌ Abb. 1). Die Menge des unmarkierten Antigens ist also indirekt proportional zur Menge des Tracers. Beim kompetitiven Immunoassay unterscheidet man einen **One-step-** und einen **Two-step-Assay**. Bei Ersterem konkurrieren Antigene und Tracer um eine begrenzte Menge an Antikörpern, während bei der Two-step-Methode mehr Antikörper zur Verfügung stehen als von Tracer und Test-Antigen gebunden werden können: Im ersten Schritt wird dabei ausschließlich das Test-Antigen zum Antikörper gegeben, sodass alle Test-Antigene an Antikörper gebunden sind. Im zweiten Schritt wird der Tracer in bekannter Konzentration hinzugefügt und bindet an Antikörper, die noch frei sind. Da hier alle Test-Antigene binden, kann ihre Menge genauer erfasst werden. Die Two-step-Technik ist also gerade bei geringen Antigenmengen um ein Vielfaches sensitiver als der One-step-Assay.

Nichtkompetitiver Immunoassay (Sandwich-Methode)

Dieser Immunoassay wird auch als Sandwich-Methode bezeichnet, da hierbei das Test-Antigen von zwei Antikörpern gebunden wird. Sie weist eine höhere Sensitivität auf als die kompetitive Technik.

Für die Durchführung werden zwei Antikörper benötigt, die beide spezifisch mit dem Antigen reagieren und dabei gleichzeitig an den Analyten binden können, ohne sich gegenseitig zu blockieren. Der erste Antikörper ist auch hier an eine feste Phase gebunden und wird als Primärantikörper bezeichnet. Die Analyt-Lösung wird auf die feste Phase gegeben, sodass die enthaltenen Antigene an diesen Primärantikörper binden. Anschließend wird die Probenlösung entfernt und der zweite Antikörper als Lösung auf die feste Phase appliziert. Dieser wird dementsprechend als Sekundärantikörper oder **Detektor** bezeichnet. Er reagiert nun ebenfalls mit dem Analyt, sodass der erste Antikörper der festen Phase an das Test-Antigen gebunden ist, das zusätzlich mit dem Detektor verbunden

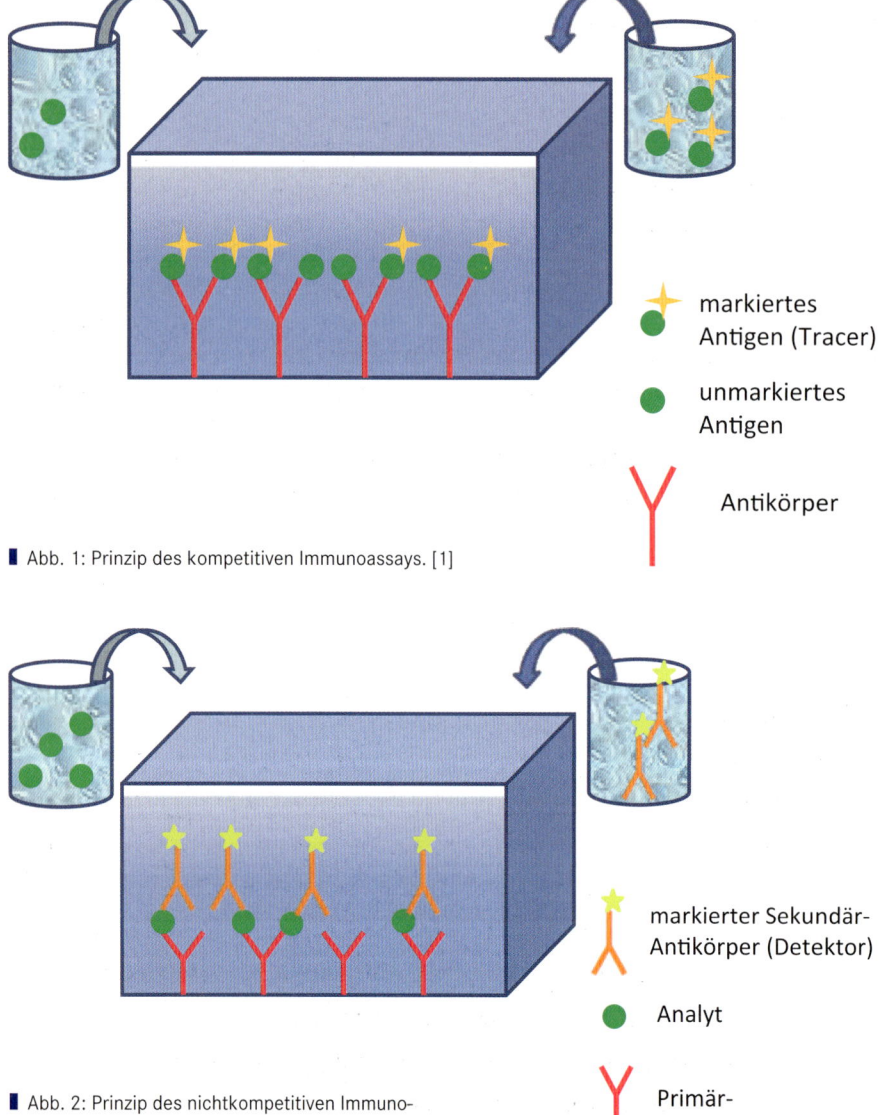

markiertes Antigen (Tracer)

unmarkiertes Antigen

Antikörper

▌ Abb. 1: Prinzip des kompetitiven Immunoassays. [1]

markierter Sekundär-Antikörper (Detektor)

Analyt

Primär-Antikörper

▌ Abb. 2: Prinzip des nichtkompetitiven Immunoassays (Sandwich-Methode). [1]

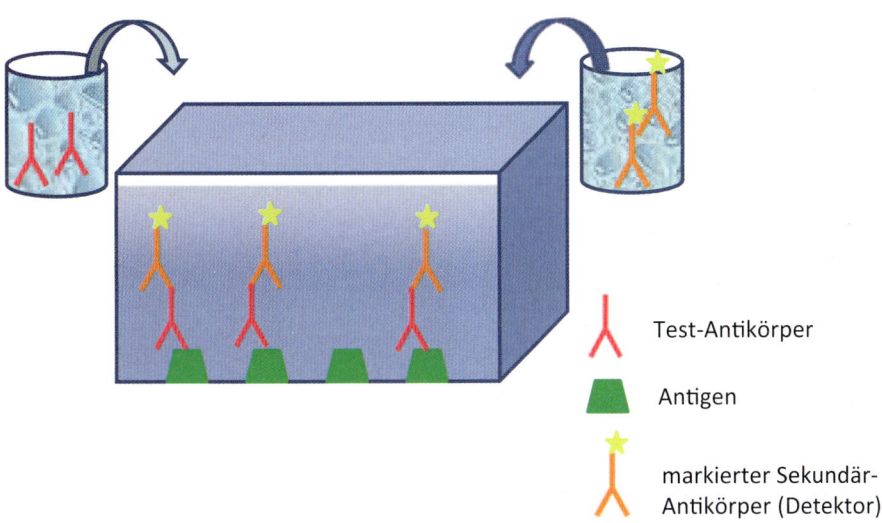

Abb. 3: Prinzip des indirekten Immunoassays. [1]

Test-Antikörper

Antigen

markierter Sekundär-
Antikörper (Detektor)

wird. Der Sekundärantikörper kann nun nachgewiesen werden, indem er mit einem Marker versehen wird oder diesen bereits besitzt (Abb. 2).

Indirekter Assay

Die oben beschriebenen Methoden dienen dem Nachweis eines Antigens. Sollen allerdings spezifische Antikörper detektiert werden, so spricht man vom indirekten Immunoassay. Hier ist das Antigen, mit dem der zu analysierende Antikörper reagiert, an die feste Phase gebunden, und es wird z. B. das zu untersuchende Serum zugegeben. Der entsprechende Antikörper bindet dann an das Antigen. Anschließend wird das Serum entfernt und ein Sekundäranti-körper zugegeben, der mit dem Fc-An-teil (s. S. 82/83) des gebundenen Im-munglobulins reagiert. Dieser Sekundär-antikörper ist oder wird markiert und kann nun detektiert und gegebenenfalls quantifiziert werden (Abb. 3).

Detektion

Der Tracer bzw. Sekundärantikörper muss jeweils für die Detektion markiert werden. Am häufigsten wird diese Mar-kierung mit Enzymen durchgeführt. Sie setzen ein zugegebenes chromogenes Substrat um, was zur Farbentwicklung führt, welche zum Nachweis des Ana-lyten erfasst werden kann. Man spricht vom Enzyme-linked immunosorbent assay (ELISA, s. S. 88/89).
Eine weitere Möglichkeit der Markie-rung funktioniert nach dem Prinzip der

Chemilumineszenz. Nach Zugabe eines Reagenz läuft eine chemische Reaktion ab, die wiederum zur Photonenemission bzw. Licht führt (Chemilumineszenz-Immunoassay, CIA).
Auch Radioimmunoassays (RIA, s. S. 88/89), bei denen der Sekundär-antikörper radioaktiv markiert wird, sowie Markierungen mit Goldpartikeln sind gebräuchlich.

Anwendung

In der Klinik kommen Immunoassays häufig zur Anwendung, beispielsweise zum Nachweis von Virus-Antigen sowie zur Bestimmung von Hormonen (Insu-lin, Schwangerschaftstest), Tumormar-kern (PSA, AFP) oder Medikamenten-spiegel (Antiepileptika, Digoxin etc.).

Zusammenfassung

✖ Immunoassays sind sensitive Verfahren zum Nachweis von Antigenen sowie von Antikörpern.

✖ Bei der kompetitiven Methode konkurriert der Analyt mit einem Tracer um die Bindungsstellen des entsprechenden Antikörpers.

✖ Die nichtkompetitive Methode wird auch als Sandwich-Methode bezeich-net und beinhaltet die Bindung des Test-Antigens an einen Primäranti-körper sowie an einen markierten Sekundärantikörper.

✖ Sollen nicht Antigene, sondern Antikörper nachgewiesen werden, so spricht man von einem indirekten Immunoassay.

Immunoassays II

Enzyme-linked immunosorbent assay (ELISA)

Beim enzymgekoppelten Immunadsorptionstest **(EIA)** bzw. Enzyme-linked immunosorbent assay **(ELISA)** handelt es sich um einen Immunoassay (s. S. 86/87), der auf einer Enzymreaktion als Detektionsmethode beruht.

Markierung

Grundlage des ELISA ist die spezifische Reaktion eines Antigens mit ein oder zwei Antikörpern, wobei entweder der Antikörper oder das Antigen mit einem Enzym markiert ist. Die beim ELISA am häufigsten eingesetzten Enzyme sind **Meerrettichperoxidase** und **alkalische Phosphatase (AP)**. Die Meerrettichperoxidase ist ein Enzym, das mit Wasserstoffperoxid die Oxidierung eines Substrats katalysiert. Es gibt eine Auswahl an Substraten, die hier Verwendung finden, wobei man unterscheidet zwischen chromogenen Substraten (z. B. Diaminobenzidin, DAB), die ihre Farbe ändern, und chemilumineszenten Substraten (z. B. Luminol), die Licht emittieren. Bei der alkalischen Phosphatase wird als Chromogen oft Nitrophenylphosphat zugegeben. Die AP spaltet den Phosphatrest vom farblosen Substrat ab, sodass p-Nitrophenol entsteht, das gelb ist.

Die Intensität der Farbe oder des emittierten Lichts ist dabei proportional zur Konzentration des Substrats, das den Gehalt des markierten Analyten widerspiegelt, sodass auch eine Quantifizierung möglich ist.

Je nach Assay-Methode wird entweder das Antigen mit dem Enzym gekoppelt (Tracer) oder der Antikörper. Dabei hat man bei der Enzymkoppelung von Antikörpern die Möglichkeit, die spezifischen Antikörper direkt zu markieren oder markierte Sekundärantikörper zu verwenden. Diese sind mit einem Enzym gekoppelt und binden an die konstante Fc-Region von Immunglobulinen, sodass sie für verschiedene Versuche verwendet werden können.

Durchführung

Immunoassays werden je nach Fragestellung unterschiedlich durchgeführt. Beim ELISA werden dabei stets entweder der Antikörper oder das Antigen an eine feste Phase gebunden, und zwar an die 96-Well-Mikrotiterplatte.

Der **indirekte ELISA** oder auch **Antibody capture assay** kommt zum Einsatz, wenn spezifische Antikörper, z. B. im Serum von Patienten, aufgespürt werden sollen. Zuerst wird die 96-Well-Platte mit dem Antigen inkubiert, das mit dem nachzuweisenden Antikörper reagieren wird, damit das Antigen fest an der Platte haftet. Anschließend wird die Platte mit einer Eiweißlösung gesättigt, um unspezifische Bindungen der gesuchten Antikörper an der Platte zu verhindern. Hierzu verwendet man beispielsweise Rinderalbumin (*engl.* Bovine serum albumin, BSA) oder Milchpulver, da hier eine Kreuzreaktion der Test-Antikörper ausgeschlossen ist. Dann wird die Probe in die Vertiefungen der Platte gegeben, sodass die passenden Antikörper an das Epitop des Antigens binden. Danach erfolgt ein Waschvorgang, um nichtgebundene Antikörper sowie die Eiweißlösung zu entfernen.

Nun gilt es, den gebundenen Antikörper nachzuweisen. Dafür wird ein weiterer Antikörper, der kovalent an ein Enzym gekoppelt ist, in die Wells gegeben. Er bindet an den Fc-Abschnitt des nachzuweisenden Antikörpers. Nach Applikation

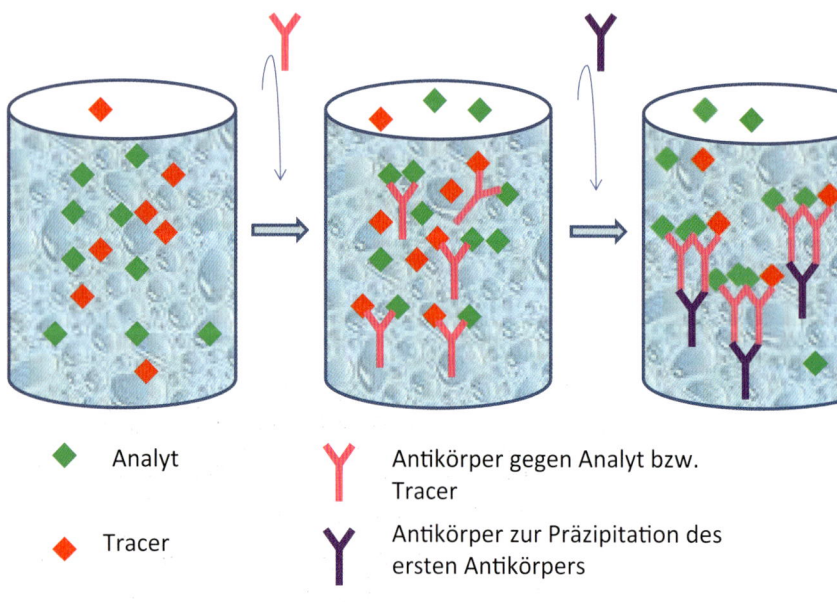

◆ Analyt

◆ Tracer

Y Antikörper gegen Analyt bzw. Tracer

Y Antikörper zur Präzipitation des ersten Antikörpers

▌ Abb. 4. Prinzip des RIA. Analyt und Tracer konkurrieren um eine Bindungsstelle am spezifischen Antikörper (rosa). Anschließend erfolgt durch die Zugabe von Sekundärantikörper (lila) die Präzipitation der gebundenen Antigen-Antikörper-Komplexe zur Trennung der gebundenen von den ungebundenen Antigenen. [1]

des entsprechenden Enzym-Substrats kann der Nachweis erfolgen.

Der **direkte ELISA** oder auch **Antigen capture assay** wird ebenfalls verwendet, wenn Antikörper nachgewiesen werden sollen, insbesondere im Rahmen der Herstellung von monoklonalen Antikörpern (s. S. 82/83). Allerdings wird bei dieser Technik der zu bestimmende Antikörper auf der Platte fixiert und anschließend das entsprechende markierte Antigen direkt zugefügt. Nun kann nach Zugabe des Enzymsubstrats die Färbung erfasst werden.

Das Prinzip des **Sandwich-ELISA** wurde bereits auf Seite 86/87 erklärt. Dieser Test ist besonders sensitiv. Denn durch den ersten Antikörper wird das Antigen, das nur in geringer Konzentration vorliegt, selektiert.

Um mithilfe eines ELISA eine Quantifizierung durchzuführen, wird, je nach Art des Tests, eine entsprechende Kalibrierungskurve mit bekannten Konzentrationen erstellt, an der dann der Gehalt des Analyten abgelesen werden kann.

Radioimmunoassay (RIA)

Hier handelt es sich um einen Immunoassay mit Verwendung von radioaktiven Markern. Ursprünglich wurde die Methode entwickelt, um den Insulinspiegel im Blut zu bestimmen. Erstmalig war so der Nachweis von Konzentrationen im picomolaren Bereich möglich. Meist kommen das Radio-Isotop ^{125}I oder seltener ^{14}C oder ^3H zum Einsatz.

Bei diesem **kompetitiven Assay** (s. S. 86/87) konkurriert das nachzuweisende Antigen (z. B. Insulin) mit einem gleichartigen, jedoch radioaktiv markierten Antigen (Tracer) um die Bindungsstellen des passenden spezifischen Antikörpers. Dabei wird eine umso höhere Sensitivität erzielt, je geringer der Anteil an radioaktiv markiertem Antigen ist. Eine Besonderheit des gängigen RIA besteht darin, dass sich sowohl Antigen als auch Antikörper und Tracer in Lösung befinden und nicht an eine feste Phase gebunden sind.

Je mehr Test-Antigen vorliegt, umso mehr davon wird an den Antikörper binden und den Tracer verdrängen. Durch Präzipitation der Antikörper-Tracer-Komplexe oder andere Techniken (s. S. 70–73) werden die gebundenen Tracer von den ungebundenen getrennt (▌Abb. 4). Anschließend wird die Radioaktivität der präzipitierten Komplexe gemessen. Je mehr Antigen vorhanden ist, umso weniger Tracer-Moleküle befinden sich in den Komplexen, sodass die Radioaktivität indirekt proportional zur Analyt-Menge ist.

Um eine Quantifizierung zu ermöglichen, wird mithilfe von Standardlösungen bekannter Konzentration eine Kalibrierungskurve erstellt, anhand derer die Konzentration des getesteten Analyten bestimmt wird. Um sicherzustellen, dass die Kalibrierung auch auf die jeweilige zu testende Antigenlösung angewandt werden kann, sollte man noch eine Verdünnungsreihe dieser Antigenlösung herstellen und messen. Die resultierende Messkurve muss dann parallel zur Standardkurve verlaufen. Ansonsten liegt evtl. eine Kreuzreaktivität des Antikörpers oder eine Interferenz durch die Lösung vor, in der sich der Analyt befindet.

> Der RIA gilt weiterhin als einer der sensitivsten Assay-Formen.

Zusammenfassung

✖ Beim ELISA erfolgt die Markierung mit einem Enzym. Dabei kommen meist die Meerrettichperoxidase oder die alkalische Phosphatase zum Einsatz.

✖ Sowohl der kompetitive Assay als auch der Sandwich-Assay und der direkte ELISA werden häufig durchgeführt.

✖ Der Radioimmunoassay ist besonders sensitiv.

✖ Der RIA ist ein kompetitiver Immunoassay.

Immunhistologie I

Grundlagen

Die Immunhistologie ermöglicht den spezifischen Nachweis von Strukturen, meist Proteinen, gegen die Antikörper zur Verfügung stehen. Die Strukturen werden durch verschiedene Färbemethoden sichtbar gemacht. Auf diese Weise können sie auch lokalisiert werden (z. B. im Zytoplasma bestimmter Zellen, auf der Plasmamembran oder im Zellkern).

Methodik

Fixierung des Präparats

Die verschiedenen Fixierungsmethoden sollen zum einen die lysosomale Enzyme sowie Bakterien und Pilze blockieren, zum anderen soll die Struktur von Gewebe und Zellen stabilisiert werden. Allerdings wird durch die Denaturierung von Proteinen nicht nur eine Inaktivierung von Enzymen erreicht, sondern auch deren Konformationsänderung, die teilweise die Antigenität beeinflusst. Zudem kann es zur veränderten Permeabilisierung der Plasmamembran kommen, sodass sie für nichtzytoplasmatische Substanzen durchlässig wird. Daher wird die Fixierungsmethode an die jeweilige Struktur angepasst, die nachgewiesen werden soll.

Blutausstriche und zytologische Präparate

Das Standardverfahren bei der Vorbereitung von **Blutausstrichen** ist zunächst die Lufttrocknung über ca. 1–2 h. Hierdurch haften die Zellen besser am Objektträger und gehen bei der folgenden Bearbeitung nicht verloren. Anschließend wird zur Fixierung meist Methanol appliziert. Sollen allerdings empfindliche Oberflächenmarker, z. B. von Leukozyten, dargestellt werden, wird Aceton bevorzugt.

Ein allgemeiner Nachteil von luftgetrockneten Präparaten besteht in der schwachen Färbung, die auf die geringere Antigendichte zurückzuführen ist. Daher sollte man hier auf längere Inkubations- und Färbezeiten achten.

Im Gegensatz zur Behandlung der Blutausstriche erfolgt in der **Zytologie** eine Nassfixierung der Zellen in 95 %igem Ethanol oder anderen alkoholischen Lösungen, um die Feinstruktur des Chromatins zur Bewertung von Kern-Atypien zu erhalten.

Gefrierschnitte

Bei Gewebepräparaten unterscheidet man die Gefrier- bzw. **Kryostatschnitte** von den Paraffinschnitten (s. u.). Für die Herstellung von Gefrierschnitten wird das Gewebe in Stickstoff gefroren und bei –80 °C gelagert. Schnitte werden mit dem Kryostat, einer speziellen Schneidevorrichtung für Gefrierschnitte, hergestellt und sollten 3–5 µm dick sein. Ein Vorteil der Kryostatschnitte besteht in der geringeren Veränderung der Antigenität. Der große Nachteil ist jedoch der teilweise Verlust der Morphologie. Diesen kann man verringern, indem die Gefrierschnitte nach der üblichen Fixierung mit Aceton bis zu zwei Tage getrocknet werden, oder indem man eiskaltes Aceton verwendet.

Paraffinschnitte

Es gibt viele verschiedene Fixierungsmittel, die für die Präparation von Paraffinschnitten entwickelt und jeweils auf bestimmte Gewebe oder Fragestellungen abgestimmt wurden. Am häufigsten kommt Formalin zum Einsatz, das eine 37 %ige wässrige Lösung von Formaldehyd darstellt.

> Formaldehyd bzw. Formalin kann Haut-, Atemwegs- oder Augenreizungen verursachen. Außerdem wurde die Substanz von der WHO als karzinogen, mutagen und teratogen eingestuft.

Der große Vorteil der Fixierung mit Formalin besteht in der Konservierung der Morphologie sowie in der guten Gewebe-Durchdringung. Die Fixierung erfolgt dabei durch seine Quervernetzung von basischen Aminosäuren. Im Gegensatz zu koagulierenden Methoden bleiben so die Struktur der Eiweißmoleküle sowie die Dichtigkeit der Plasmamembran größtenteils erhalten.

Das Gewebe wird 12–48 h in Formalin fixiert. Anschließend wird durch aufeinanderfolgende Inkubation in mehreren Alkohollösungen von steigender Konzentration (aufsteigende Alkoholreihe) dem Gewebe Wasser entzogen, um zuletzt das Präparat in lipophilem Paraffin einzubetten. Anschließend kann das Präparat gekühlt und geschnitten werden, auch hier ist eine Dicke von 3–5 µm erstrebenswert.

Direkt nach dem Schneiden sollten die Schnitte ca. 12 h bei 37 °C gelagert werden, um eine gute Haftung am Objektträger zu garantieren, danach können Paraffinblöcke und -schnitte bei Raumtemperatur aufbewahrt werden. Da das Paraffin und somit auch das Gewebe für den Einbettungsvorgang auf 60 °C erhitzt werden, kann es bei entsprechender Hitzelabilität des Antigens zur Konformationsänderung des Epitops kommen. Des Weiteren führt auch die Fixierung mit Formalin teilweise zur Ausbildung von **Cross-links,** d. h. zur Quervernetzung der Proteinstrukturen, die die Konformation ebenfalls verändern, sodass eine Bindung an den entsprechenden spezifischen Antikörper nicht mehr erfolgen kann. Diese veränderte Epitop-Struktur kann irreversibel sein, oft ist jedoch eine **Antigendemaskierung** möglich. Hierunter versteht man die teilweise oder vollständige Wiederherstellung der ursprünglichen Konformation des Epitops, sodass eine Bindung zwischen Antigen und Antikörper wieder möglich wird. Dies erreicht man durch Hitzeeinwirkung in entsprechender Pufferlösung und, je nach Protokoll, unter dem Einsatz bestimmter Enzyme, wobei es zur Aufspaltung der störenden Quervernetzungen kommt.

Blockierung unspezifischer Bindungen

Auch spezifische Antikörper binden teilweise aufgrund der Ladungsverteilung und Konformation anderer Proteine des Präparats oder der Objektträgerfläche unspezifisch. Dies kann zu einer störenden Hintergrundfärbung führen. Daher sollten diese unspezifischen Bindungsstellen mit Eiweißlösung gesättigt werden. Man verwendet hierfür häufig Albumin oder

Milchpulver. Wesentlich ist jedoch, dass der Sekundärantikörper aus einer anderen Spezies gewonnen wurde als das blockierende Eiweiß (s. S. 92/93).

Inkubation mit Primärantikörper

Der Primärantikörper bindet spezifisch an das Antigen, das nachgewiesen werden soll. Für die Inkubation mit diesem kann man seine Verdünnung sowie Inkubationszeit und -temperatur variieren. Dabei sollten die Präparate stets in einer feuchten Kammer inkubiert werden, um eine Austrocknung des Gewebes und somit eine Veränderung der antigenen Strukturen zu verhindern.

Der Unterschied zwischen monoklonalen und polyklonalen Antikörpern wird auf Seite 82/83 beschrieben.

Antikörperverdünnung

Ein wesentlicher Faktor bei der immunhistochemischen Färbung ist die Antikörperverdünnung. Der ideale **Antikörpertiter** ist definiert als die höchste Verdünnung eines Antikörpers, der unter bestimmten Bedingungen zur maximalen Färbung mit geringstem Hintergrund führt. Ist sie nicht vom Hersteller vorgegeben, so sollte man unter sonst konstanten Bedingungen eine Verdünnungsreihe erstellen, um die optimale Verdünnung zu finden. Zur Verdünnung sollten keine phosphathaltigen Puffer verwendet werden, sondern z. B. BSA (Bovine serum albumin) oder auch kommerziell erhältliche Antikörper-Verdünnungspuffer, um die Immunreaktivität nicht negativ zu beeinflussen. Anschließend können zur Optimierung der Färbung noch Inkubationszeit sowie Inkubationstemperatur verändert werden, wobei alle drei Faktoren zusammenwirken.

Spricht man von einer Verdünnung von 1 : 10, so ist dabei der Anteil der Stammlösung an der Gesamtlösung gemeint, d. h. man gibt zu einem bestimmten Volumen Stammlösung neun dieser Volumina an Puffer hinzu, sodass man insgesamt zehn Volumina verdünnte Antikörperlösung erhält. Beispiel: Es sollen 500 µl Antikörperlösung mit einer Verdünnung von 1 : 10 hergestellt werden. Man gibt daher 50 µl Antikörper-Stammlösung und 450 µl Puffer zusammen.

Inkubationszeit

Die Inkubationszeit hängt, wie oben erwähnt, von den beiden anderen Hauptfaktoren ab. Je geringer hierbei die Konzentration des Primärantikörpers ist, umso längere Inkubationszeiten sind nötig. Ein Gleichgewicht der Antigen-Antikörper-Reaktion stellt sich allerdings nicht vor 20 min ein, Inkubationszeiten von bis zu 48 h können sinnvoll sein.

Inkubationstemperatur

Wählt man eine Inkubationstemperatur von 37 °C statt Raumtemperatur, so benötigt man kürzere Inkubationszeiten und eine geringere Antikörperkonzentration.

Anwendung

In der Klinik kann beispielsweise eine erhöhte Proliferation durch den Marker Ki67 in Tumoren gezeigt werden. Durch den Nachweis gewebespezifischer Marker können auch Metastasen auf ihren, bis dahin unbekannten Primärtumor zurückgeführt werden (z. B. SM5-1 beim Melanom).

Zusammenfassung

✖ Durch immunhistologische Methoden können spezifische Proteine nachgewiesen und lokalisiert werden.

✖ Blutausstriche werden vor der Färbung getrocknet, Die meisten zytologischen und histologischen Präparate werden jedoch durch Nassfixierung mit hochprozentigem Alkohol oder Formalin behandelt.

✖ In Kryostatschnitten bleibt die Antigenität der Proteine besser erhalten, während Paraffinschnitte die Morphologie des Gewebes besser zeigen.

✖ Durch Blockierung unspezifischer Bindungen sowie Variation von Antikörperverdünnung, Inkubationszeit und -temperatur kann die Färbung optimiert werden.

Immunhistologie II

Methodik (Fortsetzung)

Markierung und Färbung

Hat der Primärantikörper an das Antigen gebunden, gibt es verschiedene Möglichkeiten, diesen sichtbar zu machen. Man unterscheidet die direkte Markierung des Primärantikörpers von der indirekten über Sekundär- und ggf. auch Tertiärantikörper. Des Weiteren kann man die Art der Färbemethode variieren.

Markersubstanzen

Enzyme In der Immunhistochemie werden Enzyme eingesetzt, die farblose Substrate (Chromogene) in gefärbte Produkte umwandeln. Die enzymatische Aktivität hängt dabei u. a. von Temperatur, pH-Wert, Salzkonzentration der Pufferlösung, Enzym- und Substratkonzentration und von der Anwesenheit evtl. benötigter Cofaktoren (z. B. Magnesium-Ionen) ab. Da jedes Enzym eine vielfache Substratmenge umsetzen kann, ist die enzymatische Methode sehr sensitiv. In der Immunhistochemie werden v. a. die **Meerrettichperoxidase** (*engl.* **Horse radish peroxidase, HRP**) und die **alkalische Phosphatase (AP)** verwendet. Häufig benutzte Chromogene für die HRP sind 3,3'-Diaminobenzidin (DAB), das eine braune Färbung erzielt, und 3-Amino-9-Ethylcarbazol (AEC), das ein rotes Endprodukt ergibt, jedoch lichtempfindlich ist und relativ schnell blass wird. Als Chromogen für die AP kommen Neufuchsin (rotes Endprodukt) und Naphthol (rotes bzw. blaues Endprodukt, je nachdem, ob die Salz- oder die Säureform verwendet wird: Fast Red Violet LB bzw. Fast Blue BB) zum Einsatz.

Fluoreszenz (s. S. 84/85) Bei der direkten oder der indirekten bzw. Zwei-Schritt-Methode (s. u.) verwendet man Fluorochrome. Dabei werden v. a. Fluoresceinisothiocyanat (FITC) und Tetramethylrhodaminisothiocyanat (TRITC) an Antikörper gekoppelt. Bei Anregung mit Licht der entsprechenden Wellenlänge resultiert eine hellgrüne (FITC) oder rote (TRITC) Fluoreszenz. Ein wesentlicher Nachteil der Immunfluoreszenz besteht darin, dass die Farbstoffe nach mehrfacher Belichtung schwächer werden und schließlich nicht mehr darstellbar sind.

Direkte Markierung

Hier ist der Primärantikörper mit dem Enzym markiert und reagiert mit dem Gewebsantigen. Danach erfolgt die Substrat-Chromogenreaktion. Der Vorteil dieses älteren Verfahrens besteht darin, dass nur eine Antikörperinkubation notwendig ist, und die Methode daher schnell ist. Auch treten unspezifische Bindungen seltener auf. Der Nachteil liegt allerdings in der geringen Empfindlichkeit, da es durch den Einsatz nur eines Antikörpers keine weitere Signalverstärkung gibt, sodass das Verfahren heute kaum noch angewendet wird.

Indirekte Methode bzw. Zwei-Schritt-Methode

Der Primärantikörper, der an das Gewebsantigen bindet, ist hier im Gegensatz zur direkten Methode unkonjugiert, d. h. nicht an einen Enzym-Marker gebunden. Anschließend wird der enzymgekoppelte Sekundärantikörper hinzugegeben, der das Fc-Fragment des Primärantikörpers bindet. Stammt der Primärantikörper beispielsweise aus der Maus, so muss der Sekundärantikörper gegen Immunglobulin der Maus gerichtet sein. Ein Vorteil dieser Methode liegt darin, dass der Sekundärantikörper mit einer Vielzahl von Primärantikörpern aus einer Spezies kombiniert werden kann. Des Weiteren ist das Verfahren sensibler als die direkte Methode, da mehrere Sekundärantikörper an verschiedene Epitope eines Primärantikörpers binden können, sodass es zur Signalverstärkung kommt. Nachteil ist das Auftreten unspezifischer Bindungen der Sekundärantikörper, die jedoch durch Blockierungsschritte verhindert werden können (s. S. 90/91).

Drei-Schritt-Methode

Bei dieser Technik folgt nach der Inkubation mit dem enzymgekoppelten Sekundärantikörper die Bindung eines

■ Abb. 1: Bei der Drei-Schritt-Methode bindet ein enzymmarkierter Tertiärantikörper (blau) an einen Sekundärantikörper (gelb), der mit dem gleichen Enzym markiert ist. [1]

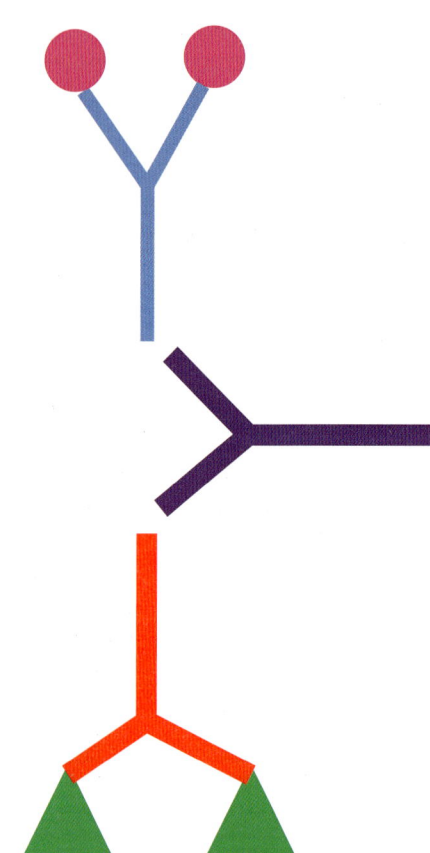

■ Abb. 2: Bei der APAAP-Methode bindet der Brückenantikörper (lila) den Primärantikörper (rot) und den Enzym-Anti-Enzym-Komplex (blau). [1]

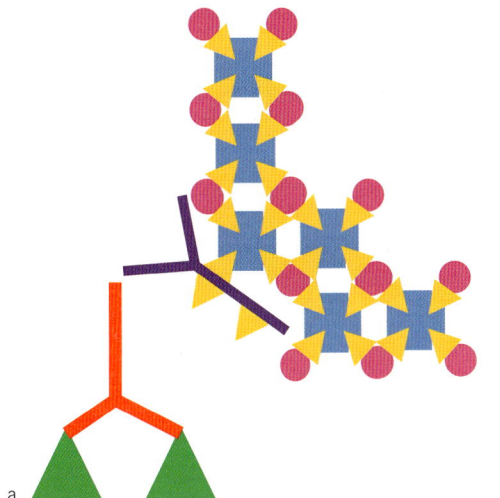

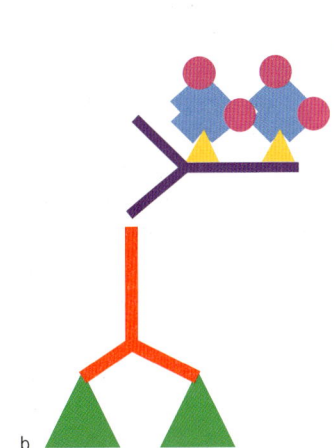

Abb. 3: Bei der ABC-Technik reagiert der Avidin-Biotin-Enzym-Komplex mit dem biotinylierten Antikörper (lila) (a), während bei der LAB-Methode enzymmarkiertes Avidin an den biotinylierten Sekundärantikörper (lila) bindet (b). [1]

zweiten enzymgekoppelten Antikörpers, des Tertiärantikörpers. Er ist gegen den Sekundärantikörper gerichtet und mit dem gleichen Enzym markiert wie dieser. Daher ist aufgrund der größeren Anzahl der Enzymmoleküle die Empfindlichkeit noch größer als bei der Zwei-Schritt-Methode (▮ Abb. 1).

Methode der löslichen Enzym-Immunkomplexe

Bei diesem Verfahren spricht man auch von der unmarkierten Antikörpertechnik (*engl.* Unlabeled antibody method). Hier werden lösliche Enzym-Anti-Enzym-Komplexe gebildet, indem zur im Überschuss vorhandenen Enzymlösung Antikörper gegen dieses Enzym gegeben werden. Dann werden nacheinander unkonjugierter Primärantikörper, unkonjugierter Sekundärantikörper sowie löslicher Enzym-Anti-Enzymkomplex und zuletzt die Substrat-Chromogenlösung auf das Gewebe aufgetragen. Der Primärantikörper und der Antikörper des Enzym-Anti-Enzym-Komplexes stammen aus derselben Spezies, während der Sekundärantikörper gegen die Fc-Region von Immunglobulinen dieser Spezies gerichtet ist. Daher kann dieser mit seinen Fab-Armen die Fc-Region des Primärantikörpers und des Komplex-Antikörpers fassen und somit beide verbinden. Man nennt den Sekundärantikörper deshalb auch Brücken-Antikörper. Dieser muss im Überschuss vorliegen, damit ein Fab-Arm mit dem Primärantikörper reagiert und der andere antigenbindende Arm an den Enzym-Anti-Enzym-Komplex bindet.

Kommt die Peroxidase als Enzym zum Einsatz, so spricht man von der **PAP-Methode.** Die Immunkomplexe aus Peroxidase und Anti-Peroxidase-Anikörpern bestehen aus jeweils drei Enzym-Molekülen und zwei Antikörpern. Bei der **APAAP-Methode** verwendet man Immunkomplexe aus jeweils zwei Molekülen alkalischer Phosphatase und einem Antikörper (▮ Abb. 2).
Aufgrund der größeren Anzahl an Enzym-Molekülen pro Gewebsantigen liegt hier eine höhere Sensitivität vor als bei den oben genannten Methoden. Ein weiterer Vorteil liegt in der Formation stabiler Immunkomplexe statt der chemischen Koppelung der Enzyme an die Antikörper.

Avidin-Biotin-Methode

Die Avidin-Biotin- bzw. Streptavidin-Biotin-Methode nutzt die starke Affinität von Avidin (Hühnereiweiß) oder Streptavidin (Streptomyces avidinii) für Biotin. Auf das Gewebe werden der unkonjugierte Primärantikörper sowie anschließend der biotinylierte (d. h. kovalent an Biotin gebundene) Sekun-

därantikörper gegeben. Im Folgenden unterscheidet man die **ABC-**(Avidin-Biotin-Complex-)Methode von der **LAB-oder LSAB-**(Labeled-Streptavidin-Biotin-)Methode. Bei der ABC-Methode reagieren Komplexe aus Avidin oder Streptavidin, Biotin und Enzym mit dem biotinylierten Sekundärantikörper, während bei der LSAB-Methode enzymmarkiertes Streptavidin an den biotinylierten Sekundärantikörper bindet (▮ Abb. 3). Als Enzym werden auch hier Meerrettichperoxidase oder alkalische Phosphatase verwendet. Die ABC- und die LAB-Verfahren haben die höchste Empfindlichkeit der bisher beschriebenen Methoden.

Anwendung

Die indirekte Methode wird meist initial angewandt. Zeigt sich jedoch hier nur eine schwache Färbung, so wird durch Signalverstärkung häufig ein besseres Ergebnis erzielt. Außer den o. g. Methoden existieren noch weitere Techniken, die zur Signalverstärkung führen.

Zusammenfassung

✖ Die direkte Methode ist die schnellste Technik, zeigt jedoch nur sehr geringe Sensitivität.

✖ Werden Sekundär- oder Tertiärantikörper verwendet, so führt die erhöhte Anzahl an Enzymmolekülen zu einer gesteigerten Empfindlichkeit.

✖ Die höchste Sensitivität der o. g. Methoden wird durch die Avidin-Biotin-Methode erzielt.

Microarrays I

Definition

Der Microarray ist ein molekularbiologisches Versuchssystem, das die zeitgleiche Analyse von vielen tausend Proben ermöglicht, wobei nur geringe Mengen an Probenmaterial benötigt werden. Des Weiteren sind Microarrays platzsparend, da die Trägerplatten sehr klein sind und zugleich für eine große Probenzahl ausreichen. Zudem ist die Analyse gut automatisierbar. Dabei unterscheidet man u.a. DNA-, Protein-, Tissue-, Transfektions-, Antikörper- und Kohlenhydrat-Microarrays.

Die Ergebnisse von Microarrays sind semi-quantitativ. Beispielsweise kann in einem DNA-Array lediglich die relative mRNA-Menge festgestellt werden, indem die Ergebnisse der verschiedenen Proben miteinander verglichen werden. Hierfür wird meist die unterschiedliche Intensität einer Fluoreszenz genutzt.

DNA-Microarrays

Im DNA-Microarray kann zum einen eine Genexpressionsanalyse durchgeführt werden, wobei RNA semi-quantitativ nachgewiesen wird. Hierbei kann sowohl Gesamt-RNA als auch aufgereinigte mRNA oder rRNA gescreent werden. Zum anderen kann das Verfahren aber auch eingesetzt werden, um DNA-Sequenzen zu analysieren und so Deletionen und Insertionen bzw. Mutationen zu detektieren.

Methodik

Zunächst wird die RNA der zu untersuchenden Probe isoliert (s. S. 54/55) und ggf. aufgereinigt. Anschließend wird diese in cDNA umgeschrieben und bei Bedarf in einer PCR amplifiziert (s. S. 58–61). Die cDNA für die spätere Detektion wird meist mit Fluoreszenzfarbstoffen markiert, wobei hier v.a. Cyanin 3 (Cy3, grün) und Cyanin 5 (Cy5, rot) zum Einsatz kommen (Abb. 1).

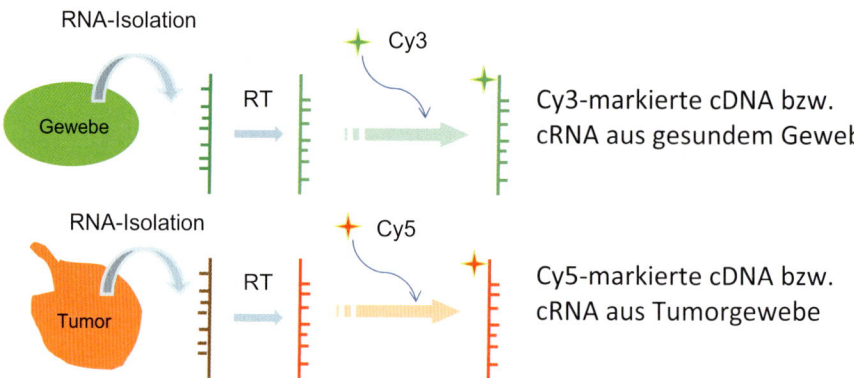

 Abb. 1: Isolation von RNA aus dem jeweiligen Gewebe, reverse Transkription und Markierung der cDNA mit Cy3 oder Cy5. [1]

Das Grundprinzip der DNA-Arrays besteht dann in der Hybridisierung der DNA-Sonde mit der Probe. Die DNA-Sonden sind in den Vertiefungen (Spots oder Wells) von Glas- oder Silikon-Trägerplatten gebunden und enthalten die entsprechenden gesuchten Sequenzen, die komplementär zu den gesuchten cDNA- oder cRNA-Sequenzen sind. Zehntausende verschiedener Sonden können pro Trägerplatte aufgebracht werden. Die Trägerplatte mit den Sonden wird als DNA-Chip oder Gen-Array bezeichnet (Abb. 2).

Die DNA-Sonde bindet nichtkovalent an das entsprechende freie fluoreszenzmarkierte komplementäre cDNA- oder cRNA-Molekül der zu untersuchenden Probe (Abb. 3). Nach den Waschschritten bleibt nur die gebundene Probe auf der Platte, sodass nach Anregung mit UV-Licht die hybridisierten DNA-Stränge aufleuchten und mit dem Fluoreszenz-Scanner analysiert werden können. Man unterscheidet u.a. folgende Formen des DNA-Arrays:

Spotted Microarrays Hier werden die DNA-Sonden in Form von cDNA, Fragmenten von PCR-Produkten oder Oligonukleotiden in die Vertiefungen auf dem Trägermaterial „gespottet". Anschließend wird die cDNA oder cRNA der zu untersuchenden Probe

nach Markierung mit Fluoreszenzfarbstoffen in die Vertiefungen gegeben.

Oligonukleotid-Microarrays Man setzt synthetisch hergestellte Oligonukleotide als DNA-Sonden ein. Sie weisen kurze Sequenzen auf und sind komplementär zu Anteilen der entsprechenden codierenden Ziel-mRNA. Der Unterschied zu den o.g. Spotted Microarrays besteht dabei v.a. in der Herstellungsweise der Chips.

Markierung

Für die Markierung der cDNA verwendet man, je nach Versuchsdesign und Fragestellung, ein oder zwei Fluorochrome.

Will man die Genexpression zweier unterschiedlicher Proben, beispielsweise Tumor- und Normalgewebe, vergleichen, so bietet sich der Einsatz zweier Fluoreszenzfarbstoffe an. Die cDNA der pathologischen Probe wird z.B. mit rotem Fluoreszenzfarbstoff markiert, während man die Referenz-cDNA grün markiert. Anschließend mischt man die markierten Proben zu gleichen Anteilen und pipettiert diese Lösung in die DNA-Sonden-haltigen Vertiefungen der Array-Platte. Nach entsprechender Belichtung erfolgt die Analyse des Ergebnisses. Leuchtet ein Spot rot oder grün, so hybridisiert nur die cDNA aus einer Probe,

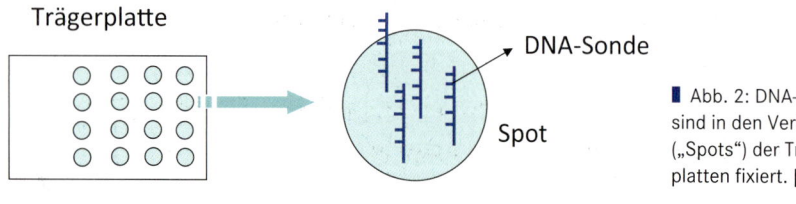

 Abb. 2: DNA-Sonden sind in den Vertiefungen („Spots") der Trägerplatten fixiert. [1]

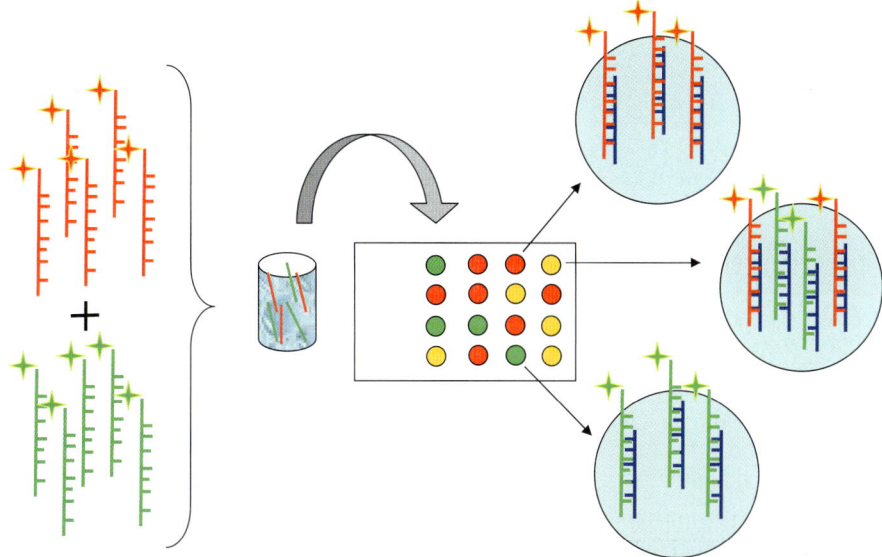

▌ Abb. 3: Die unterschiedlich markierten Proben aus den beiden verschiedenen Geweben (▌ Abb. 1) werden zu gleichen Anteilen gemischt und in die Vertiefungen der Trägerplatte gegeben. Je nachdem, welche Probe mit den Sonden hybridisiert, ist das Fluoreszenz-Signal rot, grün oder gelborange. [1]

und das Gen der jeweiligen Sonde ist dementsprechend nur in einem der beiden Proben exprimiert. Wird ein Gen jedoch sowohl in der Probe aus erkranktem Gewebe als auch im Referenz-Material exprimiert, so kann man ein gelb-orangenes Signal detektieren (▌ Abb. 3).

Auf diese Weise erhält man das Expressionsmuster beider Proben. Des Weiteren kann hier, wie oben erwähnt, anhand der Intensität der Fluoreszenz eine relativ verstärkte oder verminderte Genexpression durch Vergleich zweier Proben oder unterschiedlicher Gene festgestellt werden.

Wird nur ein Fluoreszenz-Farbstoff verwendet, so dient der Array der semiquantitativen Analyse der Genexpression einer oder mehrerer Proben. Im Unterschied zur Zwei-Farben-Methode wird jedoch nur eine Probe pro Well appliziert, sodass man mehr Versuchsansätze benötigt werden als bei der Verwendung von zwei Fluorochromen. Bei der Auswertung ist

zu berücksichtigen, dass auch die Beschaffenheit von DNA-Sonde und cDNA bzw. cRNA Einfluss auf die Hybridisierung und somit auf die Intensität des Fluoreszenz-Signals haben. Die semiquantitative Analyse ist diesen Schwankungen unterworfen.

Anwendung

DNA-Microarrays kommen in der Genomanalyse, der Diagnostik und bei Untersuchungen der Genexpression zum Einsatz. Im onkologischen Bereich werden beispielsweise Mutationen von Onkogenen oder Tumorsuppressorgenen analysiert oder die Genexpression von Tumorgewebe mit gesundem Gewebe verglichen. Des Weiteren kann der Einfluss von Medikamenten oder anderen Erkrankungen auf die Genexpression und Proteinbiosynthese (Protein-Microarrays, s. S. 96/97) erforscht werden.

Zusammenfassung

✻ Microarrays wurden entwickelt, um in möglichst wenigen Versuchsansätzen eine hohe Anzahl an Proben zu analysieren. Dabei werden nur geringe Mengen Probenmaterial benötigt.

✻ DNA-Microarrays dienen zur Analyse der Genexpression und dem Nachweis von Mutationen.

✻ Das Grundprinzip der DNA-Microarrays besteht in der Hybridisierung von DNA-Sonden mit Proben-cDNA.

✻ Die relative Intensität der Fluoreszenz der jeweiligen cDNA ermöglicht eine relative Quantifizierung der Genexpression.

Microarrays II

Protein-Microarray

Ähnlich wie DNA (s. S. 94/95) können auch Proteine im Array-Verfahren analysiert werden. Allerdings sind diese empfindlicher gegenüber der Applikation und Fixierung auf der Trägerplatte. Hierbei könnte die Konformation der Proteinmoleküle verändert werden, sodass sie bei beispielsweise veränderten Epitop-Eigenschaften nicht mehr an ihre entsprechenden Antikörper binden. Die Microarray-Trägerplatten sollten daher keine unspezifischen Substanzen absorbieren, die Struktur der Proteinmoleküle nicht verändern sowie ihre Bindung mit spezifischen Antikörpern nicht behindern. Auf geeigneten Trägerbeschichtungen (meist Nitrocellulose) haften Eiweißmoleküle aufgrund ihrer schwammartigen Oberfläche durch nichtkovalente Bindungen, ohne dass ihre Eigenschaften beeinflusst werden. Allerdings gibt es mittlerweile auch Methoden, die Proteine kovalent mit der gewünschten Orientierung auf den Trägern zu fixieren.

Methodik

Auch hier werden nur geringste Probenmengen für die Analyse benötigt. Dabei unterscheidet man verschiedene Methoden, bei denen je nach Fragestellung die Art der auf den Trägerplatten fixierten Proteine variiert werden kann, sodass es u. a. zur Interaktion zwischen Rezeptor und Ligand, Antigen und Antikörper oder Enzym und Substrat kommt. Des Weiteren kann entweder das zu analysierende Material an die feste Phase gebunden („gespottet") werden und die entsprechenden Reagenzien für den Nachweis hinzugefügt werden oder umgekehrt. Es sind sowohl qualitative als auch quantitative Bestimmungen möglich (s. S. 94/95). Da die Detektion der mRNA, die durch DNA-Microarrays erfolgt, nicht beweist, dass diese auch tatsächlich translatiert wird, liegt der Vorteil beim Protein-Microarray darin, dass dadurch ein sicherer Nachweis auf Proteinebene möglich ist. Zu den Protein-Microarrays wird beispielsweise auch der ELISA (s. S. 88/89) gezählt.

Antikörper-Microarrays

Einer der am häufigsten angewandten Protein-Microarrays ist der Antikörper-Microarray. Ziel dieser Technik ist der Nachweis einer Vielzahl an Antigenen. Zunächst werden entsprechende unterschiedliche Antikörper jeweils in den Vertiefungen der Trägerplatten fixiert. Anschließend wird die Probe (z. B. Serum oder Zell-Lysate) hinzugefügt, sodass die entsprechenden Antigene an die jeweiligen immobilisierten Antikörper binden. Man spricht hier auch vom Fang-Antikörper. Die gebundenen Antigene werden detektiert, indem ein weiterer spezifischer Primärantikörper an das Antigen bindet. Dieser ist selbst markiert oder wird mit einem markierten Sekundärantikörper sichtbar gemacht (s. S. 90 – 93).

Antigen-Microarrays

Im Gegensatz zum Antikörper-Microarray sollen hier Antikörper nachgewiesen werden, beispielsweise können im Serum von Patienten Antikörper gegen Bakterien, Viren oder auch eine Vielzahl von Allergenen dokumentiert werden. Daher werden in die Vertiefungen der Array-Platte die entsprechenden Antigene gespottet und das Patienten-Serum hinzugefügt. Liegt der gesuchte Antikörper vor, bindet er an das passende Antigen. Anschließend werden die gebundenen Antikörper mit einem markierten Sekundärantikörper detektiert.

Lysat-Microarray

Mit diesem Verfahren können viele verschiedene Zell-Lysate zeitgleich auf das Vorhandensein eines bestimmten Proteins gescreent werden. Des Weiteren ist auch eine Quantifizierung möglich. Das Lysat wird in den Vertiefungen der Platte fixiert, dann wird der entsprechende Antikörper hinzugefügt. Liegt das gesuchte Antigen vor, so bindet der Antikörper. Dieser wird mit einem markierten Sekundärantikörper detektiert, wobei hier oft eine Fluoreszenzmarkierung, aber auch eine Koppelung an ein Enzym durchgeführt werden.

Transfektions-Microarrays

Dieses Verfahren (engl. Cellular microarray) ist noch eine relativ neue Entwicklung (Ziauddin und Sabatini, 2001) und dient der funktionellen Analyse von Genen, wobei auch hier eine Vielzahl an Genen parallel untersucht werden kann. Dabei werden deren codierende Sequenzen in Expressionsvektoren mit Fluoreszenzmarkern kloniert (s. S. 62/63). Die geklonte DNA gibt man in die Vertiefungen der Trägerplatten, anschließend werden Zellen hinzugefügt und kultiviert (s. S. 32/33), sodass die Gen-Konstrukte in die Zellen aufgenommen und exprimiert werden. Anhand der Fluoreszenzmarker kann man überprüfen, in welchen Zellen das Konstrukt aufgenommen wurde. Anschließend lässt sich die funktionelle Auswirkung dieser Gene analysieren. So kann man im Hochdurchsatzverfahren eine große Anzahl an Genen examinieren. Beispielsweise kann untersucht werden, ob es durch Expression bestimmter Zielgene zur malignen Entartung von zunächst gesunden Zellen kommt.

Tissue-Microarrays (TMA)

Bei dieser Technik werden 100 – 200 unterschiedliche Gewebestanzen auf einem ca. 5 cm^2 großen Träger aus Paraffin zusammengestellt. Die von diesem Block angefertigten Schnitte werden auf einen Objektträger übertragen. Anschließend lassen sich mit einer einmaligen Applikation eines Antikörpers alle Stanzen parallel analysieren. Tissue-Microarrays kommen

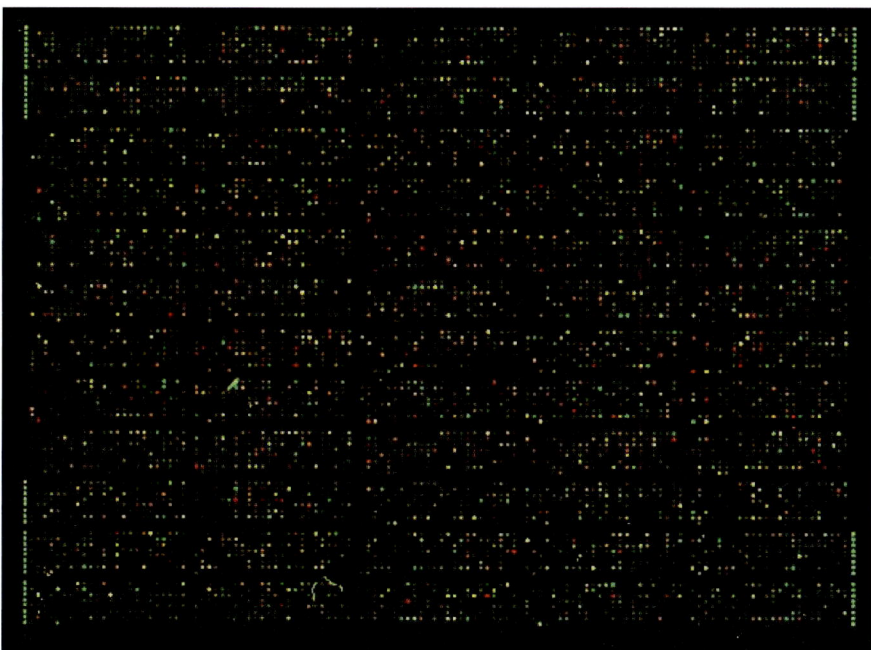

Abb. 4: Probenanalyse mithilfe eines Microarrays. [12]

beispielsweise in der Tumorforschung zum Einsatz. Hier kann dann in einem bis wenigen Versuchsansätzen untersucht werden, ob in einer signifikanten Anzahl gleichartiger Tumoren ein bestimmtes Antigen exprimiert wird, das im entsprechenden gesunden Gewebe fehlt.

Kohlenhydrat-Microarrays

Bei dieser Methode werden Oligo- oder Polysaccharide auf der Trägerplatte fixiert. Auch hier sind nur kleine Mengen an Material nötig, während hunderte von Proben in einem Versuchsansatz prozessiert werden. Die Kohlenhydrat-Arrays gehören dabei zu den neuesten

Entwicklungen auf dem Gebiet der Microarrays.
Kohlenhydrate spielen eine wesentliche Rolle bei bestimmten Zellfunktionen, wie bei der Signaltransduktion, der Entwicklung und bei Zell-Zell-Interaktionen, aber auch bei Entzündung, Infektion und Tumorentstehung. Ziel ist daher die Analyse von Wechselwirkungen zwischen Kohlenhydraten einerseits und Proteinen, Zellen und Keimen (Bakterien, Parasiten, Viren) andererseits. Mittlerweile wird das Verfahren deshalb auch u. a. zur Entwicklung kohlenhydrathaltiger Impfstoffe angewandt. Hierbei lässt sich beispielsweise die Antigenität von bestimmten Kohlenhydraten analysieren und neue Impfstoffe können

im Vergleich mit den tatsächlichen Krankheitserregern bezüglich ihrer Reaktivität mit entsprechenden Antikörpern getestet werden.

Auf dem Gebiet der Microarrays gibt es laufend neue Entwicklungen. Im Wesentlichen sind Microarrays Verfahren, um mit möglichst wenig Probenmaterial in nur einem Versuchsansatz eine möglichst große Anzahl an Proben zu untersuchen (Abb. 4). Dabei kann man entweder die Anzahl unterschiedlicher Proben zur Bearbeitung einer bestimmten Fragestellung möglichst hochhalten, oder es können mit einer Probe möglichst viele unterschiedliche Analysen in einem Durchlauf durchgeführt werden.

Zusammenfassung

✖ Um Analysen auf Proteinebene in großer Zahl durchzuführen, kann die zu untersuchende proteinhaltige Probe auf einen antikörperhaltigen Array gegeben werden, um die entsprechenden Antigene zu detektieren.

✖ Sollen im Serum Antikörper aufgespürt werden, so wird dieses auf einen Array mit entsprechenden fixierten Antigenen aufgebracht.

✖ Weitere Formen von Microarrays, wie der Transfektionsarray, der Tissue-Array und der Kohlenhydratarray analysieren rasch große Anzahlen von Genen, Gewebeproben sowie Kohlenhydratmolekülen.

Patch-Clamp-Technik

Definition
Die Patch-Clamp-Technik ist eine, in der Elektrophysiologie verwendete, Methode zur **Untersuchung von Ionenkanälen** in Biomembranen.
Ziel ist die Registrierung elektrischer Signale in lebenden Zellen. Die hohe Auflösung der Technik ermöglicht dabei sogar die Messung von Ionenströmen durch einzelne Ionenkanäle **(Einzelkanalströme).**

Historie
Entwickelt wurde die Patch-Clamp-Technik 1976 vom Biophysiker **Erwin Neher** und dem Mediziner **Bert Sakemann.** Beide wurden hierfür im Jahr 1991 mit dem Nobelpreis für Physiologie und Medizin ausgezeichnet.

Grundlagen
Der menschliche Organismus besteht aus mehreren Billionen Zellen, die wiederum aus einer Vielzahl von Einzelkomponenten, wie Wasser, Lipiden, Proteinen, Ionen und Polysacchariden (s. S. 8/9), zusammengesetzt sind. Der gesamte Zellinhalt (Zytoplasma) wird von einer Doppelmembran (Zellmembran) umschlossen. Diese dient einerseits dem Schutz der Zelle, ermöglicht andererseits aber auch einen Transport von Stoffen aus der Zelle heraus oder in sie hinein.
Der Transport von Ionen durch die Zellmembran erfolgt über Ionenkanäle. Hierbei handelt es sich um **Membranproteine,** welche die Zellmembran vollständig durchqueren und somit den Intra- mit dem Extrazellulärraum einer Zelle verbinden. Prinzipiell unterscheidet man zwei Arten von Ionenkanälen: **Anionen-** und **Kationenkanäle.** Letztere besitzen häufig eine hohe Selektivität für eine ganz bestimmte Ionanart, z. B. für Kalium- oder Magnesium-Ionen.

> Ionen sind elektrisch geladene Teilchen. Positiv geladene Ionen bezeichnet man als Kationen, negativ geladene hingegen als Anionen.

Die Leitfähigkeit vieler Ionenkanäle kann durch unterschiedliche Signale beeinflusst werden. Insbesondere das **Membranpotenzial** sowie eine Vielzahl verschiedener Liganden steuern, ob ein Ionenkanal geöffnet oder geschlossen ist. Durch eine Ungleichverteilung der verschiedenen Ionen zwischen dem Innen- und Außenraum einer Zelle kommt es zum Aufbau einer elektrischen Spannung zwischen Innen- und Außenseite. Das Membranpotenzial ruhender Zellen bezeichnet man als Ruhemembranpotenzial. In erregbaren Zellen ist das Ruhemembranpotenzial negativ (das Zellinnere ist im Vergleich zum Zelläußeren negativ geladen) und liegt zwischen -70 und -90 mV.

> Eine transiente Abweichung des Membranpotenzials vom Ruhemembranpotenzial bezeichnet man als Aktionspotenzial. Ruhe- und Aktionspotenzial sind durch charakteristische Ionenströme gekennzeichnet.

Mithilfe von **Aktionspotenzialen** werden in Nerven- und Muskelzellen Informationen verschlüsselt und an andere Zellen weitergeleitet. Ionenströme steuern auf diese Weise eine Vielzahl von Prozessen, wie das Sehen oder Denken, aber z. B. auch die Kontraktion der Muskulatur. Ist die Funktion eines beteiligten Ionenkanals gestört, kann dies für den Organismus verheerende Folgen haben (s. u.).

Aufbau
Die Durchführung von Patch-Clamp-Versuchen findet an Messplätzen statt, die speziell für diese Aufgabe eingerichtet werden. Üblicherweise ist ein Patch-Clamp-Messplatz mit folgenden Komponenten ausgestattet:

▶ schwingungsgedämpfter **Messtisch** zur Abschirmung mechanischer Schwingungen
▶ **Faraday-Käfig** zur elektrischen Abschirmung des Messplatzes
▶ (aufrechtes oder inverses) **Lichtmikroskop** zur Vergrößerung der Patch-Pipette und des Präparats
▶ **Mikromanipulator** zur exakten Ausrichtung der Patch-Pipette
▶ **Pipettenhalter** zur Fixierung der Pipette (zur Rauschunterdrückung ist der Halter direkt mit dem Vorverstärker verbunden)
▶ (temperierbare) **Messkammer** (mit Zu- und Ablauf) als Halterung für das zu untersuchende Präparat (Zellen, Gewebe etc.)
▶ **Vor-, Zwischen- und Hauptverstärker** zur Filterung und Verstärkung des gemessenen Signals
▶ **Bildschirm** zur Überwachung der Patch-Pipette und des Präparats
▶ **Computer** und **Datenspeicher** zur Visualisierung und Speicherung der elektrischen Signale.

Besonders hohe Anforderungen werden an die verwendeten Pipetten gestellt. Die Herstellung von Patch-Pipetten erfolgt mit einem Pipettenziehgerät **(Puller).** Hierzu wird eine **Glaskapillare** in das Gerät eingespannt (▮ Abb. 1). Nach Erhitzen der Kapillarmitte werden die Kapillarenden in entgegengesetzte Richtungen gezogen, bis die Kapillare in der Mitte reißt. Fertige Pipetten müssen innerhalb von wenigen Stunden verwendet werden.

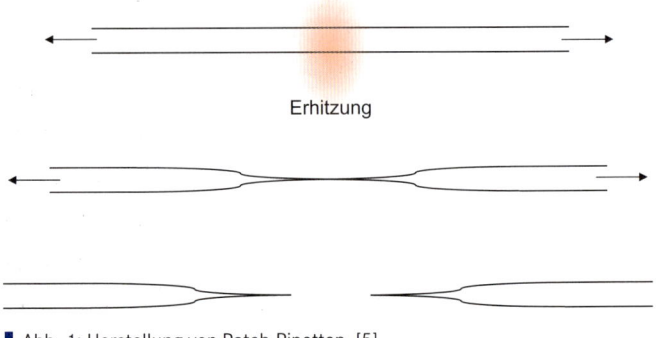

Erhitzung

▮ Abb. 1: Herstellung von Patch-Pipetten. [5]

Methodik

Im Vorfeld eines Patch-Clamp-Versuchs wird die Patch-Pipette mit einer leitfähigen Pipettenlösung befüllt und in den Pipettenhalter eingespannt. Auf diese Weise wird über den Elektrodendraht eine Verbindung zwischen dem Vorverstärker und der Elektrolytlösung hergestellt. Eine zweite Elektrode (Badelektrode) verbindet den Erdleiter mit der Badlösung in der Messkammer und gewährleistet die elektrische Erdung der Badlösung. Um Verschmutzungen der Pipette zu vermeiden, wird zunächst ein Überdruck an die Patch-Pipette angelegt. Im Folgenden wird die Pipette mithilfe des Mikromanipulators vorsichtig an die zu untersuchende Zelle herangeführt und letztendlich auf die Zellmembran gedrückt. Die Stelle, an der sich Membran und Pipette verbinden, bezeichnet man als **„Patch"** *(engl.* für Fleck).

Durch Absenken des an die Pipette angelegten Überdrucks werden Zellmembran und Pipette fest miteinander verbunden und der Membranfleck elektrisch von der Umgebung isoliert. Liegen die entstandenen elektrischen Widerstände zwischen dem Inneren der Pipette und der Badlösung im Bereich von mehreren Gigaohm, spricht man von einem **Gigaseal** *(engl.* Seal = Abdichtung, Versiegelung). Diese Konfiguration, in der die Zellmembran intakt bleibt, bezeichnet man als **Cell-attached-Konfiguration** (▌ Abb. 2). Wird die Pipette ausgehend von der Cell-attached-Konfiguration vorsichtig von der Zelle wegbewegt, löst sich der Membranfleck von der Zelle und bleibt an der Pipettenspitze haften. In dieser, als **Inside-out** bezeichneten Konfiguration, weist die Innenseite der Zelle nach außen.

Die **Whole-cell-Konfiguration** (Ganzzellableitung) wird erzielt, wenn der Pipettendruck in der Cell-attached-Konfiguration kurzfristig erhöht und so die Zellmembran durchbrochen wird. Zieht man die Patch-Pipette ausgehend von der Whole-cell-Konfiguration von der Zelle weg, löst sich ein Stück Zellmembran von der Zelle und bleibt an der Pipette haften. Man spricht hierbei von einer **Outside-out-Konfiguration,**

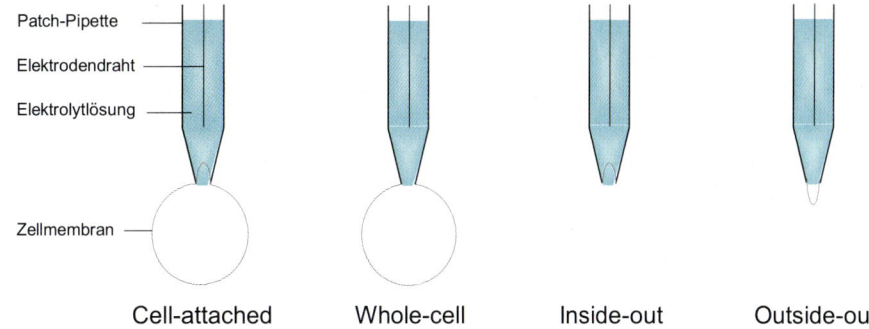

Patch-Pipette
Elektrodendraht
Elektrolytlösung
Zellmembran

Cell-attached   Whole-cell   Inside-out   Outside-out

▌ Abb. 2: Konfigurationen der Patch-Clamp-Technik. [5]

da die Außenseite der Zellmembran nach außen zeigt.

Cell-attached-, Inside-out- und Outside-out-Konfigurationen ermöglichen im Gegensatz zur Whole-cell-Konfiguration die Registrierung einzelner Ionenströme durch einen Ionenkanal im Membranfleck. Die gemessene Stromstärke eines Einzelkanalstroms liegt dabei im Bereich von nur wenigen Pikoampere (10^{-12} Ampere). Die **rechteckförmigen Strompulse,** die durch das Öffnen und Schließen eines Ionenkanals entstehen, können auf dem Bildschirm beobachtet werden.

Um die Auswirkung z. B. von Pharmaka oder Transmittern auf die Leitfähigkeit bestimmter Ionenkanäle zu untersuchen, kann die in der Messkammer befindliche Badlösung während einer Messung ausgetauscht werden.

Anwendung

Vor dem Hintergrund, dass zahlreiche Erkrankungen auf **Funktionsstörungen** von Ionenkanälen zurückzuführen

sind, findet die Patch-Clamp-Technik breite Anwendung in der biomedizinischen Forschung. Nicht nur Ursachen von Erkrankungen können erforscht, sondern auch (durch Untersuchung der Wirkungen von Pharmaka auf bestimmte Ionenkanäle) Therapien entwickelt werden.

> Erbkrankheiten, die auf Mutationen in Genen zurückzuführen sind, die für Ionenkanäle codieren, werden unter dem Begriff Kanalopathien zusammengefasst. Kanalopathien sind häufig durch Erregungsstörungen der Muskulatur oder des Nervensystems gekennzeichnet.

Zu den Erkrankungen, die auf das **veränderte Schaltverhalten** eines Ionenkanals zurückzuführen sind, zählen u. a. die Mukoviszidose, bestimmte Formen der Epilepsie sowie eine Reihe von Syndromen (Long-QT-Syndrom, Bartter-Syndrom, Brugada-Syndrom, Liddle-Syndrom etc.).

Zusammenfassung

✖ Die Patch-Clamp-Technik ermöglicht die Messung einzelner Ionenströme (Einzelkanalströme), die durch Ionenkanäle von Zellmembranen fließen.

✖ Man unterscheidet vier Messkonfigurationen: Cell-attached-, Inside-out- und Outside-out- und Whole-cell-Konfiguration.

✖ Ionenströme dienen in Neuronen und Muskelzellen der Erregungsbildung und -weiterleitung. Eine Reihe von Erkrankungen ist auf Fehlfunktionen von Ionenkanälen zurückzuführen.

Tierversuche

Gesetzliche Bedingungen

Tierversuche stehen seit Langem im Spannungsfeld zwischen Tierschutz und Forschung. Der Tierschutz ist im Grundgesetz verankert. Dementsprechend sind die Voraussetzungen für die Genehmigung und Durchführung von Tierversuchen sowie Unterbringung und Verpflegung der Tiere durch speziell ausgebildete Tierpfleger gesetzlich definiert. Eine Standardisierung der Tierversorgung ist nicht nur im Sinne der Tiere, sondern erleichtert auch die Auswertung sowie Aussagekraft der Versuchsergebnisse. Folgende Vorrausetzungen müssen je nach Art der Tiere erfüllt werden:

▶ Isolierung gegen Schädlinge und wildlebende Nager
▶ Regulierung von Lüftung, Feuchtigkeit und Temperatur
▶ Anpassung von Lichtstärke und Belichtungsdauer je nach Aktivität der Tiere (Die Augen nachtaktiver Tiere besitzen eine andere Lichtempfindlichkeit als tagaktive.)
▶ Lärmabschottung
▶ Ernährung und Flüssigkeitszufuhr
▶ Einstreu, Reinigung und Desinfektion der Ställe.

Des Weiteren muss jede Einrichtung, in der Tierversuche stattfinden, einen Tierschutzbeauftragen mit entsprechender Qualifikation benennen und wird von den zuständigen Behörden regelmäßig kontrolliert. Vor Beginn der Tierversuche muss geklärt werden, ob die Versuche nur angezeigt, oder nach entsprechendem Tierversuchsantrag auch genehmigt werden müssen. Dies hängt von der Art der Versuche ab und ist ebenfalls gesetzlich festgelegt.

So fördert z. B. die Deutsche Forschungsgemeinschaft (DRG) den Tierschutz in der Forschung und zeichnet alle zwei Jahre Wissenschaftler mit dem Ursula-M.-Händel-Preis aus. Dabei wird nach dem „3R-Prinzip" gefordert, dass man Methoden weiterentwickeln sollte, die Tierversuche ersetzen (**R**eplace). Außerdem sollte man die Tierzahlen verringern (**R**educe) und die Versuchsbedingungen möglichst schonend gestalten (**R**efine).

Zielsetzung

Während in der Grundlagenforschung die ersten Fragestellungen meist durch Untersuchung von Gewebe und Zellkulturen bearbeitet werden können, sind für weiterführende Experimente oft Tiermodelle nötig, um zu testen, ob die Ergebnisse von den In-vitro-Bedingungen auf das gesamte Lebewesen übertragen werden können.

Modelle

In der biomedizinischen Forschung spricht man von **Tiermodellen.** Diese werden nach ihrer Entstehungsweise unterschieden. Es gibt spontane Modelle: Dabei handelt es sich um Zuchtlinien, bei denen es spontan zur Ausbildung bestimmter Erkrankungen, beispielsweise Diabetes mellitus, kommt. Man spricht hier auch von „Inzuchtlinien", die durch wiederholte Bruder-Schwester-Paarungen erzeugt werden und zum Ziel haben, dass möglichst viele Chromosomenpaare homozygot sind.

Des Weiteren wird mit experimentellen Modellen gearbeitet, bei denen durch bestimmte Versuchsbedingungen Erkrankungen verursacht werden. Durch die Applikation von Carcinogenen werden z. B. gezielt bestimmte Tumorerkrankungen hervorgerufen. Eine weitere Art von Modell ist das genetische bzw. transgene Tiermodell. Es wird im folgenden Kapitel näher erläutert.

Versuchstiere

Bei der Gestaltung von Tierversuchen muss, ähnlich wie bei klinischen Studien, eine Planung erfolgen: Neben den Versuchstieren wird stets eine Kontrollgruppe aufgestellt. Zudem empfiehlt es sich, Voruntersuchungen durchzuführen, um mögliche messtechnische Schwierigkeiten zu beheben. Die Wahl des Modellorganismus sowohl bezüglich seiner Generierung als auch im Hinblick auf die Tierart hängt v. a. von der biologischen Fragestellung ab.

Gerade in der medizinischen Forschung sind Mäuse (**Mus musculus**) und Ratten (**Rattus norvegicus**) sehr geschätzt. Wie oben erwähnt gibt es eine Reihe von Zuchtlinien, die sich durch eine hohe Anfälligkeit für bestimmte Erkrankungen auszeichnen und dann als Tiermodelle für diese Erkrankungen verwendet werden. Hierzu zählen nicht nur Maus- oder Rattenlinien, die z. B. einen Hypertonus entwickeln, sondern u. a. auch Mausstämme ohne Thymus, die v. a. in der Immunologie eingesetzt werden. Mäuse und Ratten sind zudem günstig in der Haltung. Darüber hinaus werden gerade in der genetischen Forschung oft Mäuse eingesetzt, da das murine Genom dem humanen größtenteils homolog ist. Aufgrund dessen generiert man transgene oder Knock-out-Modelle meist mit Mäusen (s. S. 102/103). Eine Übertragbarkeit auf den Menschen wird in diesem Zusammenhang noch kontrovers diskutiert.

Im Bereich der anatomischen und der Grundlagenforschung gilt die Taufliege **Drosophila melanogaster** als häufig verwendetes Versuchstier. Der Vorteil dieser Fliege ist ihre leichte und billige Aufzucht sowie die geringe Anzahl von Chromosomenpaaren. Hinzu kommen phänotypisch starke und leicht erkennbare Auswirkungen genetischer Manipulationen.

In der embryologischen Forschung werden das Haushuhn **Gallus gallus domesticus** und der Zebrafisch **Danio rerio** bevorzugt. Bei Letzterem ist die Entwicklung der Embryonen aufgrund der durchsichtigen Haut besonders gut zu untersuchen.

Beispiele

Anhand von drei Beispielen aus der Immunologie soll dargestellt werden, dass Tierversuche zwar viel Potenzial, aber auch einige Schwierigkeiten bergen.

SCID(Severe combined immunodeficiency defect-)-Mäuse

In der 1980er-Jahren entwickelten murine Inzucht-Linien autosomal-rezessive Mutationen, die in homozygoten Tieren zu SCID führten. Da es sich hierbei um eine Entwicklungsstörung der B- und T-Lymphozyten handelt, werden diese Mäuse in der Immunologie eingesetzt, um nach der Transplantation von fremden Lymphozyten-Vorläuferzellen die Entwicklung von B- und T-Lymphozyten in vivo zu untersuchen.

Nacktmäuse

Durch eine bestimmte Mutation entstehen athymische Mäuse, die als Nebenbefund eine Alopezie aufweisen. Durch die Aplasie des Thymus bleibt die Ausreifung der Prä-T-Lymphozyten aus, sodass funktionsfähige T-Lymphozyten fehlen. Dadurch kommt es nach Transplantation von malignen Tumoren in die Nacktmaus zu keinen Abstoßungsreaktionen. Sie stellt damit ein geeignetes Modell zur Erforschung von Tumorerkrankungen dar. Aufgrund des Immundefekts benötigen die Nacktmäuse allerdings spezielle Bedingungen, z. B. keimfreie Nahrung, staubfreie Einstreu und Laminar-Flow-Käfige, die eine weitestgehend sterile Umgebung schaffen.

Sepsis-Modell

Zur Induktion einer Sepsis im Tier gibt es viele Methoden. Eine Möglichkeit besteht darin, Toxine zu injizieren. Hierbei werden meist Lipopolysacharide aus der Membran von bakteriellen Erregern verwendet. In der Maus führt die Injektion zu erhöhten TNF-α-(Tumornekrosefaktor-α-)Spiegeln im Blut. Durch einen Therapieversuch mit Antikörpern gegen TNF-α kann die Mortalität im In-vivo-Versuch gesenkt werden. Dieser Erfolg kann jedoch nicht auf den Menschen übertragen werden. Dafür gibt es verschiedene Ursachen: In dieser speziellen experimentellen Konstellation ist die Mediatorfreisetzung bezüglich Zeitpunkt und Substrat genau definiert, im Gegensatz zu den Bedingungen beim tatsächlichen Patienten. Des Weiteren handelt es sich bei den Versuchstieren um Tiere einer genetisch identischen Population. Deren Reaktion auf Therapieversuche kann eher verallgemeinert werden als die eines Patientenkollektivs. Dieses weist zudem oft Vorerkrankungen oder komplexe Verläufe auf, die im Tiermodell nicht nachstellbar sind. Dementsprechend beantworten Tierversuche stets nur Teilaspekte bestimmter Fragestellungen.

Zusammenfassung

✖ Zum Schutz der Tiere gelten gesetzlich vorgeschriebene Versuchsbedingungen. Außerdem müssen alle Tierversuche je nach experimentellem Entwurf angemeldet oder beantragt werden.

✖ Die Generierung von Tiermodellen für bestimmte Pathologien kann u. a. durch die Züchtung von Inzuchtlinien, durch gezielt schädigende Einflüsse oder genetisch erfolgen.

✖ Die Wahl der Tierart hängt vom Versuchsziel ab.

✖ Tierversuche ermöglichen zwar eine Weiterführung von den isolierten Bedingungen im Reagenzglas (In-vitro-Versuche) auf den lebenden Gesamtorganismus (In-vivo-Versuche). Allerdings gibt es auch hier Grenzen und der Patient kann noch nicht in seiner ganzen Komplexität nachgestellt werden.

Knock-out-Maus

Definition

Eine Knock-out-Maus (*engl.* to knock out = außer Gefecht setzen) ist eine Maus, bei der beide Allele eines oder mehrerer Gene inaktiviert wurden. Die Generierung von Knock-out-Mäusen dient der Funktionsanalyse des jeweiligen inaktivierten Gens. Des Weiteren können Erkrankungen, die bereits auf einen genetischen Defekt zurückgeführt werden konnten, bezüglich Pathogenese und Therapie in vivo erforscht werden. Hierbei ist das Mausmodell ein wichtiger Schritt zwischen In-vitro-Versuchen und Untersuchungen am Mensch. Ein Vergleich der Genome von Maus und Mensch ergab, dass 99 % der menschlichen Gene Homologe im Maus-Genom haben, sodass die Ergebnisse auf das menschliche Genom übertragbar sind.

Methodik

Zur Generierung von Knock-out-Mäusen werden zunächst **embryonale Stammzellen (ES)** aus einer vier Tage alten Blastozyste isoliert (▌ Abb. 1). Bei ES handelt es sich um pluripotente Zellen, die definitionsgemäß das Potenzial besitzen, zu nahezu allen Zelltypen zu differenzieren.
Zudem macht man sich das Prinzip der **homologen Rekombination** zunutze, das während der Meiose zur Vermischung des Erbguts führt. Zunächst wird ein DNA-Molekül **(Vektor)** hergestellt, das zwei Teilsequenzen enthält, die homolog zu dem inaktivierenden Zielgen sind. Zwischen ihnen befinden sich jedoch Sequenzen, die sich von der

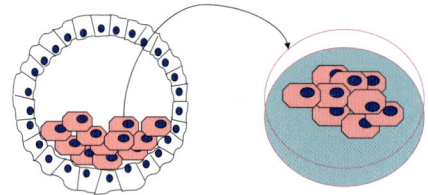

▌ Abb. 1: Embryonale Stammzellen werden einer Blastozyste entnommen und in einer Petrischale angezüchtet. [1]

Zielgen-Sequenz unterscheiden. Diese dienen der Codierung einer Antibiotika-Resistenz. Sie ermöglichen somit im entsprechenden antibiotischen Medium die **positive Selektion** der Zellen, in denen es zur Integration des Vektors in das Genom gekommen ist. Um nur die Zellen zu erhalten, in denen es auch zu einer homologen Rekombination und nicht nur zu einer zufälligen Insertion gekommen ist, wird an entsprechender Stelle des Vektors zusätzlich ein **negativer Selektionsmarker** eingefügt. Dabei handelt es sich um die Sequenz der Thymidinkinase, da Zellen mit diesem Enzym in einem Ganciclovir-haltigen Medium untergehen (▌ Abb. 2).
Optional können auch DNA-Abschnitte für Markerproteine (z. B. Green fluorescent protein) eingeführt werden. Auf diese Weise kann der Anteil der rekombinanten Zellen bildlich dargestellt werden.
Der Vektor wird mittels **Elektroporation** in die ES eingebracht. Bei dieser Methode entsteht durch das Anlegen von Strom an die Zellmembranen ein kleines Loch und ca. 10 % der ES können den Vektor aufnehmen. Durch die

homologe Rekombination werden nun die DNA-Bereiche zwischen dem Vektormolekül und den homologen Sequenzen ausgetauscht, sodass der Vektor in die DNA der Stammzelle integriert wird. Durch das Zwischenschalten der Vektorsequenzen wird die DNA-Abfolge des Zielgens zerstört und diese somit inaktiviert (▌ Abb. 2).

> Durch homologe Rekombination wird das Zielgen gegen die Vektor-DNA getauscht. Diese enthält Sequenzen zur Selektionierung und Markierung der modifizierten Zellen und führt zur Inaktivierung des Zielgens.

Die ES mit der rekombinanten DNA werden nun in eine Blastozyste injiziert, die dann aufgrund ihrer Mischung aus rekombinanten und eigenen Stammzellen als **chimär** bezeichnet wird. Diese chimären Blastozysten implantiert man anschließend in ein scheinschwangeres Tier. Die Zellen der chimären Nachkommen stammen nun zu unterschiedlichen Anteilen von den ursprünglichen unveränderten Stammzellen der Blastozyste sowie von den rekombinanten Stammzellen ab. Kommen beispielsweise die rekombinanten ES aus einem Tier mit dunklem Fell und die Blastozyste, in die diese ES injiziert wurden, von einer Maus mit weißem Fell, so kann der Grad des Chimärismus anhand der Musterung des Fells abgeschätzt werden (▌ Abb. 3).
Bei einem kleinen Anteil der chimären Mäuse stammen die Keimzellen von den rekombinanten ES ab, sodass bei

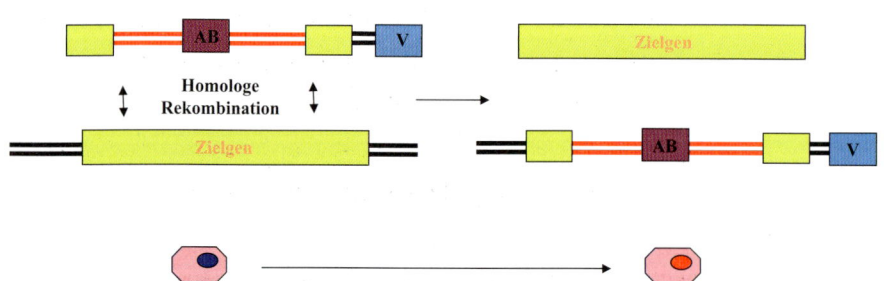

▌ Abb. 2: Während der homologen Rekombination wird das zu inaktivierende Zielgen durch den Vektor ersetzt. Hierbei wird ein Resistenzgen gegen Antibiotika, z. B. gegen Neomycin, als positiver Selektionsmarker (AB) in antibiotischen Medien sowie die Sequenz für die Thymidinkinase als negativer Selektionsmarker (V) in virustatikahaltigen Medien in die Zelle eingeschleust. [1]

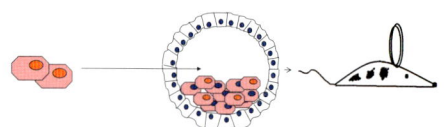

▌ Abb. 3: Durch Injektion der modifizierten Stammzellen (▌ Abb. 1 und 2) in eine Blastozyste entstehen chimäre Nachkommen. [1]

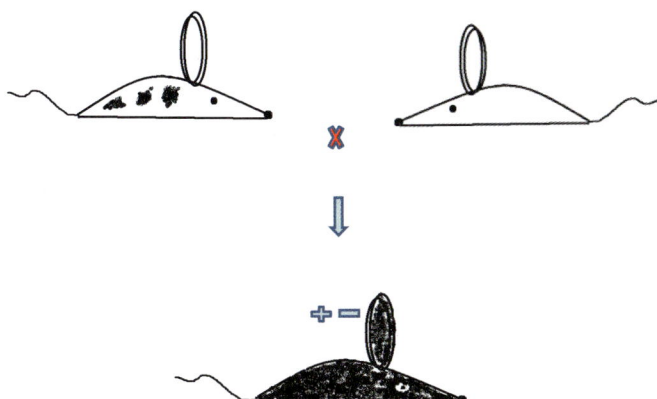

■ Abb. 4: Wird eine chimäre Maus (gefleckt) mit einer Wildtyp-Maus (weiß) gekreuzt, so sind die Nachkommen in allen Zellinien heterozygot bezüglich des rekombinanten Gens, wenn die Keimzellen der chimären Mäuse aus den rekombinanten Stammzellen hervorgingen (schwarz dargestellt). [1]

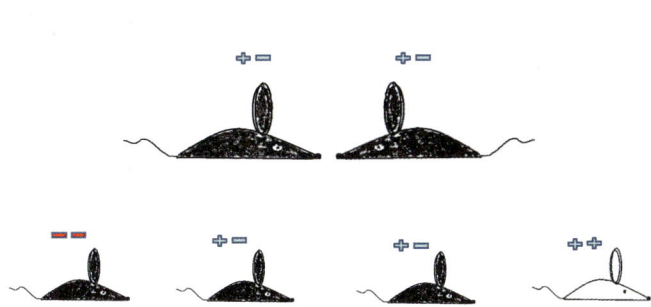

■ Abb. 5: Nach den Mendel-Gesetzen entsteht die Knock-out-Maus, die auf beiden Allelen das rekombinante Gen trägt, in 25 % der Fälle, wenn zwei heterozygote Tiere miteinander verpaart werden. [1]

weiterer Verpaarung mit Wildtyp-Mäusen **heterozygote** Nachkommen entstehen, die in allen Zellen ein inaktiviertes Allel besitzen (■ Abb. 4).
Werden diese heterozygoten Tiere miteinander gekreuzt, kommt es entsprechend den Mendelschen Regeln in 25 % der Fälle zu Nachkommen, die **homozygot** sind für die Inaktivierung des Zielgens und somit als Knock-out-Mäuse bezeichnet werden (■ Abb. 5).

> Nur, wenn die Keimzellen aus rekombinanten Stammzellen hervorgingen, entstehen bei weiteren Verpaarungen Knock-out-Mäuse.

Anwendung
Mittlerweile gibt es eine große Anzahl etablierter Knock-out-Mausmodelle. Durch die Inaktivierung des Gerinnungsfaktors VIII wurde z. B. eine Hämophilie-A-Maus entwickelt sowie eine Arteriosklerose-Maus durch Inaktivierung des LDL-Rezeptors.

Zusammenfassung

✖ Eine Knock-out-Maus wird generiert, indem durch homologe Rekombination ein Zielgen durch Insertion eines DNA-Vektors in embryonalen Stammzellen inaktiviert wird. Diese werden dann in eine Blastozyste injiziert.

✖ Aus der Blastozyste gehen chimäre Nachkommen hervor.

✖ Stammen die Keimzellen von den rekombinanten Stammzellen ab, sind alle Zellen der folgenden Nachkommen heterozygot von der genetischen Mutation betroffen.

✖ Werden heterozygote Nachkommen untereinander gekreuzt, entstehen in 25 % der Fälle Knock-out-Mäuse, die homozygot sind bezüglich der Inaktivierung des Zielgens.

C Anhang

Protokolle

Puffer und Medium

Einfriermedium
Volumen: 100 ml
50 ml Fetal Bovine Serum (FCS)
40 ml Dulbeccos Medium (DMEM)
12,5 ml DMSO

LB-Medium
Das LB-Medium (LB = *engl*. **L**ysogeny **b**roth) wurde 1952 erstmals von Guiseppe Bertani beschrieben. Es bis das wohl am häufigsten verwendete Medium für Bakterienkulturen und lässt sich ohne Aufwand leicht herstellen:
10 g/l Trypton oder Pepton (Gemisch aus Peptiden und Aminosäuren)
5 g/l Hefeextrakt
5 – 10 g/l Natriumchlorid (NaCl)
1 ml/l 1 N Natriumhydroxid (NaOH)

PBS
Die phosphatgepufferte Salzlösung (*engl*. Phosphate buffered saline, PBS) gilt als Standardpuffer, der sich auf einfache Weise selbst herstellen lässt:
8,0 g/l Natriumchlorid (NaCl)
0,2 g/l Kaliumchlorid (KCl)
1,44 g/l Dinatriumhydrogenphosphat (Na_2HPO_4)
0,24 g/l Kaliumdihydrogenphosphat (KH_2PO_4)

STE-Puffer
Volumen: 1000 ml
50 ml 1 M Tris, pH 8,0 (autoklaviert)
20 ml 5 M NaCl (autoklaviert)
100 ml 10 % SDS
2 ml 0,5 % EDTA, pH 8,0 (autoklaviert)
828 ml dest. H_2O

TB-Medium
Im TB-Medium (TB = *engl*. **T**errific **b**roth) wachsen Bakterien etwa dreimal so dicht wie in normalem LB-Medium. Wird also eine große Anzahl an Bakterien benötigt, eignet sich das TB-Medium besser als das LB-Medium.
12 g/l Trypton
24 g/l Hefeextrakt
4 ml/l Glycerin
0,1 Volumen 1 M Kaliumhydrogenphosphat ($KHPO_4$), pH 7,5

TBE-Puffer
Volumen: 1000 ml
54 g Tris, pH 8,0 (autoklaviert)
27,5 g Borsäure
20 ml 0,5 % EDTA, pH 8,0 (autoklaviert)
1000 ml dest. H_2O

Splitten und Bestimmung der Zellzahl

Zellzahlbestimmung einer Zellkulturflasche mit 5000 µl Volumen Füllungsvermögen

Reagenzien
Medien (37 °C), PBS (37 °C), Trypsin (auftauen!)

Durchführung
1. Medium absaugen
2. Zellen waschen: ~ 3 ml PBS zu den Zellen geben und Kulturflasche leicht schwenken (Das Medium muss komplett entfernt sein, da sonst das Trypsin nicht wirken kann!)
3. PBS wieder absaugen
4. 500 µl Trypsin zu den Zellen geben
5. Inkubation der Zellen für 3 – 5 min im Brutschrank bei 37 °C
6. Falls sich die Zellen schlecht vom Boden der Kulturflasche ablösen, kann mit einem Zellschaber leicht über den Boden gewischt werden (Vorsicht, die Zellen werden schnell beschädigt!).
7. Inaktivierung des Trypsins: Zugabe von 4,5 ml Medium (Endvolumen in der Kulturflasche: 5 ml), Zellen vereinzeln durch auf- und abpipettieren
8. Überführung der Zellsuspension in einen 14-ml-Falcontube (Die Zellen müssen gut resuspendiert sein, damit man bei der Bestimmung der Zellzahl keine Zellhaufen unter dem Mikroskop sieht!)
9. 10 µl der Zellsuspension in eine Zählkammer (Aufbau einer typischen Neubauer-Zählkammer ▌ Abb. 1) pipettieren
10. 1 – 3 Kleinquadrate (je 9 Kästchen) auszählen (Zählt man 3 Kleinquadrate aus, wird der Mittelwert berechnet!)

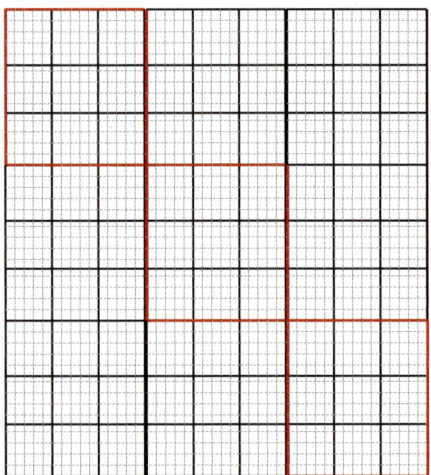

▌ Abb. 1: Aufbau der Neubauer-Zählkammer. [2]

Rechnung
Zellzahl pro ml = gezählte Zellen × 10^4 (bei drei ausgezählten Kästchen: Mittelwert)
Volumen Zellsuspension, das die gewünschte Zellzahl enthält
$$= \frac{\text{(gewünschte Zellzahl} \times 1000)}{\text{Zellzahl pro ml}}$$

Literatur und Internet-Links

Weiterführende Literatur

Berg, J. M., Stryer, L., Tymoczko, J. L.: Biochemie. Spektrum Akademischer Verlag, 6. Auflage 2007.

Campbell, N. A., Reece, J. B.: Biologie. PEARSON STUDIUM, 8. Auflage 2009.

Clark, D. P.: Molecular Biology. Das Original mit Übersetzungshilfen. Understanding the Genetik Revolution. Spektrum Akademischer Verlag, 2006.

Diez, C.: Die medizinische Doktorarbeit. Lehmanns Media-Lob.de, 5. Auflage 2007.

Graw, J.: Genetik. Springer, 5. Auflage 2010.

Janning, W., Knust, E.: Genetik. Allgemeine Genetik – Molekulare Genetik – Entwicklungsgenetik. Thieme, 2004.

Krämer, W.: Statistik verstehen: Eine Gebrauchsanweisung. Piper, 9. Auflage 2010.

Lottspeich, F.: Bioanalytik. Spektrum Akademischer Verlag, 2. Auflage 2006.

Weiß, C.: Basiswissen Medizinische Statistik. Springer, 4. Auflage 2008.

Pollard, T. D., Lippincott-Schwartz, J.: Cell Biology: Das Original mit Übersetzungshilfen. Spektrum Akademischer Verlag, 2. Auflage 2007.

Mülhardt, C.: Der Experimentator. Molekularbiologie, Genomics. Spektrum Akademischer Verlag, 5. Auflage 2006 und 6. Auflage 2008.

Müller, H. J., Röder, T.: Der Experimentator. Microarrays. Spektrum Akademischer Verlag, 2004.

Murphy, K. M., Travers, P., Walport, M., Seidler, L., Haußer-Siller, I.: Janeway Immunologie. Spektrum Akademischer Verlag, 7. Auflage 2009.

Numberger, M., Draguhn, A.: Patch-Clamp-Technik. Spektrum Akademischer Verlag, 1996.

Rehm, H., Letzel, T.: Der Experimentator. Proteinbiochemie, Proteomics. Spektrum Akademischer Verlag, 6. Auflage 2009.

Sambrook, J., Russell, D. W.: Molecular Cloning: A Laboratory Manual. 3 Vol., Cold Spring Harbor Laboratory, 3. Auflage 2000.

Schaaf, C. P.: Mit Vollgas zum Doktor: Promotion für Mediziner. Springer, 2005.

Schmitz, S.: Der Experimentator. Zellkultur. Spektrum Akademischer Verlag, 2006.

Speckmann, E. J.: Physiologie. Elsevier/Urban & Fischer, 5. Auflage 2008.

Weiß, C., Bauer, A. W.: Promotion: Die medizinische Doktorarbeit – Von der Themensuche bis zur Dissertation. Thieme, 3. Auflage 2008.

Ziauddin, J., Sabatini, D. M.: Microarrays of cells expressing defined cDNAs. Nature 411: 107–110.

Internet-Links

Doktorarbeit allgemein
www.doktorandenforum.de
www.medidiss.de/
www.medizinische-doktorarbeit.de/

Fördermöglichkeiten/Promotionsstipendien
www.dfg.de
www.stipendiumplus.de/
www.thieme.de/viamedici/medizinstudium/foerderung/stipendium_adressen.html

Verschiedenes
www.bimas.cit.nih.gov/cards// (GeneCards®: Datenbank menschlicher Gene)

www.cnpg.com/video/flatfiles/539/ (zur Unterhaltung)

www.ensembl.org/index.html (Genomdatenbank)

www.fr33.net/seqedit.php (Sequence editor: Konvertierung von RNA/DNA-Sequenzen)

www.meine-molekuele.de/ueber-dieses-buch (kurz gefasste Online-Version des gleichnamigen Buchs, das einen guten Überblick über die Hauptthemen der Molekularbiologie verschafft)

www.neb.com/nebecomm/doubledigestcalculator.asp (Double Digest Finder von NEB: gibt Restriktionsbedingungen bei Restriktion mit zwei Enzymen an)

www.online-media.uni-marburg.de/chemie/bioorganic/vorlesung1/kapitel1.html (für den Einstieg in die Molekularbiologie geeignet)

www.pathmicro.med.sc.edu/pcr/realtime-home.htm (RT-PCR Tutorium)

www.pathologie-online.de/ (histologische Methoden und praktische Tipps)

www.products.appliedbiosystems.com/ab/en/US/adirect/ab?cmd=catNavigate2&catID=602121&tab=Overview (Methyl Primer Express® Software v1.0 (kostenloses Programm zum Design methylierungsspezifischer Primer)

www.roche-applied-science.com/PROD_INF/index.jsp?&id=labfaqs (engl. Methodenfibel von Roche)

www.statpages.org/ (ausführliche Links für alle Statistik-Fragen sowie online-Statistik-Rechner)

www.wikipedia.de (knappe und leicht verständliche Übersicht über die meisten Themen, allerdings nicht immer korrekt)

Berechnungen

Maßeinheiten

Teile und Vielfache von Maßeinheiten

Faktor	10^{15}	10^{12}	10^9	10^6	10^3	10^2	10^1
Präfix	Peta	Tera	Giga	Mega	Kilo	Hekto	Deka
Symbol	P	T	G	M	k	h	da

Tab. 1: Vielfache von Maßeinheiten.

Faktor	10^{-1}	10^{-2}	10^{-3}	10^{-6}	10^{-9}	10^{-12}	10^{-15}
Präfix	Dezi	Zenti	Milli	Mikro	Nano	Piko	Femto
Symbol	d	c	m	μ	n	p	f

Tab. 2: Teile von Maßeinheiten.

Umrechnen von Maßeinheiten

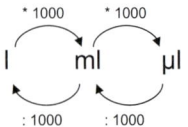

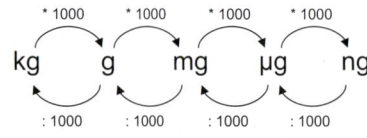

Abb. 1: Umrechnen von Volumina und Massen. [5]

Beispiel: 0,0000567 kg = 0,0567 mg = 56,7 µg = 56700 ng
Beispiel: 1000 µl = 1 ml = 0,001 l

Herstellen von Lösungen

	Konzen-tration	Masse	Molare Masse	Stoffmengen-konzentration	Stoff-menge	Volumen
Symbol	c	m	M	c	n	V
Einheit	g/l	g	g/mol	mol/l	mol	l

Tab. 3: Häufig verwendete Maßeinheiten und Gehaltsangaben.

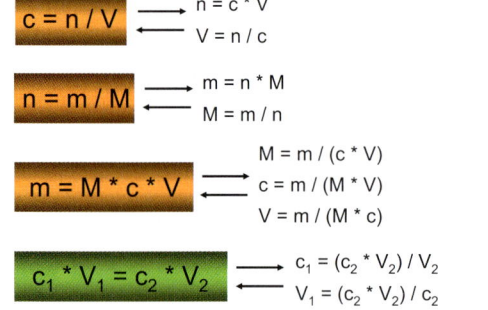

$c = n / V$ → $n = c * V$
← $V = n / c$

$n = m / M$ → $m = n * M$
← $M = m / n$

$m = M * c * V$ → $M = m / (c * V)$
$c = m / (M * V)$
$V = m / (M * c)$

$c_1 * V_1 = c_2 * V_2$ → $c_1 = (c_2 * V_2) / V_2$
← $V_1 = (c_2 * V_2) / c_2$

Abb. 2: Wichtige Formeln zur Herstellung von Lösungen. [5]

Lösungen aus Feststoffen herstellen

Beispiel: 350 ml einer 300 millimolaren (veraltet auch 300 mM) Natriumchlorid-(NaCl-)Lösung herstellen (Atommassen s.u.).

M = Atommasse Na + Atommasse Cl

= 22,99 g/mol + 35,45 g/mol = 58,44 g/mol

c = 3 millimolar = 0,3 molar (0,3 M) = 0,3 mol/l

V = 350 ml = 0,35 l

$m = M \times c \times V$ = 58,44 g/mol $\times$ 0,3 mol/l $\times$ 0,35 l

= 6,1362 g

6,1362 g NaCl werden in ca. 200 ml Wasser gelöst und anschließend mit Wasser auf ein Gesamtvolumen von 350 ml aufgefüllt.

Beispiel: 150 ml 1,5 %ige Glucose herstellen.

100 ml Wasser müssen 1,5 g Glucose enthalten.

150 ml Wasser müssen x g Glucose enthalten.

$$x = \frac{(150 \text{ ml} \times 1,5 \text{ g})}{100 \text{ ml}} = 2,25 \text{ g Glucose}$$

2,25 g werden mit Wasser auf ein Gesamtvolumen von 150 ml aufgefüllt.

Verdünnen von Lösungen

Beispiel: Aus einer 20 %igen Kochsalzlösung 500 ml einer physiologischen Kochsalzlösung (0,9 %ig) herstellen.

c_1 = 20 %

c_2 = 0,9 %

V_2 = 500 ml

$$c_1 \times V_1 = c_2 \times V_2 \rightarrow V_1 = \frac{(c_2 \times V_2)}{c_1} = \frac{(0,9 \% \times 500 \text{ ml})}{20 \%}$$

= 22,5 ml

22,5 ml 20 %ige Kochsalzlösung werden mit Wasser auf ein Gesamtvolumen von 500 ml aufgefüllt.

Beispiel: 900 ml 0,2 molare NaCl-Lösung aus 3 molarer NaCl-Lösung herstellen.

c_1 = 0,2 molar

V_1 = 350 ml

c_2 = 3 molar

$$c_1 \times V_1 = c_2 \times V_2 \rightarrow V_2 = \frac{(c_1 \times V_1)}{c_2} = \frac{(0,2 \text{ molar} \times 900 \text{ ml})}{3 \text{ molar}}$$

= 60 ml

60 ml 3 molare NaCl-Lösung werden mit Wasser auf ein Gesamtvolumen von 900 ml aufgefüllt.

Periodensystem der Elemente

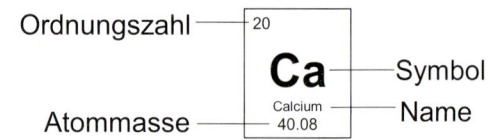

Ordnungszahl — 20 — Symbol
Ca
Calcium
Atommasse — 40.08 — Name

Gruppe

Periode	1	2	3	4	5	6	7	8	9	10	11
7	1 **H** Helium 1.01										
6	3 **Li** Lithium 6.94	4 **Be** Beryllium 9.01									
5	11 **Na** Natrium 22.99	12 **Mg** Magnesium 24.31									
4	19 **K** Kalium 39.10	20 **Ca** Calcium 40.08	21 **Sc** Scandium 44.96	22 **Ti** Titan 47.88	23 **V** Vanadium 50.94	24 **Cr** Chrom 52.00	25 **Mn** Mangan 54.94	26 **Fe** Eisen 55.85	27 **Co** Cobalt 58.93	28 **Ni** Nickel 58.70	29 **Cu** Kupfer 63.55
3	37 **Rb** Rubidium 85.47	38 **Sr** Strontium 87.62	39 **Ba** Barium 137.33	40 **Zr** Zirconium 91.22	41 **Nb** Niob 92.91	42 **Mo** Molybdän 95.94	43 **Tc*** Technetium [98]	44 **Ru** Ruthenium 101.07	45 **Rh** Rhodium 102.91	46 **Pd** Palladium 106.42	47 **Ag** Silber 107.87
2	55 **Cs** Caesium 132.91	56 **Ba** Barium 137.33		72 **Hf** Hafnium 178.49	73 **Ta** Tantal 180.95	74 **W** Wolfram 183.84	75 **Re** Rhenium 186.21	76 **Os** Osmium 190.23	77 **Ir** Iridium 192.22	78 **Pt** Platin 195.08	79 **Au** Gold 196.97
1	87 **Fr*** Francium [223]	88 **Ra*** Radium [226]									

* radioaktive Elemente

12	13	14	15	16	17	18
						2 **He** Helium 4.00
	5 **B** Bor 10.81	6 **C** Kohlenstoff 12.01	7 **N** Kohlenstoff 14.01	8 **O** Sauerstoff 15.999	9 **F** Fluor 18.998	10 **Ne** Neon 20.18
	13 **Al** Aluminium 26.98	14 **Si** Silicium 28.09	15 **P** Phosphor 30.97	16 **S** Schwefel 32.07	17 **Cl** Chlor 35.45	18 **Ar** Argon 39.95
30 **Zn** Zink 65.41	31 **Ga** Gallium 69.72	32 **Ge** Germanium 72.64	33 **As** Arsen 74.92	34 **Se** Selen 78.96	35 **Br** Brom 79,90	36 **Kr** Krypton 83.80
48 **Cd** Cadmium 112.41	49 **In** Indium 114.82	50 **Sn** Zinn 118.71	51 **Sb** Antimon 121.76	52 **Te** Tellur 127.60	53 **I** Iod 126.90	54 **Xe** Xenon 131.29
80 **Hg** Quecksilber 200.59	81 **Tl** Thallium 204.38	82 **Pb** Blei 207.2	83 **Bi** Bismut 208.98	84 **Po*** Polonium [209]	85 **At*** Astat [210]	86 **Rn*** Radon [222]

Abb. 1: Periodensystem der Elemente. [5]

Anhang

Quellenverzeichnis

[1] Dr. D. S. Wendling, Dr. von Haunersches Kinderspital, Ludwig-Maximilians-Universität München.

[2] S. L. Maier, München.

[3] H. Rintelen, Velbert in: Böcker, W., Denk, H., Heitz, P. U., Moch, H.: Pathologie. Elsevier/Urban & Fischer, 4. Auflage 2008.

[4] W. Zettlmeier, Barbing in: Schartl, M., Gessler, M., v. Eckardstein, G.: Biochemie und Molekularbiologie des Menschen. Elsevier/Urban & Fischer, 2009.

[5] S. Joppien, Dortmund.

[6] W. Zettlmeier, Barbing in: Kirchner, H., Mühlhäußer, J.: BASICS Biochemie. Elsevier/Urban & Fischer, 2009.

[7] W. Zettlmeier, Barbing in: Dettmer U., Folkerts, M., Kächler, E., Sönnichsen, A.: Intensivkurs Biochemie. Elsevier/Urban & Fischer, 2005.

[8] Fotosammlung des Dr. von Haunerschen Kinderspitals der Ludwig-Maximilians-Universität München, zur Verfügung gestellt von Prof. Dr. med. D. Reinhardt. In: Muntau, A.: Intensivkurs Pädiatrie. Elsevier/Urban & Fischer, 4. Auflage 2007.

[9] S. Schuster, München.

[10] S. Elsberger, Planegg.

[11] W. Zettlmeier, Barbing.

[12] Dr. R. Kappler, Dr. von Haunersches Kinderspital, Ludwig-Maximilians-Universität München.

D Register

Register

Register

Register